ORDINARY DIFFERENTIAL EQUATIONS

常微分方程

刘兵　刘双　刘敬娜 / 主编

北京大学出版社
PEKING UNIVERSITY PRESS

图书在版编目(CIP)数据

常微分方程 / 刘兵，刘双，刘敬娜主编. -- 北京 ：北京大学出版社，2024. 8. -- ISBN 978-7-301-35383-7

Ⅰ. O175.1

中国国家版本馆 CIP 数据核字第 2024XF8001 号

书　　名	常微分方程 CHANGWEIFEN FANGCHENG
著作责任者	刘　兵　刘　双　刘敬娜　主编
责 任 编 辑	尹照原
标 准 书 号	ISBN 978-7-301-35383-7
出 版 发 行	北京大学出版社
地　　址	北京市海淀区成府路 205 号　100871
网　　址	http://www.pup.cn　　新浪微博：@北京大学出版社
电 子 邮 箱	zpup@pup.cn
电　　话	邮购部 010-62752015　发行部 010-62750672　编辑部 010-62752021
印 刷 者	河北博文科技印务有限公司
经 销 者	新华书店
	787 毫米×1092 毫米　16 开本　13 印张　328 千字
	2024 年 8 月第 1 版　2024 年 8 月第 1 次印刷
定　　价	42.00 元

内容提要

本教材是由鞍山师范学院数学学院“常微分方程”课程组的三位教师经多年的教学实践，反复修订而成的，全书符合高等学校数学类专业“常微分方程”教学大纲的要求.

本教材主要介绍微分方程的基础理论和基本方法，主要内容有：一阶微分方程的初等积分法，一阶微分方程解的存在唯一性定理，高阶线性微分方程和线性微分方程组的理论，高阶常系数线性微分方程和微分方程组的求解方法，非线性方程的定性和稳定性理论简介. 本教材充分利用“互联网＋教育”的教学优势，将部分开放的网络视频课与线下教学内容有机结合，有利于培养学生自主学习的能力. 本书提供了较多的例题和习题，使学生更好地掌握常微分方程的基本概念和解题方法，提高学生数学分析能力和解决实际问题的能力.

本教材可作为师范院校和综合性大学数学与应用数学、信息与计算科学等数学类专业“常微分方程”课程的教材，也可作为高等学校数学模型课程的参考资料.

前　　言

党的二十大报告指出，教育、科技、人才是全面建设社会主义现代化国家的基础性、战略性支撑.必须坚持科技是第一生产力、人才是第一资源、创新是第一动力，深入实施科教兴国战略、人才强国战略、创新驱动发展战略，开辟发展新领域新赛道，不断塑造发展新动能新优势.高校作为科技、人才、创新的结合点，既是国家创新体系的重要组成部分，同时又担负着为党育人、为国育才、培养社会主义事业建设者和接班人的根本任务.

教学是高校人才培养最基础的工作，课程则是组织教学的基本单位.教材建设涉及教育理念的更新、教学内容的选择和教学方式的变革，是课程的主要载体，是教学的重要依据，是人才培养质量的重要保障.常微分方程是一门历史悠久的学科，随着微积分的诞生和发展而发展.它是描述自然科学和社会科学中各种规律的基本工具，也是数学与实际问题建立联系的重要手段，为很多数学分支和交叉学科的产生提供动力源泉.因此，常微分方程在生物数学、电子科学、自动控制、人口理论、工程技术以及其他自然科学和社会科学领域中有着十分广泛的应用，对于创新人才培养具有重要作用.

常微分方程是本科院校数学类各专业的一门重要专业课，是整个数学课程体系中的一个重要组成部分；它既是数学分析、高等代数、解析几何的应用和发展，也是复变函数、微分几何等后续课程的阶梯.该课程知识量大、逻辑性强、应用面广.学好常微分方程，既对学生的科学计算能力、逻辑思维能力、解决实际问题能力的提高至关重要，又是学生养成良好学习习惯、培养创新意识和创新能力的重要途径.本教材依据鞍山师范学院数学与应用数学专业人才培养方案，参考了许多国内常微分方程教材，由鞍山师范学院数学与信息科学学院的三位教师经过多年反复修订而成.本教材在课程内容的选取、概念背景的介绍、微分方程的应用、例题和习题的分级等方面做了精心的安排和设计.

鞍山师范学院数学学院常微分方程课程组的三位教师常年从事微分方程在种群模型中的应用研究和数学建模的指导工作，对于常微分方程的教学拥有丰富的经验和深刻的认识.因此，本教材旨在将我们的研究成果、教学经验和认识融汇在一起，为广大学生提供一本适应当前本科常微分方程课程教学的需要，且翔实、系统、易懂的常微分方程教材.本教材涵盖了基本理论、基本方法、典型模型和应用案例，注重定理的叙述、证明的思想方法和解题技巧的选择，提供了较多的例题和习题，使学生更好地掌握常微分方程的基本概念和解题方法，提高建立数学模型和解决实际问题的能力.同时本教材充分利用"互联网＋教育"的教学优势，将部分开放的网络视频课与线下教学内容有机结合，有利于培养学生自主学习的能力.本教材可作为师范院校和综合性大学数学与应用数学、信息与计算科学等数学类专业常微分方程课程的教材，也可作为高等学校数学建模课程的参考资料.

本教材共有六章，其中第一章、第四章和第六章由刘兵编写，第二章和第三章由刘双编写，第五章由刘敬娜编写.

因编者水平有限，本书一定有不足之处，殷切希望使用本教材的广大师生和有关专家批评指正，以便今后不断改进和完善.

鞍山师范学院常微分方程课程组

2024年4月于鞍山市

目　　录

第一章　绪论 …… 1
§1.1　常微分方程模型 …… 1
§1.2　微分方程的基本概念 …… 8
1.2.1　常微分方程和偏微分方程 …… 8
1.2.2　线性和非线性微分方程 …… 9
1.2.3　显式解和隐式解 …… 9
1.2.4　通解和特解 …… 9
1.2.5　积分曲线 …… 10
习题 1.2 …… 11
§1.3　常微分方程发展历史 …… 12
本章学习要点 …… 13
第二章　一阶微分方程的初等积分法 …… 14
§2.1　变量分离方程 …… 14
2.1.1　变量分离方程 …… 14
2.1.2　显式形式变量分离方程的解法 …… 15
2.1.3　微分形式变量分离方程的解法 …… 17
习题 2.1 …… 17
§2.2　齐次微分方程与变量变换法 …… 18
2.2.1　齐次微分方程 …… 18
2.2.2　形如$\frac{\mathrm{d}y}{\mathrm{d}x}=f(ax+by+c)(a\neq 0, b\neq 0)$的方程 …… 20
2.2.3　形如$\frac{\mathrm{d}y}{\mathrm{d}x}=f\left(\frac{a_1x+b_1y+c_1}{a_2x+b_2y+c_2}\right)$的方程 …… 21
2.2.4　形如 $yf(xy)\mathrm{d}x+xg(xy)\mathrm{d}y=0$ 的方程 …… 23
习题 2.2 …… 24
§2.3　线性微分方程与常数变易法 …… 24
2.3.1　一阶非齐次线性微分方程的通解 …… 25
2.3.2　伯努利方程 …… 28
习题 2.3 …… 30
§2.4　恰当微分方程与积分因子 …… 31
2.4.1　恰当微分方程 …… 31
2.4.2　积分因子 …… 36

第一章 绪 论

常微分方程有着深刻而生动的实际背景，它从生产实践与科学技术中产生，又成为现代科学技术分析问题与解决问题的强有力工具. 300 多年前，牛顿(Newton)与莱布尼茨(Leibniz)奠定微积分基本思想的同时，就正式提出了微分方程的概念. 什么是微分方程？它与我们已学过的各类方程有什么联系和区别？

在初等数学中，我们学过代数方程，例如

$$x^2+5x+6=0,\quad \sqrt{x+10}+2=x;$$

或超越方程，例如

$$3^{x+1}+9^x-18=0,\quad \sin 2x+x=0.$$

在以上方程中，未知量 x 均为数值，方程的解是有限或无限个待定的数值. 解的几何直观是数轴上的有限个或无限个点.

在数学分析中，我们学过另一类方程，例如

$$x^2+y^2-4=0,\quad \frac{\mathrm{d}y}{\mathrm{d}x}=2x,$$

前一个方程，由隐函数存在定理可知，其确定了一个函数 $y=y(x)$；后一个方程含有未知函数 y 的导数. 两个方程都是函数方程，其解是一些函数，解的几何直观是平面上的一些曲线. 这两个方程也有明显的区别，前者含有未知函数，后者含有未知函数的导数或微分. 后者这种特殊情况的函数方程，就是简单的微分方程. 自变量只有一个的微分方程称为常微分方程.

常微分方程是与微积分一起成长起来的学科，在整个数学大厦中占据着重要的地位，其在工程力学、流体力学、天体力学、电路振荡分析、工业自动控制以及化学、生物学、经济学等领域都有广泛的应用，是解决实际问题的重要工具.

本章先介绍物理学、社会学、生物学中的几种常微分方程模型，了解构造常微分方程模型的几种方法；再给出一些常微分方程中的基本概念；最后介绍常微分方程的发展历史，使读者了解常微分方程的历史及其在数学中的地位.

本章数字资源

§1.1 常微分方程模型

本节主要介绍物理学、社会学、生物学中的常微分方程模型. 通过这几个模型举例，初步体会建立微分方程模型的方法.

例 1.1 物体冷却问题.

将某物体放置于空气中，在初始时刻 $t=0$ 时，测得它的温度为 $u_0=150℃$，10 分钟后测得温度为 $u_1=100℃$. 确定物体的温度与时间的关系，并计算 20 分钟后物体的温度. 假定空气的温度保持为 $u_a=24℃$.

解 设物体在时刻 t 的温度为 $u=u(t)$，由牛顿冷却定律可得

$$\frac{\mathrm{d}u}{\mathrm{d}t}=-k(u-u_a) \quad (k>0, u>u_a), \tag{1.1}$$

这是关于未知函数 u 的微分方程，利用微积分的知识将式(1.1)改为

$$\frac{\mathrm{d}u}{u-u_a}=-k\mathrm{d}t,$$

两边积分，得到

$$\ln(u-u_a)=-kt+\tilde{c},$$

其中 $\tilde{c}$ 为任意常数.

令 $\mathrm{e}^{\tilde{c}}=c$，从而有

$$u=u_a+c\mathrm{e}^{-kt}.$$

根据已知条件，当 $t=0$ 时，$u=u_0$，得常数 $c=u_0-u_a$. 于是有

$$u(t)=u_a+(u_0-u_a)\mathrm{e}^{-kt}.$$

再根据条件，当 $t=10$ 时，$u=u_1$，得到 $u_1=u_a+(u_0-u_a)\mathrm{e}^{-10k}$，所以

$$k=\frac{1}{10}\ln\frac{u_0-u_a}{u_1-u_a}.$$

将 $u_0=150, u_1=100, u_a=24$ 代入上式，得到

$$k=\frac{1}{10}\ln\frac{150-24}{100-24}=\frac{1}{10}\ln 1.66\approx 0.051.$$

因此，

$$u(t)=24+126\mathrm{e}^{-0.051t}. \tag{1.2}$$

由方程(1.2)知，20 分钟后，即当 $t=20$ 时，物体的温度 $u_2(20)\approx 70$；而且当 $t\to+\infty$ 时，$u(t)\to 24$.

由此可见，经过一段时间后，物体的温度和空气的温度将没有什么差别了. 事实上，经过 2 小时后，物体的温度已趋于 24℃，与空气的温度相当接近. 司法中判断尸体的死亡时间就是用这一冷却过程的函数关系来判定的.

例 1.2 动力学问题.

物体由高空下落，除受重力作用外，还受到空气阻力的作用，空气的阻力可看作与速度的平方成正比，试确定物体下落过程所满足的关系式.

解 如图 1.1 所示建立坐标系，取向下方向为正方向. 设物体质量为 m，空气阻力系数为 $k>0$，又设物体在时刻 t 的下落速度为 v，位置坐标为 $x=x(t)$，于是物体下落的速度为

$$v=\frac{\mathrm{d}x}{\mathrm{d}t},$$

加速度为

$$a=\frac{\mathrm{d}^2x}{\mathrm{d}t^2}.$$

物体在下落的任一时刻所受的外力有重力和空气阻力，因此，合外力 $F=mg-kv^2$，根据牛顿第二定律 $F=ma$ 得到关系式

$$m\frac{\mathrm{d}^2x}{\mathrm{d}t^2}=mg-k\left(\frac{\mathrm{d}x}{\mathrm{d}t}\right)^2,$$

其中 g 是重力加速度. 于是有

$$\frac{\mathrm{d}^2x}{\mathrm{d}t^2}+\frac{k}{m}\left(\frac{\mathrm{d}x}{\mathrm{d}t}\right)^2-g=0. \tag{1.3}$$

对于这个微分方程，由于其含有$\frac{\mathrm{d}x}{\mathrm{d}t}$，$\frac{\mathrm{d}^2x}{\mathrm{d}t^2}$，目前我们还不会求解，但是，如果考虑 $k=0$ 的情形，即自由落体运动，此时方程(1.3)可化为

$$\frac{\mathrm{d}^2x}{\mathrm{d}t^2}=g,$$

对上式积分两次得

$$x(t)=\frac{1}{2}gt^2+c_1t+c_2,$$

其中 c_1，c_2 是两个任意常数. 如果初值条件为 $t=0$ 时，$v=0$，$x=0$，则可得 $c_1=c_2=0$，此时有

$$x(t)=\frac{1}{2}gt^2.$$

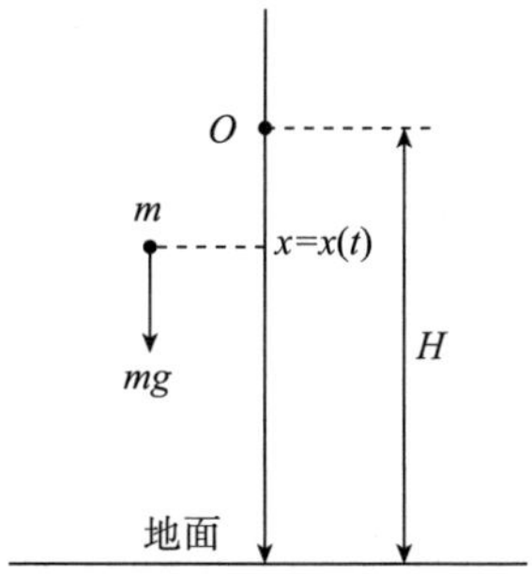

图 1.1

例 1.3 电学问题.

由电阻 R、电感 L 和电容 C 组成的电路结构称为 RLC 电路，是电子电路的基础. 根据电学知识，电流 I 经过电阻 R、电感 L 和电容 C 的电压分别为 RI，$L\frac{\mathrm{d}I}{\mathrm{d}t}$和$\frac{Q}{C}$，其中 Q 为电量，它与电流的关系为 $I=\frac{\mathrm{d}Q}{\mathrm{d}t}$.

如图 1.2 所示的 RL 电路，设 R，L 以及电源电压 E 为常数，又知基尔霍夫(Kirchhoff)电压定律：在闭合回路中，所有器件两端电压的代数和等于零. 则当开关 S 合上后，存在关系式

$$E-L\frac{dI}{dt}-RI=0,$$

即

$$\frac{dI}{dt}+\frac{R}{L}I=\frac{E}{L}. \tag{1.4}$$

这便是 RL 电路的常微分方程,其中电流 I 是自变量 t 的函数,$I=I(t)$,在方程(1.4)中是未知函数. 当开关 S 刚合上时,即当 $t=0$ 时,有 $I=0$,亦即

$$I(0)=0,$$

称此条件为方程(1.4)的初值条件.

如果当 $t=t_0$ 时,$I=I_0$,而电源突然短路,即 $E=0$ 且保持不变,此时方程(1.4)变为

$$\frac{dI}{dt}+\frac{R}{L}I=0,$$

初值条件为

$$I(t_0)=I_0.$$

接下来看图 1.3 中的 RLC 电路,假设 R,L,C 为常数,电源电压 $e(t)$ 是时间 t 的已知函数. 当开关合上时有关系式

$$e(t)=L\frac{dI}{dt}+RI+\frac{Q}{C},$$

上式两边对 t 求导数,并代入 $I=\frac{dQ}{dt}$,便得到以时间 t 为自变量、电流 I 为未知函数的常微分方程:

$$\frac{d^2I}{dt^2}+\frac{R}{L}\frac{dI}{dt}+\frac{I}{LC}=\frac{1}{L}\frac{de(t)}{dt}, \tag{1.5}$$

这就是电流 I 应满足的微分方程. 如果电源电压是常数,即 $e(t)=E$,微分方程变为

$$\frac{d^2I}{dt^2}+\frac{R}{L}\frac{dI}{dt}+\frac{I}{LC}=0. \tag{1.6}$$

如果又有 $R=0$,则微分方程变为

$$\frac{d^2I}{dt^2}+\frac{I}{LC}=0. \tag{1.7}$$

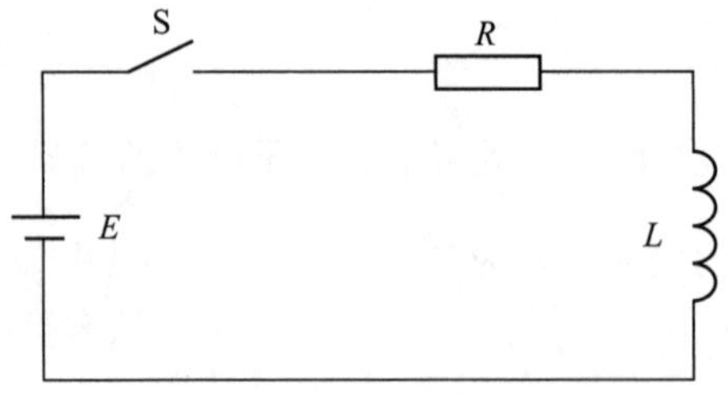

图 1.2

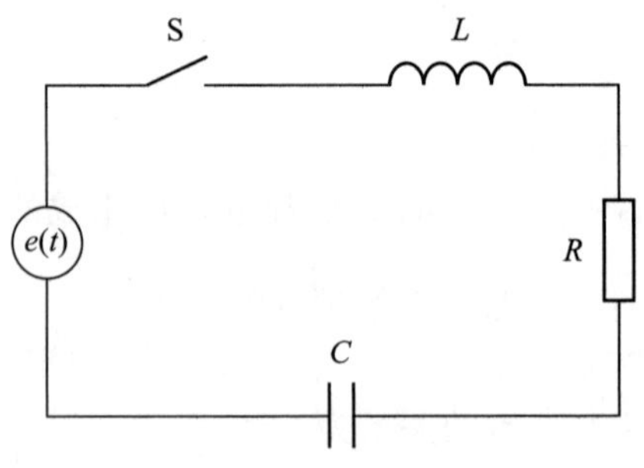

图 1.3

例 1.4 人口模型.

英国人口学家马尔萨斯(Malthus)在1798年提出了闻名于世的马尔萨斯模型，其基本假设是：在人口自然增长的过程中，净相对增长率(单位时间内人口的净增长数与人口总数之比)是常数，记此常数为 r(生命系数).

在 t 到 $t+\Delta t$ 这段时间内人口数量 $N=N(t)$ 的增长量为

$$N(t+\Delta t)-N(t)=rN(t)\Delta t,$$

于是 $N(t)$ 满足微分方程

$$\frac{\mathrm{d}N}{\mathrm{d}t}=rN, \tag{1.8}$$

将上式改写为

$$\frac{\mathrm{d}N}{N}=r\,\mathrm{d}t,$$

则变量 N 和 t 被“分离”，两边积分得 $\ln N=rt+\tilde{c}$，有 $N=c\mathrm{e}^{rt}$，其中 $c=\mathrm{e}^{\tilde{c}}$ 为任意常数.

如果设初值条件为：

$$\text{当 } t=t_0 \text{ 时，}\quad N(t)=N_0, \tag{1.9}$$

可得 $c=N_0\mathrm{e}^{-rt_0}$，即方程(1.8)满足初值条件(1.9)的解为

$$N(t)=N_0\mathrm{e}^{r(t-t_0)}.$$

如果 $r>0$，上式说明人口总数 $N(t)$ 将按指数规律无限增长. 将时间 t 以1年或10年离散化，那么可以说，人口数是以 e^r 为公比的等比数列增加的.

当人口总数不大时，生存空间、资源比较充裕，人口总数指数的增长是可能的. 但当人口总数非常大时，指数增长的线性模型则不能反映这样一个事实；环境所提供的条件只能供养一定数量的人口生活，所以马尔萨斯模型在 $N(t)$ 很大时是不合理的.

比利时数学家维尔赫斯特(Verhulst)引入常数 N_m(环境最大容纳量)表示自然资源和环境条件所容纳的最大人口数，并假设净相对增长率为 $r\left(1-\frac{N(t)}{N_m}\right)$，即净相对增长率随 $N(t)$ 的增加而减少，当 $N(t)\to N_m$ 时，净增长率趋于0.

按此假定，人口增长的方程应改为

$$\frac{\mathrm{d}N}{\mathrm{d}t}=r\left(1-\frac{N}{N_m}\right)N, \tag{1.10}$$

这就是逻辑斯谛(Logistic)模型. 当 N_m 与 N 相比很大时，$\frac{rN^2}{N_m}$ 与 rN 相比可以忽略，则模型变为马尔萨斯模型；但 N_m 与 N 相比不是很大时，$\frac{rN^2}{N_m}$ 这一项就不能忽略，人口增长的速度要缓慢下来. 我们用逻辑斯谛模型来预测地球未来人数，某些人口学家估计人口自然增长率为 $r=0.029$，而统计得到世界人口在1960年为29.8亿，人口实际净相对增长率为1.85%，由逻辑斯谛模型(1.10)有 $0.0185=0.029\times\left(1-\frac{29.8\times 10^8}{N_m}\right)$，可得 $N_m=82.3\times 10^8$，即世界人口容量为82.3亿. 由于式(1.10)右端为二次多项式，以 $N=\frac{N_m}{2}$ 为顶点，当 $N<$

$\frac{N_m}{2}$时人口增长率增加；当 $N>\frac{N_m}{2}$时人口增长率减少，即人口增长到$\frac{N_m}{2}=41.15\times10^8$ 时，增长率将逐渐减少. 这与人口在 20 世纪 70 年代为 40 亿左右时增长率最大的统计结果相符.

例 1.5 传染病模型.

传染病(瘟疫)经常在世界各地流行，如霍乱、天花、艾滋病、SARS、H5N1 等病毒. 建立传染病的数学模型，分析其变化规律，防止其蔓延是一项艰巨的任务. 这里仅就一般的传染规律讨论传染病的数学模型.

假设传染病传播期间其地区总人数不变，为常数 N. 开始时染病人数为 x_0，在时刻 t 的健康人数为 $y(t)$，染病人数为 $x(t)$. 由于总人数为常数，设

$$x(t)+y(t)=N. \tag{1.11}$$

设单位时间内一位患者能传染的人数与当时的健康人数成正比，比例常数为 k(称 k 为传染系数)，于是

$$\frac{\mathrm{d}x(t)}{\mathrm{d}t}=kx(t)y(t),\quad x(0)=x_0. \tag{1.12}$$

由式(1.11)，得

$$\frac{\mathrm{d}x}{\mathrm{d}t}=kx(N-x),\quad x(0)=x_0. \tag{1.13}$$

这个模型称为 SI **模型**，即易感染者(susceptible)和已感染者(infective)模型.

对无免疫性的传染病，如痢疾、伤风等，患者治愈后会再次被感染. 设单位时间治愈率为 μ，则方程(1.12)应修正为

$$\frac{\mathrm{d}x(t)}{\mathrm{d}t}=kx(t)y(t)-\mu x(t),\quad x(0)=x_0.$$

由式(1.11)，得

$$\frac{\mathrm{d}x}{\mathrm{d}t}=kx(N-x)-\mu x=kx\left(N-\frac{1}{\sigma}-x\right),\quad x(0)=x_0. \tag{1.14}$$

这个模型称为 SIS **模型**. 显然$\frac{1}{\mu}$为这个传染病的平均传染期，$\sigma=\frac{k}{\mu}$为整个传染期内每位患者有效接触的平均人数(接触数).

对有很强免疫性的传染病，如天花，患者治愈后不会再被感染. 设在时刻 t 的愈后免疫人数为 $r(t)$，称为移除者(removed)，而治愈率 l 为常数，即

$$\frac{\mathrm{d}r(t)}{\mathrm{d}t}=lx(t).$$

此时，关系式(1.11)和(1.12)应改为

$$x(t)+y(t)+r(t)=N$$

和

$$\frac{\mathrm{d}x(t)}{\mathrm{d}t}=kx(t)y(t)-\frac{\mathrm{d}r(t)}{\mathrm{d}t}.$$

由上三式可消去 $r(t)$，得

$$
\begin{cases}
\dfrac{\mathrm{d}x}{\mathrm{d}t}=kxy-lx, \\
\dfrac{\mathrm{d}y}{\mathrm{d}t}=-kxy,
\end{cases}
\tag{1.15}
$$

其中 $x(0)=x_0, y(0)=y_0=N-x_0$，这个模型称为 SIR **模型**.

SIR 模型曾被克马克(Kermack)等用于检验 20 世纪初在印度孟买发生的一次瘟疫，其理论曲线与实际数据相当吻合.

例 1.6 两种群生态模型.

意大利生物学家棣安考纳(D'Ancona)发现第一次世界大战期间捕鱼量减少,而捕获到的食肉鱼占的百分比却急剧增加.为解释这种现象，意大利数学家沃尔泰拉(Volterra)建立了一个关于食肉鱼与被食鱼生长情形的数学模型.

沃尔泰拉把所有的鱼分成两类：被食鱼与捕食鱼(食肉鱼)，设 t 时刻被食鱼的总数为 $x(t)$，而捕食鱼的总数为 $y(t)$.因为被食鱼所需的食物很丰富，它们本身的竞争并不激烈，如果不存在捕食鱼的话，被食鱼的增加应遵循指数增长率 $\frac{\mathrm{d}x}{\mathrm{d}t}=ax$($a>0$ 是某个常数，表示自然净相对增长率)，但因捕食鱼的存在，致使其增长率降低.设单位时间内捕食鱼与被食鱼相遇的次数为 bxy($b>0$ 为某个常数)，因此

$$
\frac{\mathrm{d}x}{\mathrm{d}t}=ax-bxy.
$$

类似地，沃尔泰拉认为捕食鱼的自然减少率同它们的存在数目 y 成正比，即为 $-cy$($c>0$ 为常数)，而自然增长率则同它们本身的存在数目 y 及食物(被食鱼)数目成正比，即 dxy($d>0$ 为某个常数，反映被食鱼对捕食鱼的供养能力)，于是得到

$$
\begin{cases}
\dfrac{\mathrm{d}x}{\mathrm{d}t}=x(a-by), \\
\dfrac{\mathrm{d}y}{\mathrm{d}t}=y(-c+dx).
\end{cases}
\tag{1.16}
$$

上式表示当不存在人类捕鱼活动时，捕食鱼与被食鱼应遵循的规律，称为**沃尔泰拉捕食-被捕食模型**.

对甲、乙两种群，假设种群甲和乙的数量分别为 x,y，则可用下列方程表示种群甲、乙相互竞争同一资源时的生长情况：

$$
\begin{cases}
\dfrac{\mathrm{d}x}{\mathrm{d}t}=x(a-by), \\
\dfrac{\mathrm{d}y}{\mathrm{d}t}=y(c-dx),
\end{cases}
\tag{1.17}
$$

这里系数 a,b,c,d 均是正数.方程组(1.17)称为两种群**竞争模型**.当系数 b,d 为负数时，两种群互相促进、互为依赖，这样的方程称为**合作模型**.

更一般地，可用下列一般方程表示种群甲、乙的生长情况：

$$
\begin{cases}
\dfrac{\mathrm{d}x}{\mathrm{d}t}=x(a+bx+cy), \\
\dfrac{\mathrm{d}y}{\mathrm{d}t}=y(d+ex+fy),
\end{cases}
\tag{1.18}
$$

其中系数 a,b,c,d,e,f 为常数，为正为负或为 0，视两种群的相互关系而定，一般分竞争、合作、捕食-被捕食等类型. 就一个种群来说，如 $y=0$ 或 $x=0$，即为一维逻辑斯谛模型，系数 a,d 分别是甲和乙的增长率，c 和 e 分别为两种群对对方的影响率. 一般来说，总假设 $b\leqslant 0$，$f\leqslant 0$. 若 $b<0$，表示种群甲是密度制约的；若 $f<0$，表示种群乙是密度制约的.

前面两种群一般模型(1.17)和(1.18)都是常微分方程. 与一维逻辑斯谛模型不同，模型(1.18)一般是不可积的，无法通过直接求解来了解方程的性态. 可以用第六章定性方法进行讨论.

从前面的例子可以看出，微分方程模型的特点是反映客观现实世界中量与量的变化关系，往往与时间有关，是一个动态(动力)系统. 将实际问题转化为数学模型这一事实，也正是许多应用模拟方法解决物理或工程问题的理论根据. 以上只举出了常微分方程的一些简单的实例，其实在自然科学和技术科学的其他领域中，都有各种各样的常微分方程模型. 所以，社会的生产实践是微分方程理论的源泉. 此外，常微分方程与数学的其他分支的关系也是非常密切的，它们往往互相联系、互相促进. 例如，几何学就是常微分方程理论丰富的源泉之一和有力工具.

§1.2　微分方程的基本概念

本节主要给出微分方程的基本概念. 自变量、未知函数均为实值的微分方程称为实值微分方程；未知函数取复值或自变量及未知函数均取复值时称为复值微分方程. 在本书中只讨论实值微分方程，若无特殊说明，均指实变量的实值微分方程.

1.2.1　常微分方程和偏微分方程

一般来说，微分方程是联系自变量、未知函数以及未知函数某些导数的关系式. 如果在微分方程中，自变量的个数只有一个，我们称这种微分方程为**常微分方程**；自变量的个数为两个或两个以上的微分方程称为**偏微分方程**.

方程

$$\frac{\mathrm{d}y}{\mathrm{d}x}=\frac{\sqrt{1-y^2}}{\sqrt{1-x^2}}, \tag{1.19}$$

$$\frac{\mathrm{d}^2y}{\mathrm{d}x^2}+b\frac{\mathrm{d}y}{\mathrm{d}x}+cy=f(x), \tag{1.20}$$

$$\left(\frac{\mathrm{d}y}{\mathrm{d}x}\right)^2+x\frac{\mathrm{d}y}{\mathrm{d}x}+y=0, \tag{1.21}$$

$$\frac{\mathrm{d}^2y}{\mathrm{d}x^2}+\frac{g}{l}\sin y=0 \tag{1.22}$$

都是常微分方程，y 是未知函数，仅含一个自变量 x.

方程

$$\frac{\partial^2T}{\partial x^2}+\frac{\partial^2T}{\partial y^2}+\frac{\partial^2T}{\partial z^2}=0, \tag{1.23}$$

$$\frac{\partial^2 T}{\partial x^2}=4\frac{\partial^2 T}{\partial t^2} \tag{1.24}$$

是偏微分方程，其中 T 是未知函数，x,y,z,t 是自变量.

微分方程中出现的未知函数最高阶导数的阶数称为**微分方程的阶数**. 例如，方程(1.19)和(1.21)是一阶常微分方程，方程(1.20)和(1.22)是二阶常微分方程，而方程(1.23)和(1.24)是二阶偏微分方程.

一般的 n 阶常微分方程具有如下形式：

$$F\left(x,y,\frac{\mathrm{d}y}{\mathrm{d}x},\cdots,\frac{\mathrm{d}^n y}{\mathrm{d}x^n}\right)=0, \tag{1.25}$$

其中 y 是未知函数，x 是自变量，$F\left(x,y,\frac{\mathrm{d}y}{\mathrm{d}x},\cdots,\frac{\mathrm{d}^n y}{\mathrm{d}x^n}\right)$ 是 $x,y,\frac{\mathrm{d}y}{\mathrm{d}x},\cdots,\frac{\mathrm{d}^n y}{\mathrm{d}x^n}$ 的已知函数，而且一定含有 $\frac{\mathrm{d}^n y}{\mathrm{d}x^n}$.

本书讨论的是常微分方程. 在以后的论述中，我们常把常微分方程简称为“微分方程”，有时简称为“方程”.

1.2.2 线性和非线性微分方程

如果微分方程(1.25)的左端为 $y,\frac{\mathrm{d}y}{\mathrm{d}x},\cdots,\frac{\mathrm{d}^n y}{\mathrm{d}x^n}$ 的一次有理整式，则称其为 n 阶线性微分方程；否则称为非线性微分方程. 方程(1.20)是二阶的线性微分方程，而方程(1.19)，(1.21)，(1.22)都是非线性微分方程. n 阶线性微分方程的一般形式为

$$\frac{\mathrm{d}^n y}{\mathrm{d}x^n}+a_1(x)\frac{\mathrm{d}^{n-1} y}{\mathrm{d}x^{n-1}}+\cdots+a_{n-1}(x)\frac{\mathrm{d}y}{\mathrm{d}x}+a_n(x)y=f(x), \tag{1.26}$$

其中 $a_1(x),a_2(x),\cdots,a_n(x),f(x)$ 为 x 的已知函数.

1.2.3 显式解和隐式解

满足微分方程的函数称为**微分方程的解**，即若函数 $y=\varphi(x)$ 代入式(1.25)中，使其成为恒等式，则称 $y=\varphi(x)$ 为方程(1.25)的显式解. 容易验证 $y=\sin(\arcsin x+c)$ 是方程(1.19)的解.

如果关系式 $\Phi(x,y)=0$ 所决定的隐函数 $y=\varphi(x)$ 为方程(1.25)的解，则称 $\Phi(x,y)=0$ 为微分方程(1.25)的隐式解. 例如，一阶微分方程

$$\frac{\mathrm{d}y}{\mathrm{d}x}=-\frac{x}{y} \tag{1.27}$$

有显式解 $y=\sqrt{1-x^2}$ 和 $y=-\sqrt{1-x^2}$；而关系式 $x^2+y^2=1$ 是方程的隐式解. 为了简单起见，以后我们不把显式解和隐式解加以区别，统称为方程的解.

1.2.4 通解和特解

称 n 阶微分方程(1.25)的具有 n 个独立的任意常数 $c_1,c_2,\cdots,c_n$ 的解

$$y=\varphi(x,c_1,c_2,\cdots,c_n)$$

为 n 阶微分方程(1.25)的**通解**. 这里解对常数的独立性是指存在$(x,c_1,c_2,\cdots,c_n)$的某一邻域，使得行列式

$$\begin{vmatrix} \frac{\partial \varphi}{\partial c_1} & \frac{\partial \varphi}{\partial c_2} & \cdots & \frac{\partial \varphi}{\partial c_n} \\ \frac{\partial \varphi'}{\partial c_1} & \frac{\partial \varphi'}{\partial c_2} & \cdots & \frac{\partial \varphi'}{\partial c_n} \\ \vdots & \vdots & & \vdots \\ \frac{\partial \varphi^{(n-1)}}{\partial c_1} & \frac{\partial \varphi^{(n-1)}}{\partial c_2} & \cdots & \frac{\partial \varphi^{(n-1)}}{\partial c_n} \end{vmatrix} \neq 0, \tag{1.28}$$

其中 $\varphi^{(k)}=\dfrac{\partial^k \varphi}{\partial x^k},k=1,2,\cdots,n-1$.

同样可以定义方程(1.25)的隐式通解，相应的隐式通解也称为通积分. 为了简单起见，以后我们也不把通解和隐式通解加以区别，统称为方程的通解.

为了确定微分方程一个特定的解，通常给出这个解所必须满足的条件，称为**定解条件**. 常见的定解条件分为初值条件和边值条件，相应的定解问题分为**初值问题**和**边值问题**. 本书主要讨论初值问题，把满足初值条件的解称为微分方程的**特解**. 初值条件不同，对应的特解也不同.

一般地，n 阶微分方程(1.25)初值条件的提法是

$$y(x_0)=y_0,\quad y'(x_0)=y_0^{(1)},\quad \cdots,\quad y^{(n-1)}(x_0)=y_0^{(n-1)},$$

其中 x_0 是自变量的某个取定值，而 $y_0,y_0',\cdots,y_0^{(n-1)}$ 是相应的未知函数及导数的给定值. 因此，方程(1.25)的初值问题常记为

$$\begin{cases} F(x,y,y',\cdots,y^{(n)})=0, \\ y(x_0)=y_0,y'(x_0)=y_0^{(1)},\cdots,y^{(n-1)}(x_0)=y_0^{(n-1)}. \end{cases} \tag{1.29}$$

初值问题也常称为柯西(Cauchy)问题.

对于一阶微分方程，若已求出通解 $y=\varphi(x,c)$，一般只要把初值条件

$$y(x_0)=y_0$$

代入通解中，得到方程

$$y_0=\varphi(x_0,c),$$

从中解出 c，设为 c_0，代入通解，即得满足初值条件的特解 $y=\varphi(x_0,c_0)$.

如例 1.1 中，含有一个任意常数 c 的解 $u=u_a+c\mathrm{e}^{-kt}$ 就是一阶微分方程(1.1)的通解；而 $u=u_a+(u_0-u_a)\mathrm{e}^{-kt}$ 就是满足初值条件 $t=0$，$u=u_0$ 的特解.

1.2.5 积分曲线

一阶微分方程

$$\frac{\mathrm{d}y}{\mathrm{d}x}=f(x,y) \tag{1.30}$$

的解 $y=\varphi(x)$表示 Oxy 平面上的一条曲线，将它称为微分方程的**积分曲线**. 方程(1.30)的通解 $y=\varphi(x,c)$对应 Oxy 平面上的一族曲线，称为方程的**积分曲线族**；满足初值条件 $y(x_0)=y_0$ 的特解就是通过点(x_0,y_0)的一条积分曲线.

方程(1.30)的积分曲线上每一点(x,y)的切线斜率$\frac{\mathrm{d}y}{\mathrm{d}x}$等于函数$f(x,y)$在该点的值；反之，如果有一条曲线，其上每点的切线斜率刚好等于函数$f(x,y)$在这点的值，则这条曲线就是方程(1.30)的积分曲线. 例如，方程$\frac{\mathrm{d}y}{\mathrm{d}x}=2x$的通解为$y=x^2+c$，其积分曲线族就是$Oxy$上的一族抛物线. 而$y=x^2$是过点(0,0)的一条积分曲线.

习 题 1.2

1. 指出下面微分方程的阶数，并回答方程是否是线性的：

(1) $\frac{\mathrm{d}y}{\mathrm{d}x}=4x^2-y$；

(2) $\frac{\mathrm{d}^2y}{\mathrm{d}x^2}-\left(\frac{\mathrm{d}y}{\mathrm{d}x}\right)^2+12xy=0$；

(3) $\left(\frac{\mathrm{d}y}{\mathrm{d}x}\right)^2+x\frac{\mathrm{d}y}{\mathrm{d}x}-3y^2=0$；

(4) $x\frac{\mathrm{d}^2y}{\mathrm{d}x^2}-5\frac{\mathrm{d}y}{\mathrm{d}x}+3xy=\sin x$；

(5) $\frac{\mathrm{d}y}{\mathrm{d}x}+\cos y+2x=0$；

(6) $\sin\left(\frac{\mathrm{d}^2y}{\mathrm{d}x^2}\right)+\mathrm{e}^y=x$；

(7) $\frac{\mathrm{d}^2y}{\mathrm{d}x^2}=x+\frac{\mathrm{d}^3\arctan x}{\mathrm{d}x^3}$；

(8) $y^3\frac{\mathrm{d}^2y}{\mathrm{d}x^2}+1=0$.

2. 试验证下面函数均为方程$\frac{\mathrm{d}^2y}{\mathrm{d}x^2}+\omega^2y=0$的解，其中$\omega>0$是常数：

(1) $y=\cos\omega x$；

(2) $y=c_1\cos\omega x$（c_1为任意常数）；

(3) $y=\sin\omega x$；

(4) $y=c_2\sin\omega x$（c_2为任意常数）；

(5) $y=c_1\cos\omega x+c_2\sin\omega x$（$c_1,c_2$为任意常数）；

(6) $y=A\sin(\omega x+B)$（A,B为任意常数）.

3. 验证下列各函数是相应微分方程的解：

(1) $y=\frac{\sin x}{x}$, $x\frac{\mathrm{d}y}{\mathrm{d}x}+y=\cos x$；

(2) $y=\frac{c^2-x^2}{2x}$, $(x+y)\mathrm{d}x+x\mathrm{d}y=0$；

(3) $y=c\mathrm{e}^x$, $y''-2y'+y=0$（c为任意常数）；

(4) $y=\mathrm{e}^x$, $y'\mathrm{e}^{-x}+y^2-2y\mathrm{e}^x=1-\mathrm{e}^{2x}$；

(5) $y=x^2+1$, $y'=y^2-(x^2+1)y+2x$；

(6) $y=\frac{1}{x}$, $y''=\frac{2y^2}{x}$.

4. 给定一阶微分方程$\frac{\mathrm{d}y}{\mathrm{d}x}=2x$.

(1) 求出它的通解；

(2) 求通过点(1,4)的特解；

(3) 求出与直线 $y=2x+3$ 相切的解；

(4) 求出满足条件 $\int_0^1 y\mathrm{d}x=2$ 的解.

5. 求出下列各曲线族所满足的微分方程，其中 a,b,c,c_1,c_2 为任意常数：

(1) $y=cx+c^2$；

(2) $y=c_1x+c_2x^2$；

(3) $y=\sin(x+c)$；

(4) $(y-a)^2+(x-b)^2=1$.

6. 试建立分别具有下列性质的曲线所满足的微分方程：

(1) 曲线上任一点的切线与该点的径向夹角为 α；

(2) 曲线上任一点的切线介于两坐标轴之间的部分等于定长 l；

(3) 曲线上任一点的切线与两坐标轴所围成的三角形的面积都等于常数 a^2；

(4) 曲线上任一点的切线介于两坐标轴间的部分被切点等分；

(5) 曲线上任一点的切线的纵截距等于切点横坐标的平方；

(6) 曲线上任一点的切线的纵截距是切点的横坐标和纵坐标的等差中项；

(7) 曲线上任一点的切线的斜率与切点的横坐标成正比.

$\left(\text{提示：过点}(x,y)\text{的切线的横截距和纵截距分别为 } x-\dfrac{y}{y'}\text{和 } y-xy'.\right)$

§1.3 常微分方程发展历史

常微分方程在微积分概念出现后即已出现，对常微分方程的研究可分为几个阶段.

发展初期，对具体的常微分方程，人们希望能用初等函数或超越函数表示其解，属于“求通解”时代，莱布尼茨曾专门研究利用变量变换解决一阶微分方程的求解问题，而欧拉(Euler)则试图用积分因子统一处理，伯努利(Bernoulli)方程和里卡蒂(Riccati)方程就是在研究初等积分时后人以他们的名字命名的方程.

早期的常微分方程的求解热潮因刘维尔(Liouville)于1841年证明里卡蒂方程不存在一般的初等解而中断. 加上柯西初值问题的提出，常微分方程从“求通解”转向“求定解”时代. 初期是对常微分方程定解问题，包括初值问题和边值问题的解的存在性、唯一性等解的性质的研究. 接着，针对线性微分方程，特别是二阶线性微分方程，通过专门定义一些特殊函数以求解特殊方程，如贝塞尔(Bessel)函数、勒让德(Legendre)多项式等，这促成了微分方程与(复变)函数论结合，产生了微分方程解析理论. 同时，由于天文计算的需要促进了常微分方程摄动理论以及小参数、幂级数等近似方法的研究.

从19世纪末起，天体力学中的太阳系稳定性问题需研究常微分方程解的大范围性态，从而使常微分方程的研究从“求定解”转向“求所有解”的新时代. 庞加莱(Poincaré)创立了定性理论和方法，以此研究常微分方程解的大范围性态. 而希尔伯特(Hilbert)提出的23个数学问题中的第16个关于极限环个数的问题，大大促进了定性理论的发展. 同时，李雅普诺夫(Lyapunov)提出的运动稳定性理论，用于解决方程解的初值扰动不影响原方程解的趋向问题，在天文、物理及工程技术中得到广泛应用，先后在苏联、美国受到极大重视. 此外，伯克霍夫(Birkhoff)于20世纪初在动力系统方面开辟了新领域，由于拓扑方法的渗入，20世纪50年代后经阿诺德(Arnold)、斯梅尔(Smale)等数学家的参与而得到蓬勃发展.除定性、稳定性和动力系统理论外，还有非线性振动理论、摄动与奇异摄动理论及变换群理论在20世纪也得到迅速发展.

20世纪60年代以后，常微分方程由于计算机技术的发展迎来了新的时代. 从“求所有解”转入“求特殊解”时代，发现了具有新性质的特殊解和方程，如混沌(解)、奇异吸引子及孤立子等.混沌、孤立子是数学界的重大发现，而这二者直接与微分方程有关.洛伦茨(Lorenz)在20世纪60年代发现了被称为洛伦茨方程的常微分方程，其对初值敏感的特性导致了混沌现象的发现，这引起了科学界的巨大震动，斯梅尔称之为“利用牛顿的定律推翻了牛顿决定论”.孤立子本是物理上有重要意义的偏微分方程的新类型解，但它们往往对应可积的哈密顿系统的常微分方程，从而引发了对停顿百年的常微分方程可积性的研究热潮.

常微分方程的研究还与其他学科或领域结合，从而出现各种新的研究分支，如控制论、种群生态学、分支理论、泛函微分方程、脉冲微分方程、广义微分方程等.

“300年来分析是数学里首要的分支，而微分方程又是分析的心脏.这是初等微积分的天然后继课，又是了解物理科学的一门最重要的数学，而且在它所产生的较深的问题中，它又是高等分析里大部分思想和理论的根源.”西蒙斯(Simmons)曾如此评价微分方程在数学中的地位.

常微分方程属于数学分析的一支，是数学中与应用密切相关的基础学科，其自身也在不断发展中. 学好常微分方程基本理论与方法对进一步学习研究数学理论和实际应用非常重要.

本章学习要点

本章介绍了物理学、社会学、生物学中的常微分模型、常微分方程的一些基本概念和常微分方程的发展历史及其在数学中的地位.

学习本章应注意以下两点：

1. 了解常微分方程在实际问题中的应用，能够根据实际问题建立合适的常微分方程模型；

2. 掌握常微分方程、偏微分方程、方程的阶、线性和非线性、显式解和隐式解、通解和特解以及积分曲线等基本概念.

第二章 一阶微分方程的初等积分法

初等积分法是把微分方程的求解问题化为初等函数的积分问题的方法，即将方程的解用初等函数或它们的积分通过有限次运算表示出来.虽然并不是所有的一阶微分方程都可以用初等积分法求解，但是初等积分法是求解常微分方程最基本、最重要的方法，也是最经典、最古老的方法.一方面，能用初等积分法求解的方程虽属特殊类型，但是它们在实际应用中却很常见和重要；另一方面，初等积分法是求解常微分方程的基本解法之一，是学好本课程和其他数学分支的基本训练之一.本章介绍几种能用初等积分法求解的方程类型及其求解方法.

本章数字资源

§2.1　变量分离方程

2.1.1　变量分离方程

形如

$$\frac{\mathrm{d}y}{\mathrm{d}x}=f(x)\varphi(y) \tag{2.1}$$

或

$$M_1(x)N_1(y)\mathrm{d}x+M_2(x)N_2(y)\mathrm{d}y=0 \tag{2.2}$$

的方程称为**变量分离方程**，这里 $f(x),\varphi(y),M_1(x),M_2(x),N_1(y),N_2(y)$均是 x 或 y 的连续函数.我们分别称方程(2.1)和(2.2)为显式形式变量分离方程和微分形式变量分离方程.

方程(2.1)的特点是，方程的右端是两个因式的乘积，其中一个因式是只含有 x 的函数，另一个因式是只含有 y 的函数，而方程(2.2)是方程(2.1)的微分形式.例如，方程

$$\frac{\mathrm{d}y}{\mathrm{d}x}=xy,\quad \frac{\mathrm{d}y}{\mathrm{d}x}=\mathrm{e}^{x+y},\quad \frac{\mathrm{d}y}{\mathrm{d}x}=\frac{x^2}{y(1+x^2)},\quad \frac{\mathrm{d}y}{\mathrm{d}x}=1+y^2$$

都是显式形式变量分离方程；方程

$$y^2\mathrm{d}x+(x+1)\mathrm{d}y=0,\quad (y^2+xy^2)\mathrm{d}x+(x^2+yx^2)\mathrm{d}y=0$$

都是微分形式变量分离方程；而方程

$$\frac{\mathrm{d}y}{\mathrm{d}x}=x+y,\quad \frac{\mathrm{d}y}{\mathrm{d}x}=\mathrm{e}^x+\mathrm{e}^y,\quad \frac{\mathrm{d}y}{\mathrm{d}x}=\frac{x}{y+x},\quad (x^2+y^2)\mathrm{d}x+2xy\mathrm{d}y=0$$

都不是变量分离方程.

2.1.2 显式形式变量分离方程的解法

如果 $\varphi(y)\neq 0$，可将方程(2.1)改写成

$$\frac{\mathrm{d}y}{\varphi(y)}=f(x)\mathrm{d}x,$$

将上式两边积分，得到恒等式

$$\int\frac{\mathrm{d}y}{\varphi(y)}=\int f(x)\mathrm{d}x+c. \tag{2.3}$$

这里我们把积分常数 c 明确写出来，而把$\int\frac{\mathrm{d}y}{\varphi(y)}$，$\int f(x)\mathrm{d}x$ 分别理解为$\frac{1}{\varphi(y)}$，$f(x)$ 的原函数. 常数 c 的取值必须保证方程(2.3) 有意义，如无特别声明，以后也这样理解.

把方程(2.3)理解为 y,x,c 的隐函数关系式 $\Phi(y,x,c)=0$ 或 y 关于 x,c 的函数关系式 $y=y(x,c)$. 对积分方程(2.3)两边微分，可知对任意常数 c，由方程(2.3)所确定的函数关系式 $y=y(x,c)$满足方程(2.1)，因而方程(2.3)是方程(2.1)的通解.

如果 $\varphi(y)=0$，且存在 y_0 使 $\varphi(y_0)=0$，由解的定义知 $y=y_0$ 也是方程(2.1)的解，称其为方程(2.1)的常数解. 因此，还必须寻求使 $\varphi(y)=0$ 的解 y_0，当 $y=y_0$ 不包括在方程的通解(2.3)中时，必须补上特解 $y=y_0$.

例 2.1 求解方程$\frac{\mathrm{d}y}{\mathrm{d}x}=-\frac{x}{y}$.

解 将方程变量分离，得到

$$y\mathrm{d}y=-x\mathrm{d}x,$$

两边积分，即得

$$\frac{y^2}{2}=-\frac{x^2}{2}+\frac{c}{2}.$$

因而，通解为

$$x^2+y^2=c,$$

其中 c 是任意正实数. 该通解是方程隐函数形式的通解. 解出 y，可得显函数形式的通解为

$$y=\pm\sqrt{c-x^2}.$$

例 2.2 求解方程

$$\frac{\mathrm{d}y}{\mathrm{d}x}=P(x)y, \tag{2.4}$$

其中 $P(x)$是 x 的连续函数.

解 将方程变量分离，得到

$$\frac{\mathrm{d}y}{y}=P(x)\mathrm{d}x,$$

两边积分，即得

$$\ln|y|=\int P(x)\mathrm{d}x+\tilde{c},$$

其中 $\tilde{c}$ 是任意常数. 由对数定义，有

$$|y|=e^{\int P(x)dx+\tilde{c}},$$

即

$$y=\pm e^{\tilde{c}}\cdot e^{\int P(x)dx}.$$

令$\pm e^{\tilde{c}}=c\neq 0$，得到

$$y=ce^{\int P(x)dx}. \tag{2.5}$$

此外，$y=0$ 显然也是方程(2.4)的解. 如果在式(2.5)中允许 $c=0$，则 $y=0$ 包括在式(2.5)中. 因而，方程(2.4)的通解为式(2.5)，其中 c 是任意常数.

例 2.3 求解方程

$$\frac{dy}{dx}=\frac{y(-c+dx)}{x(a-by)},$$

其中 $x\geqslant 0, y\geqslant 0$.

解 将方程变量分离，得到

$$\left(\frac{c}{x}-d\right)dx=\left(-\frac{a}{y}+b\right)dy,$$

积分得

$$c\ln|x|-dx=-a\ln|y|+by+\tilde{k},$$

其中 $\tilde{k}$ 为任意常数. 上式可化为

$$x^c e^{-dx}y^a e^{-by}=\pm k,$$

这里 $k=e^{\tilde{k}}$. 此外，方程还有特解 $y=0$. 并考虑到条件 $x\geqslant 0, y\geqslant 0$，于是方程的通解为

$$x^c e^{-dx}y^a e^{-by}=k,$$

其中 k 为任意常数且 $k\geqslant 0$.

例 2.4 求方程

$$\frac{dy}{dx}=\frac{2x}{y+x^2y}, \quad y(1)=-2$$

的解.

解 将方程变量分离，得

$$y\,dx=\frac{2x}{1+x^2}dx,$$

两边积分得

$$\int y\,dy=\int\frac{2x}{1+x^2}dx,$$

解得

$$\frac{1}{2}y^2=\ln(1+x^2)+c,$$

其中 c 为任意常数.

为求满足初值条件 $y(1)=-2$ 的解，将 $y(1)=-2$ 代入上解，有

$$\frac{1}{2}(-2)^2=\ln(1+1^2)+c,$$

解得 $c=2-\ln 2$. 因此，满足 $y(1)=-2$ 的解为

$$y^2=\ln\frac{(1+x^2)^2}{4}+4.$$

2.1.3 微分形式变量分离方程的解法

微分形式的变量分离方程

$$M_1(x)N_1(y)\mathrm{d}x+M_2(x)N_2(y)\mathrm{d}y=0 \tag{2.6}$$

中，x 和 y 在方程中的地位是平等的，即 x 和 y 都可以被认为是自变量和函数.

当 $N_1(y)M_2(x)\neq 0$ 时，用它除方程(2.6)两端，分离变量得

$$\frac{N_2(y)}{N_1(y)}\mathrm{d}y=-\frac{M_1(x)}{M_2(x)}\mathrm{d}x,$$

上式两端同时积分，得到方程(2.6)的通解为

$$\int\frac{N_2(y)}{N_1(y)}\mathrm{d}y=\int-\frac{M_1(x)}{M_2(x)}\mathrm{d}x+c,$$

其中 c 为任意常数.

补充 如果 $N_1(y)M_2(x)=0$,若存在 y_0 使 $N_1(y_0)=0$,则 $y=y_0$ 是方程(2.6)的常数解；若存在 x_0 使 $M_2(x_0)=0$,则 $x=x_0$ 也是方程(2.6)的常数解. 当 $y=y_0$,$x=x_0$ 不包括在方程(2.6)的通解中时,必须补上 $y=y_0$,$x=x_0$.

例 2.5 求解方程

$$x(y^2-1)\mathrm{d}x+y(x^2-1)\mathrm{d}y=0.$$

解 当$(x^2-1)(y^2-1)\neq 0$ 时，分离变量得

$$\frac{x\mathrm{d}x}{x^2-1}+\frac{y\mathrm{d}y}{y^2-1}=0.$$

积分得方程的通积分为

$$\ln|x^2-1|+\ln|y^2-1|=\ln|c|,\quad c\neq 0$$

或

$$(x^2-1)(y^2-1)=c,\quad c\neq 0. \tag{2.7}$$

易见 $x=\pm 1$,$y=\pm 1$ 也是方程的解. 如果在上式中允许 $c=0$，则 $x=\pm 1$，$y=\pm 1$ 包括在式(2.7)中. 因而，方程的通解为式(2.7)，其中 c 是任意常数.

习 题 2.1

1. 求解下列方程：

(1) $\dfrac{\mathrm{d}y}{\mathrm{d}x}=\dfrac{1+y^2}{xy+x^3y}$；

(2) $(1+x)y\mathrm{d}x+(1-y)x\mathrm{d}y=0$；

(3) $\tan y\mathrm{d}x-\cot x\mathrm{d}y=0$；

(4) $\dfrac{\mathrm{d}y}{\mathrm{d}x}+\dfrac{\mathrm{e}^{y^2+3x}}{y}=0$；

(5) $\dfrac{\mathrm{d}y}{\mathrm{d}x}=\mathrm{e}^{x-y}$.

2. 求下列方程满足初值条件的解：

(1) $\frac{dy}{dx}=2xy$，$y(0)=1$；

(2) $y^2dx+(x+1)dy=0$，$y(0)=1$；

(3) $\frac{dy}{dx}=3\sqrt[3]{y^2}$，$y(2)=0$；

(4) $(y^2+xy^2)dx-(x^2+yx^2)dy=0$，$y(1)=-1$.

3. 已知 $f(x)\int_0^x f(t)dt=1(x\neq 0)$，试求函数 $f(x)$ 的一般表达式.

4. 已知 $y'(0)$存在，求具有性质 $y(x_1+x_2)=\frac{y(x_1)+y(x_2)}{1-y(x_1)y(x_2)}$的函数 $y(x)$.

5. 求一曲线，使它的切线介于坐标轴间的部分被切点分成相等的两段.

6. 证明：满足习题 1.2 第 6 题(7)所给条件的曲线是抛物线族.

§2.2 齐次微分方程与变量变换法

变量分离方程是最基本的方程类型之一. 有些方程形式上不是变量分离方程，但是经过适当变量变换之后，就能化成变量分离方程. 用初等积分法求解常微分方程的一个重要方法就是寻找适当的变量变换，将所给的方程化成变量可分离方程. 在 18 世纪到 19 世纪的 100 多年间，人们在这方面做了相当可观的工作，归纳出很多的标准类型，它们可通过适当的变换化成变量分离方程. 本节介绍变量变换法求解方程，特别是求解齐次微分方程.

2.2.1 齐次微分方程

形如

$$\frac{dy}{dx}=g\left(\frac{y}{x}\right) \tag{2.8}$$

的方程，称为一阶**齐次微分方程**，这里 $g(u)$是 u 的连续函数.

例如，方程

$$\frac{dy}{dx}=\frac{x+y}{x-y},\quad \frac{dy}{dx}=\frac{x^2+y^2\sin\frac{y}{x}}{x^2-y^2\cos\frac{y}{x}},$$

$$(x^2+y^2)dx+xydy=0,\quad \frac{dy}{dx}=\ln x-\ln y$$

可以分别改写为

$$\frac{dy}{dx}=\frac{1+\frac{y}{x}}{1-\frac{y}{x}},\quad \frac{dy}{dx}=\frac{1+\left(\frac{y}{x}\right)^2\sin\frac{y}{x}}{1-\left(\frac{y}{x}\right)^2\cos\frac{y}{x}},$$

$$\frac{dy}{dx}=-\frac{y}{x}-\left(\frac{y}{x}\right)^{-1},\quad \frac{dy}{dx}=-\ln\frac{y}{x},$$

所以，它们都是一阶齐次微分方程.

下面利用变量变换法给出齐次微分方程的求解方法.

做变量变换

$$u=\frac{y}{x}, \tag{2.9}$$

即 $y=ux$，两边对 x 求导数，得

$$\frac{\mathrm{d}y}{\mathrm{d}x}=x\frac{\mathrm{d}u}{\mathrm{d}x}+u. \tag{2.10}$$

将式(2.9),(2.10)代入方程(2.8)，可得

$$x\frac{\mathrm{d}u}{\mathrm{d}x}+u=g(u),$$

整理后得到

$$\frac{\mathrm{d}u}{\mathrm{d}x}=\frac{g(u)-u}{x}.$$

此方程是一个变量分离方程.可按2.1.2小节中的方法求解，然后代回原来的变量，便得齐次微分方程(2.8)的解.

例 2.6 求解方程$\frac{\mathrm{d}y}{\mathrm{d}x}=\frac{y}{x}+\tan\frac{y}{x}$.

解 这是齐次微分方程，做变量变换 $u=\frac{y}{x}$，则有$\frac{\mathrm{d}y}{\mathrm{d}x}=x\frac{\mathrm{d}u}{\mathrm{d}x}+u$.代入原方程有

$$x\frac{\mathrm{d}u}{\mathrm{d}x}+u=u+\tan u,$$

即

$$\frac{\mathrm{d}u}{\mathrm{d}x}=\frac{\tan u}{x}. \tag{2.11}$$

当 $\tan u\neq 0$ 时，将上式分离变量可得

$$\cot u\,\mathrm{d}u=\frac{\mathrm{d}x}{x},$$

两边积分，得到

$$\ln|\sin u|=\ln|x|+\tilde{c},$$

其中 $\tilde{c}$ 是任意常数.整理得到

$$\sin u=\pm e^{\tilde{c}}\cdot x,$$

令$\pm e^{\tilde{c}}=c$，得到

$$\sin u=cx,\quad c\neq 0. \tag{2.12}$$

此外，方程(2.11)还有解 $\tan u=0$，即 $\sin u=0$.如果在式(2.12)中允许 $c=0$，则 $\sin u=0$ 也包含括在式(2.12)中，因此，方程(2.11)的通解为式(2.12).

代回原来的变量，得到原方程的通解为

$$\sin\frac{y}{x}=cx,$$

其中 c 是任意常数.

例 2.7 求解方程 $x\dfrac{\mathrm{d}y}{\mathrm{d}x}+2\sqrt{xy}=y(x<0)$.

解 将方程改写为

$$\frac{\mathrm{d}y}{\mathrm{d}x}=2\sqrt{\frac{y}{x}}+\frac{y}{x},\quad x<0,$$

这是齐次微分方程. 做变量变换 $u=\dfrac{y}{x}$,则$\dfrac{\mathrm{d}y}{\mathrm{d}x}=x\dfrac{\mathrm{d}u}{\mathrm{d}x}+u$,代入原方程有

$$x\frac{\mathrm{d}u}{\mathrm{d}x}=2\sqrt{u},\tag{2.13}$$

分离变量，得

$$\frac{\mathrm{d}u}{2\sqrt{u}}=\frac{\mathrm{d}x}{x},$$

两边积分，得到方程(2.13)的通解为

$$\sqrt{u}=\ln(-x)+c,$$

即当 $\ln(-x)+c>0$ 时，

$$u=[\ln(-x)+c]^2,\tag{2.14}$$

其中 c 是任意常数.

此外，方程(2.13)还有特解 $u=0$，此时 $y=0$. 而此解并不包含在通解(2.14)中.

代回原变量，得原方程的通解为

$$y=x[\ln(-x)+c]^2,\quad \ln(-x)+c>0$$

及 $y=0$，它定义在 x 轴的整个负半轴上.

2.2.2 形如$\dfrac{\mathrm{d}y}{\mathrm{d}x}=f(ax+by+c)(a\neq0,\ b\neq0)$的方程

这里 $f(u)$是 u 的连续函数. 做变量变换

$$u=ax+by+c,$$

两边对 x 求导数，得

$$\frac{\mathrm{d}u}{\mathrm{d}x}=a+b\frac{\mathrm{d}y}{\mathrm{d}x}.$$

代入原方程$\dfrac{\mathrm{d}y}{\mathrm{d}x}=f(u)$，得

$$\frac{\mathrm{d}u}{\mathrm{d}x}=a+bf(u).$$

上式是一个变量分离微分方程，可按照 2.1.2 小节的方法求解，然后将 $u=ax+by+c$ 代回，便得这种类型方程的解.

例 2.8 解方程$\dfrac{\mathrm{d}y}{\mathrm{d}x}=(x+y)^2$.

解 令 $u=x+y$，两边对 x 求导数，得

$$\frac{\mathrm{d}u}{\mathrm{d}x}=1+\frac{\mathrm{d}y}{\mathrm{d}x}.$$

代入原方程并整理得

$$\frac{\mathrm{d}u}{\mathrm{d}x}=1+u^2,$$

分离变量，求解得

$$\arctan u=x+c,$$

其中 c 是任意常数.

将 $u=x+y$ 代回，得原方程的通解为

$$\arctan(x+y)=x+c.$$

2.2.3 形如$\frac{\mathrm{d}y}{\mathrm{d}x}=f\left(\frac{a_1x+b_1y+c_1}{a_2x+b_2y+c_2}\right)$的方程

方程记为

$$\frac{\mathrm{d}y}{\mathrm{d}x}=f\left(\frac{a_1x+b_1y+c_1}{a_2x+b_2y+c_2}\right), \tag{2.15}$$

其中 a_1,a_2,b_1,b_2,c_1,c_2 均为常数. 当这些常数取某些特殊值时，这种类型方程可化为 2.2.1 和 2.2.2 小节的类型.

当 $c_1=c_2=0$ 时，

$$\frac{\mathrm{d}y}{\mathrm{d}x}=f\left(\frac{a_1x+b_1y}{a_2x+b_2y}\right)=f\left(\frac{a_1+b_1\dfrac{y}{x}}{a_2+b_2\dfrac{y}{x}}\right)=g\left(\frac{y}{x}\right),$$

此即为齐次微分方程的类型. 下面讨论当 c_1，c_2 不全为零时，此类方程的求解方法.

下面分两种情况来讨论：

(1) $\begin{vmatrix} a_1 & b_1 \\ a_2 & b_2 \end{vmatrix}=0$ 的情形.

在这种情形下，又分为如下三种情形：

(i)$a_1=b_1=0$ 或 $a_2=b_2=0$.

方程变为

$$\frac{\mathrm{d}y}{\mathrm{d}x}=f\left(\frac{c_1}{a_2x+b_2y+c_2}\right) \quad 或 \quad \frac{\mathrm{d}y}{\mathrm{d}x}=f\left(\frac{a_1x+b_1y+c_1}{c_2}\right),$$

上述方程属于 2.2.2 小节的类型，利用变量变换法，化为变量分离方程.

(ii)$a_1=a_2=0$ 或 $b_1=b_2=0$.

方程变为

$$\frac{\mathrm{d}y}{\mathrm{d}x}=f\left(\frac{b_1y+c_1}{b_2y+c_2}\right) \quad 或 \quad \frac{\mathrm{d}y}{\mathrm{d}x}=f\left(\frac{a_1x+c_1}{a_2x+c_2}\right),$$

上述方程为变量分离方程.

(iii)$\dfrac{a_1}{a_2}=\dfrac{b_1}{b_2}=k$（$k$ 为常数）.

做变量变换，令 $u=a_2x+b_2y$，此时$\dfrac{\mathrm{d}u}{\mathrm{d}x}=a_2+b_2\dfrac{\mathrm{d}y}{\mathrm{d}x}$，此时方程可变为

$$\frac{\mathrm{d}u}{\mathrm{d}x}=a_2+b_2f\left(\frac{k(a_2x+b_2y)+c_1}{a_2x+b_2y+c_2}\right)=a_2+b_2f\left(\frac{ku+c_1}{u+c_2}\right),$$

上述方程为变量分离方程.

(2) $\begin{vmatrix} a_1 & b_1 \\ a_2 & b_2 \end{vmatrix}\neq 0$ 的情形.

这时方程组

$$\begin{cases} a_1x+b_1y+c_1=0, \\ a_2x+b_2y+c_2=0 \end{cases}$$

有唯一解 $\begin{cases} x=\alpha, \\ y=\beta. \end{cases}$ 若令

$$\begin{cases} X=x-\alpha, \\ Y=y-\beta, \end{cases}$$

则方程(2.15)化为

$$\frac{\mathrm{d}Y}{\mathrm{d}X}=f\left(\frac{a_1X+b_1Y+a_1\alpha+b_1\beta+c_1}{a_2X+b_2Y+a_2\alpha+b_2\beta+c_2}\right)=f\left(\frac{a_1X+b_1Y}{a_2X+b_2Y}\right),$$

即

$$\frac{\mathrm{d}Y}{\mathrm{d}X}=f\left(\frac{a_1+b_1\dfrac{Y}{X}}{a_2+b_2\dfrac{Y}{X}}\right)=g\left(\frac{Y}{X}\right), \tag{2.16}$$

这是一个齐次微分方程. 求解上述方程，最后代回原变量即可得原方程(2.15)的解.

例 2.9 求解方程

$$\frac{\mathrm{d}y}{\mathrm{d}x}=\frac{x-y+1}{x+y-3}. \tag{2.17}$$

解 解方程组

$$\begin{cases} x-y+1=0, \\ x+y-3=0, \end{cases}$$

得唯一解 $x=1, y=2$. 做变换

$$\begin{cases} X=x-1, \\ Y=y-2, \end{cases}$$

方程(2.17)可化为

$$\frac{\mathrm{d}Y}{\mathrm{d}X}=\frac{X-Y}{X+Y}. \tag{2.18}$$

令 $u=\dfrac{Y}{X}$，即 $Y=uX$，两边同时对 X 求导，得

$$u+X\frac{\mathrm{d}u}{\mathrm{d}X}=\frac{1-u}{1+u}.$$

当 $1-2u-u^2\neq 0$ 时，整理得

$$\frac{\mathrm{d}X}{X}=\frac{1+u}{1-2u-u^2}\mathrm{d}u,$$

两边积分得

$$\ln|X| = -\frac{1}{2}\ln|u^2+2u-1|+c_1,$$

因此

$$X^2(u^2+2u-1)=\pm e^{2c_1}.$$

记$\pm e^{2c_1}=c_2\neq 0$，并代回原变量得

$$Y^2+2XY-X^2=c_2,$$

即

$$(y-2)^2+2(x-1)(y-2)-(x-1)^2=c_2.$$

此外，容易验证

$$u^2+2u-1=0,$$

即

$$Y^2+2XY-X^2=0$$

也是方程(2.18)的解，此时只要通解中取$c_2=0$即可. 因此方程(2.17)的通解为

$$y^2+2xy-x^2-6y-2x=c,$$

其中c为任意常数.

2.2.4 形如$yf(xy)\mathrm{d}x+xg(xy)\mathrm{d}y=0$的方程

引入变量$u=xy$，则$y=\frac{u}{x}$，$\mathrm{d}y=\frac{x\mathrm{d}u-u\mathrm{d}x}{x^2}$，原方程可化为

$$\frac{u}{x}(f(u)-g(u))\mathrm{d}x+g(u)\mathrm{d}u=0,$$

这是一个变量分离方程.

例 2.10 求解方程

$$(y+xy^2)\mathrm{d}x+(x-x^2y)\mathrm{d}y=0. \tag{2.19}$$

解 令$u=xy$，则$y=\frac{u}{x}$，$\mathrm{d}y=\frac{x\mathrm{d}u-u\mathrm{d}x}{x^2}$，代入方程(2.19)，

$$\frac{u(1+u)}{x}\mathrm{d}x+x(1-u)\left(\frac{x\mathrm{d}u-u\mathrm{d}x}{x^2}\right)-0,$$

整理后得

$$\frac{2u^2}{x}\mathrm{d}x+(1-u)\mathrm{d}u=0,$$

对上式分离变量得

$$\frac{2\mathrm{d}x}{x}+\frac{1-u}{u^2}\mathrm{d}u=0,$$

积分后得

$$\ln x^2-\frac{1}{u}-\ln|u|=c,$$

其中c为任意常数. 代入原变量，方程(2.19)的通解为

$$\ln\left|\frac{x}{y}\right|-\frac{1}{xy}=c.$$

此外，$x=0$ 或 $y=0$ 也是方程(2.19)的解.

还有一些方程类型适用于变量变换法，诸如

$$x^2\frac{\mathrm{d}y}{\mathrm{d}x}=f(xy),\quad \frac{\mathrm{d}y}{\mathrm{d}x}=xf\left(\frac{y}{x^2}\right),$$

以及

$$M(x,y)(x\mathrm{d}x+y\mathrm{d}y)+N(x,y)(x\mathrm{d}y-y\mathrm{d}x)=0$$

(其中 M,N 为 x,y 的齐次函数，次数可以不相同)等一些方程类型，均可通过适当的变量变换化为变量分离方程.

习　题　2.2

1. 求解下列方程：

(1) $(y+x)\mathrm{d}y+(x-y)\mathrm{d}x=0$；

(2) $x\dfrac{\mathrm{d}y}{\mathrm{d}x}-y+\sqrt{x^2-y^2}=0$；

(3) $x(\ln x-\ln y)\mathrm{d}y-y\mathrm{d}x=0$；

(4) $(y^2-2xy)\mathrm{d}x+x^2\mathrm{d}y=0$.

2. 求解下列方程：

(1) $\dfrac{\mathrm{d}y}{\mathrm{d}x}=\dfrac{2x-y+1}{x-2y+1}$；

(2) $\dfrac{\mathrm{d}y}{\mathrm{d}x}=\dfrac{x-y+5}{x-y-2}$；

(3) $(2x+y+1)\mathrm{d}x-(4x+2y-3)\mathrm{d}y=0$；

(4) $\dfrac{\mathrm{d}y}{\mathrm{d}x}=2\left(\dfrac{y-2}{x+y-1}\right)^2$.

3. 做适当的变量变换求解下列方程：

(1) $\dfrac{\mathrm{d}y}{\mathrm{d}x}=\dfrac{1}{(x+y)^2}$；

(2) $\dfrac{\mathrm{d}y}{\mathrm{d}x}=(x+1)^2+(4y+1)^2+8xy+1$；

(3) $\dfrac{\mathrm{d}y}{\mathrm{d}x}=\dfrac{y^6-2x^2}{2xy^5+x^2y^2}$；

(4) $\dfrac{\mathrm{d}y}{\mathrm{d}x}=\dfrac{2x^3+3xy^2+x}{3x^2y+2y^3-y}$.

4. 证明方程$\dfrac{x}{y}\dfrac{\mathrm{d}y}{\mathrm{d}x}=f(xy)$经变量变换 $xy=u$ 可化为变量分离方程，并由此求解下列方程：

(1) $y(1+x^2y^2)\mathrm{d}x=x\mathrm{d}y$；

(2) $\dfrac{x}{y}\dfrac{\mathrm{d}y}{\mathrm{d}x}=\dfrac{2+x^2y^2}{2-x^2y^2}$.

5. 选取适当的变量变换，把下列方程 $x^2\dfrac{\mathrm{d}y}{\mathrm{d}x}=f(xy)$化为变量分离方程.

6. 求出习题 1.2 第 6 题(1)所确定的曲线，其中 $\alpha=\dfrac{\pi}{4}$.

§2.3　线性微分方程与常数变易法

本节讨论一阶线性微分方程的解法，以及可以化为线性微分方程的类型.

一阶线性微分方程的一般形式为

$$\frac{\mathrm{d}y}{\mathrm{d}x}=P(x)y+Q(x), \tag{2.20}$$

其中 $P(x)$,$Q(x)$在考虑的区间上是 x 的连续函数. 若 $Q(x)=0$，方程(2.20)变为

$$\frac{\mathrm{d}y}{\mathrm{d}x}=P(x)y, \tag{2.21}$$

方程(2.21)称为**一阶齐次线性微分方程**. 若 $Q(x)\neq 0$，方程(2.20)称为**一阶非齐次线性微分方程**.

2.3.1 一阶非齐次线性微分方程的通解

方程(2.21)是变量分离方程，在 2.1.2 小节中的例 2.2 中已求得它的通解为

$$y=c\mathrm{e}^{\int P(x)\mathrm{d}x}, \tag{2.22}$$

其中 c 是任意常数.

下面利用常数变易法讨论非齐次线性微分方程(2.20)通解的求法.

不难看出，方程(2.21)是方程(2.20)的特殊情形，如果方程(2.20)具有形如方程(2.22)形式的解，得将常数 c 变为 x 的待定函数 $c(x)$. 令

$$y=c(x)\mathrm{e}^{\int P(x)\mathrm{d}x} \tag{2.23}$$

是方程(2.20)的解，将上式两端对 x 求导，得到

$$\frac{\mathrm{d}y}{\mathrm{d}x}=\frac{\mathrm{d}c(x)}{\mathrm{d}x}\mathrm{e}^{\int P(x)\mathrm{d}x}+c(x)P(x)\mathrm{e}^{\int P(x)\mathrm{d}x}. \tag{2.24}$$

将式(2.23)和(2.24)代入方程(2.20)，得到

$$\frac{\mathrm{d}y}{\mathrm{d}x}=\frac{\mathrm{d}c(x)}{\mathrm{d}x}\mathrm{e}^{\int P(x)\mathrm{d}x}+c(x)P(x)\mathrm{e}^{\int P(x)\mathrm{d}x}=P(x)c(x)\mathrm{e}^{\int P(x)\mathrm{d}x}+Q(x),$$

即

$$\frac{\mathrm{d}c(x)}{\mathrm{d}x}=Q(x)\mathrm{e}^{-\int P(x)\mathrm{d}x},$$

积分后得

$$c(x)=\int Q(x)\mathrm{e}^{-\int P(x)\mathrm{d}x}\mathrm{d}x+\tilde{c},$$

其中 $\tilde{c}$ 为任意常数. 将上式代入式(2.23)，得到方程(2.20)的通解为

$$y=\tilde{c}\mathrm{e}^{\int P(x)\mathrm{d}x}+\mathrm{e}^{\int P(x)\mathrm{d}x}\int Q(x)\mathrm{e}^{-\int P(x)\mathrm{d}x}\mathrm{d}x. \tag{2.25}$$

这种将齐次线性微分方程通解中常数 c 变易为待定函数 $c(x)$的方法，称为**常数变易法**. 它是 1774 年由法国数学家拉格朗日(Lagrange)提出的. 常数变易法实际上也是一种变量变换的方法，通过变换式(2.23)可将方程(2.20)化为变量分离方程.

若方程不能化为方程(2.20)形式，可以将 x 看作 y 的函数，再看是否为方程(2.20)形式.

例 2.11 求解方程$(x+1)\dfrac{\mathrm{d}y}{\mathrm{d}x}-ny=\mathrm{e}^{x}(x+1)^{(n+1)}$，其中 n 为常数.

解 将方程改写为

$$\frac{\mathrm{d}y}{\mathrm{d}x}=\frac{n}{x+1}y+\mathrm{e}^x(x+1)^n, \tag{2.26}$$

它是一阶非齐次线性微分方程.

首先，求解对应的齐次线性微分方程

$$\frac{\mathrm{d}y}{\mathrm{d}x}=\frac{n}{x+1}y,$$

得到通解为

$$y=c(x+1)^n.$$

其次，应用常数变易法求非齐次线性微分方程(2.26)的通解. 为此，在上式中把 c 看成 x 的待定函数 $c(x)$，即

$$y=c(x)(x+1)^n, \tag{2.27}$$

两端对 x 求导，得

$$\frac{\mathrm{d}y}{\mathrm{d}x}=\frac{\mathrm{d}c(x)}{\mathrm{d}x}(x+1)^n+n(x+1)^{n-1}c(x). \tag{2.28}$$

将式(2.27)和(2.28)代入方程(2.26)中，得到

$$\frac{\mathrm{d}c(x)}{\mathrm{d}x}=\mathrm{e}^x,$$

积分得

$$c(x)=\mathrm{e}^x+\tilde{c},$$

其中 $\tilde{c}$ 为任意常数. 因此，以所求的 $c(x)$ 代入式(2.27)，即得原方程的通解

$$y=\tilde{c}(x+1)^n+\mathrm{e}^x(x+1)^n.$$

例 2.12 求解方程

$$\frac{\mathrm{d}y}{\mathrm{d}x}=y\cot x+2x\sin x. \tag{2.29}$$

解 显然这是一个一阶非齐次线性微分方程.

首先，求解对应的齐次线性微分方程

$$\frac{\mathrm{d}y}{\mathrm{d}x}=y\cot x.$$

分离变量后再积分有

$$\int\frac{\mathrm{d}y}{y}=\int\cot x\,\mathrm{d}x+\ln|\tilde{c}|,\quad \tilde{c}\neq 0,$$

即

$$\ln|y|=\ln|\sin x|+\ln|\tilde{c}|.$$

取指数后，得到齐次线性微分方程的通解为

$$y=c\sin x,$$

其中 $c=\pm\tilde{c}$.

其次，应用常数变易法求非齐次线性微分方程(2.29)的通解. 令

$$y=c(x)\sin x \tag{2.30}$$

为方程(2.29)的解，这里 $c(x)$ 为待定函数. 将上式两端同时对 x 求导并代入方程(2.29)，得

$$\frac{\mathrm{d}y}{\mathrm{d}x}=\frac{\mathrm{d}c(x)}{\mathrm{d}x}\sin x+c(x)\cos x=c(x)\cos x+2x\sin x,$$

即得

$$\frac{\mathrm{d}c(x)}{\mathrm{d}x}=2x,$$

积分得

$$c(x)=x^2+c,$$

将其代入式(2.30)，于是原方程(2.29)的通解为

$$y=c\sin x+x^2\sin x,$$

其中 c 是任意常数.

例 2.13 求解方程 $\frac{\mathrm{d}y}{\mathrm{d}x}=\frac{y}{2x-y^2}$ 的通解，并求 $y(0)=2$ 时的特解.

解 如果以 y 为未知函数，原方程不是线性微分方程，但我们可将它改写为

$$\frac{\mathrm{d}x}{\mathrm{d}y}=\frac{2x-y^2}{y}=\frac{2}{y}x-y, \tag{2.31}$$

把 x 看作未知函数，y 看作自变量，这样方程(2.31)就是一个一阶非齐次线性微分方程.

首先，求解对应的齐次线性微分方程

$$\frac{\mathrm{d}x}{\mathrm{d}y}=\frac{2}{y}x,$$

其通解为

$$x=cy^2.$$

其次，利用常数变易法求非齐次线性微分方程(2.31)的通解. 把 c 变易为待定函数 $c(y)$，即

$$x=c(y)y^2. \tag{2.32}$$

将式(2.32)两边同时对 y 求导，得到

$$\frac{\mathrm{d}x}{\mathrm{d}y}=\frac{\mathrm{d}c(y)}{\mathrm{d}y}y^2+2c(y)y.$$

代入式(2.31)，得到

$$\frac{\mathrm{d}c(y)}{\mathrm{d}y}=-\frac{1}{y},$$

积分得

$$c(y)=-\ln|y|+\tilde{c},$$

从而得原方程的通解为

$$x-y^2(\tilde{c}\quad\ln|y|), \tag{2.33}$$

其中 $\tilde{c}$ 为任意常数.

因为方程满足初值条件 $y(0)=2$，将其代入式(2.33)，可得 $\tilde{c}=\ln 2$，所以，原方程满足初值条件的特解为

$$x=y^2(\ln 2-\ln|y|).$$

仔细观察非齐次线性微分方程(2.20)的通解公式(2.25)，我们可以发现它由两项组成. 第一项是对应齐次线性微分方程的通解，第二项是非齐次线性微分方程的一个特解. 因

此有如下的结论：非齐次线性微分方程(2.20)的通解等于它所对应的齐次方程(2.21)的通解与非齐次方程(2.20)的一个特解之和.

上述结论与我们熟知的线性代数方程组解的结论十分相似. 不仅如此，以后还可以看到，对于一般线性微分方程或方程组，都有上述结论.

2.3.2 伯努利方程

形如

$$\frac{dy}{dx}=P(x)y+Q(x)y^n \tag{2.34}$$

的方程称为**伯努利(Bernoulli)微分方程**，其中 $P(x)$，$Q(x)$在考虑的区间上为 x 的连续函数，n 为任意实数且 $n\neq 0,1$.

当 $Q(x)\neq 0$ 时，伯努利微分方程(2.34)是非线性一阶微分方程，但是经过适当的变量变换之后，可将伯努利微分方程化为线性微分方程. 事实上，当 $y\neq 0$ 时，用 y^{-n} 乘方程(2.34)两边，得

$$y^{-n}\frac{dy}{dx}=y^{1-n}P(x)+Q(x), \tag{2.35}$$

引入变量变换

$$z=y^{1-n}, \tag{2.36}$$

从而

$$\frac{dz}{dx}=(1-n)y^{-n}\frac{dy}{dx}. \tag{2.37}$$

将式(2.36)和(2.37)代入式(2.35)，得到

$$\frac{dz}{dx}=(1-n)P(x)z+(1-n)Q(x). \tag{2.38}$$

这是一个一阶非齐次线性微分方程，可按 2.3.1 小节介绍的方法求其通解，然后代回原来的变量，便得到方程(2.34)的通解. 此外，当 $n>0$ 时，方程还有解 $y=0$.

例 2.14 求方程$\frac{dy}{dx}=\frac{6y}{x}-xy^2$ 的通解.

解 这是 $n=2$ 时的伯努利微分方程. 做变量变换

$$z=y^{-1},$$

则有

$$\frac{dz}{dx}=-y^{-2}\frac{dy}{dx}.$$

代入原方程得到

$$\frac{dz}{dx}=-\frac{6}{x}z+x. \tag{2.39}$$

这是一个一阶非齐次线性微分方程.

先解对应的齐次线性微分方程

$$\frac{dz}{dx}=-\frac{6}{x}z,$$

得通解

$$z = cx^{-6}.$$

用常数变易法，将 c 看成 x 的待定系数 $c(x)$，即 $z=c(x)x^{-6}$，将其代入方程(2.39)，代入得

$$\frac{dz}{dx} = \frac{dc(x)}{dx}x^{-6} - 6c(x)x^{-7} = -\frac{6}{x}c(x)x^{-6} + x,$$

化简得

$$\frac{dc(x)}{dx} = x^7,$$

解得

$$c(x) = \frac{x^8}{8} + \tilde{c},$$

即得方程(2.39)的通解为

$$z = \frac{\tilde{c}}{x^6} + \frac{x^2}{8}.$$

代回原来的变量 y，得到

$$\frac{1}{y} = \frac{\tilde{c}}{x^6} + \frac{x^2}{8},$$

或者

$$\frac{x^6}{y} - \frac{x^8}{8} = \tilde{c},$$

这就是原方程的通解，其中 $\tilde{c}$ 为任意常数.

此外，方程还有解 $y=0$.

伯努利微分方程中的 n 可以是不为 0 和 1 的任意实数. 例如，方程

$$\frac{dy}{dx} - \frac{4}{x}y = x\sqrt{y}$$

为 $n=\frac{1}{2}$ 时的伯努利微分方程.

伯努利微分方程的解题思路是对未知函数 y 进行换元，从而使方程变为新未知函数的线性微分方程. 因此，解题时可以先把 dy 进行凑微分，然后换元. 如例 2.14，在 $y \neq 0$ 时，方程两边同时除以 y^2 可得

$$\frac{1}{y^2}\frac{dy}{dx} = 6\,\frac{1}{xy} - x,$$

即

$$-\frac{d\left(\frac{1}{y}\right)}{dx} = 6\,\frac{1}{xy} - x,$$

然后进行换元，令 $z=\frac{1}{y}$，化成线性微分方程求解. 这种凑微分换元的思路也可以用于其他一些类型的方程，比如方程 $\frac{dy}{dx} = \frac{1}{\sin y} + x\cot y$，可以先凑微分得到

$$\sin y\frac{\mathrm{d}y}{\mathrm{d}x}=1+x\cos y,$$

即

$$\frac{-\mathrm{d}\cos y}{\mathrm{d}x}=1+x\cos y,$$

然后进行换元,令 $z=\cos y$，化成线性微分方程求解.

习　题　2.3

1. 求解下列微分方程:

(1) $\frac{\mathrm{d}y}{\mathrm{d}x}=y+\sin x$；

(2) $\frac{\mathrm{d}y}{\mathrm{d}x}+3y=\mathrm{e}^{2x}$；

(3) $\frac{\mathrm{d}y}{\mathrm{d}x}-\frac{n}{x}y=\mathrm{e}^{x}x^{n}$($n$ 为常数)；

(4) $\frac{\mathrm{d}y}{\mathrm{d}x}+\frac{1-2x}{x^{2}}y-1=0$；

(5) $\frac{\mathrm{d}y}{\mathrm{d}x}-\frac{2y}{x+1}=(x+1)^{3}$；

(6) $\frac{\mathrm{d}y}{\mathrm{d}x}=\frac{y}{x+y^{3}}$；

(7) $\frac{\mathrm{d}y}{\mathrm{d}x}=\frac{ay}{x}+\frac{x+1}{x}$($a$ 为常数)；

(8) $x\frac{\mathrm{d}y}{\mathrm{d}x}+(x+1)y=3x^{2}\mathrm{e}^{-x}$；

(9) $\frac{\mathrm{d}y}{\mathrm{d}x}+xy=x^{3}y^{3}$；

(10) $(y\ln x-2)y\mathrm{d}x=x\mathrm{d}y$；

(11) $2xy\mathrm{d}y=(2y^{2}-x)\mathrm{d}x$；

(12) $\frac{\mathrm{d}y}{\mathrm{d}x}=\frac{\mathrm{e}^{y}+3x}{x^{2}}$；

(13) $\frac{\mathrm{d}y}{\mathrm{d}x}=\frac{1}{xy+x^{3}y^{3}}$；

(14) $y=\mathrm{e}^{x}+\int_{0}^{x}y(t)\mathrm{d}t$.

2. 设函数 $y(x)$在 $-\infty<x<+\infty$ 上连续，$y'(0)$存在且满足关系式 $y(x_1+x_2)=y(x_1)y(x_2)$，试求此函数.

3. 证明:

(1) 一阶非齐次线性微分方程(2.20)的任两解之差必为相应的齐次线性微分方程(2.21)的解;

(2) 若 $y=y(x)$是方程(2.21)的非零解，而 $y=\bar{y}(x)$是方程(2.20)的解，则方程(2.20)的通解可表为 $y=cy(x)+\bar{y}(x)$，其中 c 为任意常数;

(3) 方程(2.21)任一解的常数倍或任两解之和(或差)仍是方程(2.21)的解.

4. 求解习题 1.2 第 6 题(5)和(6).

5. 设函数 $f(x)$在$[0,+\infty)$上连续且有界，证明:方程

$$\frac{\mathrm{d}y}{\mathrm{d}x}+y=f(x)$$

的所有解在$[0,+\infty)$上有界.

6. 设 $y(x)$在$[0,+\infty)$上连续可微，且有

$$\lim_{x\to+\infty}[y'(x)+y(x)]=0,$$

证明: $\lim_{x\to+\infty}y(x)=0$.

§2.4 恰当微分方程与积分因子

2.4.1 恰当微分方程

前面三节给出了变量分离方程、线性微分方程，以及可化为这两种类型的方程的求解方法，所用到的方法都是一元函数的积分法．本节从二元函数全微分的角度来考察微分方程的求解问题.

将一阶显式微分方程

$$\frac{dy}{dx}=f(x,y)$$

写成微分的形式

$$f(x,y)dx-dy=0.$$

如果把 x,y 平等看待，可以写成下面具有对称形式的一阶微分方程

$$M(x,y)dx+N(x,y)dy=0, \tag{2.40}$$

这里假设 $M(x,y)$，$N(x,y)$在某矩形域内是 x,y 的连续函数，具有连续的一阶偏导数.

如果方程(2.40)的左端恰好是某个二元函数 $u(x,y)$的全微分，即

$$du(x,y)=M(x,y)dx+N(x,y)dy, \tag{2.41}$$

则称(2.40)为**恰当微分方程**，而函数 $u(x,y)$称为微分式(2.41)的原函数.

例如，方程

$$xdx+ydy=0,$$

$$xdy+ydx=0,$$

$$(3x^2y+y^2)dx+(x^3+2xy)dy=0,$$

$$f(x)dx+g(y)dy=0$$

都是恰当微分方程，因为上述方程的左端分别是二元函数

$$\frac{1}{2}(x^2+y^2),\quad xy,\quad x^3y+xy^2,\quad \int f(x)dx+\int g(y)dy$$

的全微分.

容易验证，式(2.41)的通解就是

$$u(x,y)=c, \tag{2.42}$$

其中 c 是任意常数.

这样，自然会提出如下问题：

(1) 如何判断方程(2.40)是恰当微分方程呢？

(2) 如果方程(2.40)是恰当微分方程，如何求函数 $u=u(x,y)$？

上述问题已经有了完整的结论，下面给出如下三种解答方法：

方法 1　偏导数法

定理 2.1　二元函数 $M(x,y)$，$N(x,y)$在某单连通域内是 x,y 的连续函数，且具有连续的一阶偏导数，则方程

$$M(x,y)\mathrm{d}x+N(x,y)\mathrm{d}y=0$$

为恰当微分方程的充要条件是

$$\frac{\partial M}{\partial y}=\frac{\partial N}{\partial x}.$$

证明 *必要性* 已知微分方程(2.40)是恰当微分方程，由式(2.41)可以得到

$$M(x,y)=\frac{\partial u}{\partial x} \tag{2.43}$$

和

$$N(x,y)=\frac{\partial u}{\partial y}. \tag{2.44}$$

将式(2.43)和(2.44)分别对 y,x 求偏导数，得到

$$\frac{\partial M}{\partial y}=\frac{\partial^2 u}{\partial x\partial y},\quad \frac{\partial N}{\partial x}=\frac{\partial^2 u}{\partial y\partial x}.$$

由于$\frac{\partial M}{\partial y},\frac{\partial N}{\partial x}$的连续性，可知$\frac{\partial^2 u}{\partial x\partial y},\frac{\partial^2 u}{\partial y\partial x}$连续，因此可得

$$\frac{\partial^2 u}{\partial x\partial y}=\frac{\partial^2 u}{\partial y\partial x},$$

即

$$\frac{\partial M}{\partial y}=\frac{\partial N}{\partial x}. \tag{2.45}$$

因此，式(2.45)成立是方程(2.40)为恰当微分方程的必要条件.

充分性 需证明如果方程(2.40)满足条件(2.45)，我们能找到函数 $u(x,y)$，使它同时满足方程(2.43)和(2.44).

设函数 $u(x,y)$满足方程(2.43)，即有

$$\frac{\partial u}{\partial x}=M(x,y).$$

把 y 看作参数，将上式两端关于 x 积分得到

$$u(x,y)=\int M(x,y)\mathrm{d}x+\varphi(y), \tag{2.46}$$

其中 $\varphi(y)$是关于 y 的任意可导函数，选择合适的 $\varphi(y)$，使 $u(x,y)$同时满足式(2.44)，即将式(2.46)两边对 y 求导得

$$\frac{\partial u}{\partial y}=\frac{\partial}{\partial y}\int M(x,y)\mathrm{d}x+\frac{\mathrm{d}\varphi(y)}{\mathrm{d}y}=N(x,y),$$

因此

$$\frac{\mathrm{d}\varphi(y)}{\mathrm{d}y}=N(x,y)-\frac{\partial}{\partial y}\int M(x,y)\mathrm{d}x. \tag{2.47}$$

下面证明式(2.47)中等号的右端与 x 无关. 为此，只需证明其右端对 x 的偏导数恒等于零. 事实上

$$\frac{\partial}{\partial x}\left[N(x,y)-\frac{\partial}{\partial y}\int M(x,y)\mathrm{d}x\right]=\frac{\partial N}{\partial x}-\frac{\partial}{\partial x}\left[\frac{\partial}{\partial y}\int M(x,y)\mathrm{d}x\right]$$
$$=\frac{\partial N}{\partial x}-\frac{\partial}{\partial y}\left[\frac{\partial}{\partial x}\int M(x,y)\mathrm{d}x\right]$$
$$=\frac{\partial N}{\partial x}-\frac{\partial M}{\partial y}=0.$$

于是，方程(2.47)的右端是 y 的一元函数，两端同时积分可得

$$\varphi(y)=\int\left[N-\frac{\partial}{\partial y}\int M(x,y)\mathrm{d}x\right]\mathrm{d}y. \tag{2.48}$$

将式(2.48)代入式(2.46)，即求得

$$u(x,y)=\int M(x,y)\mathrm{d}x+\int\left[N-\frac{\partial}{\partial y}\int M(x,y)\mathrm{d}x\right]\mathrm{d}y. \tag{2.49}$$

所以，方程(2.40)只要满足条件(2.45)，则同时满足条件(2.43)和(2.44)的 $u(x,y)$ 肯定存在，即式(2.49). 因此，方程(2.40)是恰当微分方程. 证毕.

于是，恰当微分方程(2.40)的通解就是

$$\int M(x,y)\mathrm{d}x+\int\left[N-\frac{\partial}{\partial y}\int M(x,y)\mathrm{d}x\right]\mathrm{d}y=c,$$

其中 c 是任意常数.

例 2.15 求解方程 $(3x^2+6xy^2)\mathrm{d}x+(6x^2y+4y^3)\mathrm{d}y=0$.

解 令 $M(x,y)=3x^2+6xy^2, N(x,y)=6x^2y+4y^3$. 于是，有

$$\frac{\partial M}{\partial y}=12xy,\quad \frac{\partial N}{\partial x}=12xy,$$

因此，方程是恰当微分方程.

现在求 $u(x,y)$，使它同时满足如下两个方程：

$$\frac{\partial u}{\partial x}=M(x,y)=3x^2+6xy^2, \tag{2.50}$$

$$\frac{\partial u}{\partial y}=N(x,y)=6x^2y+4y^3. \tag{2.51}$$

将方程(2.50)对 x 积分，得到

$$u(x,y)=x^3+3x^2y^2+\varphi(y). \tag{2.52}$$

将式(2.52)对 y 求偏导数，并由方程(2.51)可得

$$\frac{\partial u}{\partial y}=6x^2y+\frac{\mathrm{d}\varphi(y)}{\mathrm{d}y}=6x^2y+4y^3,$$

则

$$\frac{\mathrm{d}\varphi(y)}{\mathrm{d}y}=4y^3,$$

积分后可得

$$\varphi(y)=y^4.$$

将 $\varphi(y)$ 代入式(2.52)，得到

$$u(x,y)=x^3+3x^2y^2+y^4.$$

因此，方程的通解为

$$x^3+3x^2y^2+y^4=c,$$

其中 c 是任意常数.

方法 2 曲线积分法

首先给出在定理 2.1 的条件下，曲线积分与路径无关的一个结论.

引理 2.1 设二元函数 $M(x,y)$，$N(x,y)$在某单连通域 D 内是 x,y 的连续函数，且具有连续的一阶偏导数，则对 D 内任一按段光滑的曲线 L，曲线积分

$$\int_L M(x,y)\mathrm{d}x+N(x,y)\mathrm{d}y$$

在区域 D 内积分与路径无关的充要条件是$\frac{\partial M}{\partial y}=\frac{\partial N}{\partial x}$.

由定理 2.1 知，如果$\frac{\partial M}{\partial y}=\frac{\partial N}{\partial x}$，则方程(2.40)是恰当微分方程. 于是,存在二元函数 $u(x,y)$,使得

$$\mathrm{d}u(x,y)=M(x,y)\mathrm{d}x+N(x,y)\mathrm{d}y.$$

将上式两端积分，于是 $u(x,y)$可以通过从定点 $A(x_0,y_0)$到动点 $B(x,y)$的曲线积分来求，即

$$u(x,y)=\int_L M(x,y)\mathrm{d}x+N(x,y)\mathrm{d}y.$$

再利用曲线积分$\int_L M(x,y)\mathrm{d}x+N(x,y)\mathrm{d}y$ 与路径无关，选择简单的路径进行积分，如图 2.1(a) 和图 2.1(b) 所示，分别可得

$$u(x,y)=\int_{x_0}^{x} M(x,y_0)\mathrm{d}x+\int_{y_0}^{y} N(x,y)\mathrm{d}y, \tag{2.53}$$

$$u(x,y)=\int_{x_0}^{x} M(x,y)\mathrm{d}x+\int_{y_0}^{y} N(x_0,y)\mathrm{d}y. \tag{2.54}$$

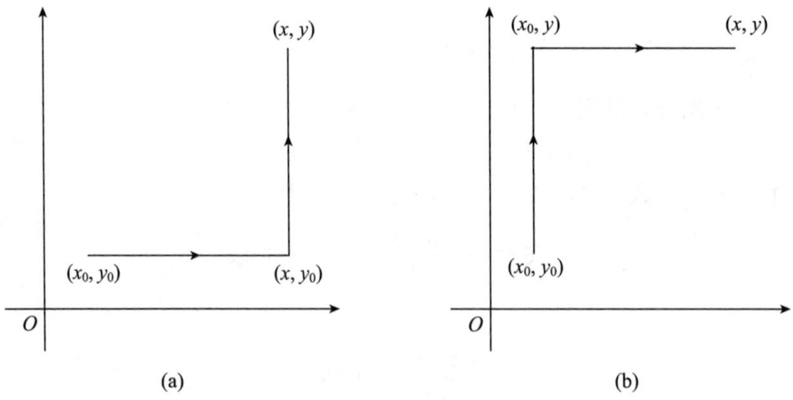

图 2.1

利用曲线积分法求解 $u(x,y)$比式(2.49)更直观.

例 2.16 用曲线积分法求解例 2.15.

解 因为 $M(x,y)=3x^2+6xy^2$，$N(x,y)=6x^2y+4y^3$，于是有

$$\frac{\partial M}{\partial y}=12xy=\frac{\partial N}{\partial x}.$$

因此，$u(x,y)$可以用从原点 $O(0,0)$到点 $B(x,y)$的曲线积分来求解，即

$$\begin{aligned}u(x,y)&=\int_O^B M(x,y)\mathrm{d}x+N(x,y)\mathrm{d}y\\&=\int_0^x 3x^2\mathrm{d}x+\int_0^y(6x^2y+4y^3)\mathrm{d}y\\&=x^3+3x^2y^2+y^4,\end{aligned}$$

即得原方程的通解为

$$x^3+3x^2y^2+y^4=c,$$

其中 c 是任意常数.

方法 3 分项组合法

判断方程是恰当微分方程后，往往不需要按照上述一般方法来求解，而是采取分项组合的办法，即先把那些本身已构成全微分的项分出，再把剩下的项凑成全微分. 这种方法要求熟记一些简单二元函数的全微分，如

$$y\mathrm{d}x+x\mathrm{d}y=\mathrm{d}(xy),\quad \frac{y\mathrm{d}x-x\mathrm{d}y}{y^2}=\mathrm{d}\left(\frac{x}{y}\right),$$

$$\frac{x\mathrm{d}y-y\mathrm{d}x}{x^2}=\mathrm{d}\left(\frac{y}{x}\right),\quad \frac{y\mathrm{d}x-x\mathrm{d}y}{xy}=\mathrm{d}\left(\ln\left|\frac{x}{y}\right|\right),$$

$$\frac{y\mathrm{d}x-x\mathrm{d}y}{x^2+y^2}=\mathrm{d}\left(\arctan\frac{x}{y}\right),$$

$$\mathrm{d}(\ln(x^2+y^2))=2\,\frac{x\mathrm{d}x+y\mathrm{d}y}{x^2+y^2}.$$

现在用这种方法求解下面的例题.

例 2.17 用分项组合法求解例 2.15.

解 将方程分项组合，得到

$$3x^2\mathrm{d}x+4y^3\mathrm{d}y+6xy^2\mathrm{d}x+6x^2y\mathrm{d}y=0,$$

即

$$\mathrm{d}x^3+\mathrm{d}y^4+3y^2\mathrm{d}x^2+3x^2\mathrm{d}y^2=0,$$

或者写成

$$\mathrm{d}(x^3+y^4+3x^2y^2)=0.$$

于是，方程的通解为

$$x^3+y^4+3x^2y^2=c,$$

其中 c 是任意常数.

例 2.18 求解方程$\left(\cos x+\frac{1}{y}\right)\mathrm{d}x+\left(\frac{1}{y}-\frac{x}{y^2}\right)\mathrm{d}y=0.$

解 因为 $M(x,y)=\cos x+\frac{1}{y}$，$N(x,y)=\frac{1}{y}-\frac{x}{y^2}$，所以

$$\frac{\partial M}{\partial y}=-\frac{1}{y^2}=\frac{\partial N}{\partial x}.$$

故方程是恰当微分方程. 把方程重新"分项组合"，得到

$$\cos x\,\mathrm{d}x+\frac{1}{y}\mathrm{d}y+\left(\frac{1}{y}\mathrm{d}x-\frac{x}{y^2}\mathrm{d}y\right)=0,$$

即

$$\mathrm{d}\sin x+\mathrm{d}\ln|y|+\frac{y\,\mathrm{d}x-x\,\mathrm{d}y}{y^2}=0,$$

或者写成

$$\mathrm{d}\left(\sin x+\ln|y|+\frac{x}{y}\right)=0.$$

于是方程的通解为

$$\sin x+\ln|y|+\frac{x}{y}=c,$$

其中 c 是任意常数.

2.4.2 积分因子

恰当微分方程可以通过积分求出它的通解. 因此能否将一个非恰当微分方程化为恰当微分方程就有很重要的意义. 积分因子就是为了解决这个问题而引入的概念.

如果存在连续可微的函数 $\mu(x,y)\neq 0$，使得

$$\mu(x,y)M(x,y)\mathrm{d}x+\mu(x,y)N(x,y)\mathrm{d}y=0 \tag{2.55}$$

为恰当微分方程，即存在函数 $u(x,y)$，使得

$$\mu(x,y)M(x,y)\mathrm{d}x+\mu(x,y)N(x,y)\mathrm{d}y=\mathrm{d}u(x,y),$$

则称 $\mu(x,y)$ 为方程(2.40)的**积分因子**.

易见，当 $\mu(x,y)\neq 0$ 时，方程(2.40)和(2.55)是同解的，$u(x,y)=c$ 是方程(2.55)的通解，因而也就是方程(2.40)的通解.

另外，同一微分方程可以有不同的积分因子，如 $\frac{1}{x^2},\frac{1}{y^2},\frac{1}{xy},\frac{1}{x^2+y^2}$ 都是方程 $y\mathrm{d}x-x\mathrm{d}y=0$ 的积分因子. 可以证明，只要方程有解存在，则必有积分因子存在，并且不是唯一的. 因此，在具体解题过程中，由于找到的积分因子不同，从而通解可能具有不同的形式.

下面来研究求积分因子 $\mu(x,y)$ 的方法. 根据定理 2.1，函数 $\mu(x,y)$ 为方程(2.40)的积分因子的充要条件是

$$\frac{\partial(\mu M)}{\partial y}=\frac{\partial(\mu N)}{\partial x},$$

即

$$N\frac{\partial\mu}{\partial x}-M\frac{\partial\mu}{\partial y}=\left(\frac{\partial M}{\partial y}-\frac{\partial N}{\partial x}\right)\mu, \tag{2.56}$$

这是一个以 μ 为未知函数的一阶线性偏微分方程，要想通过解方程(2.56)来求积分因子，从而得到方程(2.40)的解，在一般情况下，将比求解方程(2.40)本身更困难. 但是，在某些特殊情形中，求方程(2.56)的一个特解还是容易的. 下面给出两种特殊形式的积分因子的

求法.

定理 2.2 方程(2.40)只存在与 x 有关的积分因子的充要条件是

$$\frac{1}{N}\left(\frac{\partial M}{\partial y}-\frac{\partial N}{\partial x}\right)$$

只与 x 有关，且此时有

$$\mu(x)=e^{\int\frac{1}{N}\left(\frac{\partial M}{\partial y}-\frac{\partial N}{\partial x}\right)dx}. \tag{2.57}$$

证明 *必要性* 若方程只存在与 x 有关的积分因子 $\mu(x)$，则有 $\dfrac{\partial\mu}{\partial y}=0$，这时方程(2.56)变成

$$N\frac{d\mu}{dx}=\left(\frac{\partial M}{\partial y}-\frac{\partial N}{\partial x}\right)\mu,$$

则有

$$\frac{d\mu}{\mu}=\frac{\dfrac{\partial M}{\partial y}-\dfrac{\partial N}{\partial x}}{N}dx. \tag{2.58}$$

因为方程(2.58)左端只与 x 有关，所以它的右端 $\dfrac{1}{N}\left(\dfrac{\partial M}{\partial y}-\dfrac{\partial N}{\partial x}\right)$ 也只与 x 有关.

充分性 如果 $\dfrac{1}{N}\left(\dfrac{\partial M}{\partial y}-\dfrac{\partial N}{\partial x}\right)$ 只与 x 有关，且 $\mu(x)$ 是(2.58)的解，即

$$\mu(x)=e^{\int\frac{1}{N}\left(\frac{\partial M}{\partial y}-\frac{\partial N}{\partial x}\right)dx}.$$

因为 $\mu(x)$ 满足方程(2.56)，从而它是方程(2.40)的一个积分因子，因此方程(2.40)存在只与 x 有关的积分因子. 证毕.

类似可以得到：

定理 2.3 方程(2.40)只存在与 y 有关的积分因子的充要条件是

$$-\frac{1}{M}\left(\frac{\partial M}{\partial y}-\frac{\partial N}{\partial x}\right)$$

只与 y 有关，且此时有

$$\mu(y)=e^{-\int\frac{1}{M}\left(\frac{\partial M}{\partial y}-\frac{\partial N}{\partial x}\right)dy}. \tag{2.59}$$

例 2.19 试用积分因子法解线性微分方程(2.20).

解 将方程(2.20)改写为

$$[P(x)y+Q(x)]dx-dy=0, \tag{2.60}$$

这时 $M(x,y)=P(x)y+Q(x)$，$N(x,y)=-1$，计算可得

$$\frac{\dfrac{\partial M}{\partial y}-\dfrac{\partial N}{\partial x}}{N}=-P(x).$$

因此，线性微分方程(2.20)存在只与 x 有关的积分因子 $\mu(x)=e^{-\int P(x)dx}$. 用 $\mu(x)=e^{-\int P(x)dx}$ 分别乘方程(2.60)两端，得

$$P(x)e^{-\int P(x)dx}y\,dx-e^{-\int P(x)dx}dy+Q(x)e^{-\int P(x)dx}dx=0,$$

即

$$y\mathrm{d}e^{-\int P(x)\mathrm{d}x}+e^{-\int P(x)\mathrm{d}x}\mathrm{d}y-Q(x)e^{-\int P(x)\mathrm{d}x}\mathrm{d}x=0,$$

或者写成

$$\mathrm{d}\left(ye^{-\int P(x)\mathrm{d}x}-\int Q(x)e^{-\int P(x)\mathrm{d}x}\mathrm{d}x\right)=0.$$

因此,方程(2.60)的通解为

$$ye^{-\int P(x)\mathrm{d}x}-\int Q(x)e^{-\int P(x)\mathrm{d}x}\mathrm{d}x=c,$$

即

$$y=ce^{\int P(x)\mathrm{d}x}+e^{\int P(x)\mathrm{d}x}\int Q(x)e^{-\int P(x)\mathrm{d}x}\mathrm{d}x,$$

其中 c 为任意常数.

这与前面用常数变易法得到的结果(2.25)完全相同，但是运算过程比常数变易法烦琐.

积分因子一般是不容易求得的，可以先从求特殊形状的积分因子(如只与 x 或只与 y 有关的积分因子)开始，或者通过观察法进行分项组合而求得积分因子.运用积分因子解题，需要有一定的技巧.

例 2.20 求解方程 $\frac{\mathrm{d}y}{\mathrm{d}x}=-\frac{x}{y}+\sqrt{1+\left(\frac{x}{y}\right)^2}\ (y>0)$.

解 方程可以改写为

$$x\mathrm{d}x+y\mathrm{d}y=\sqrt{x^2+y^2}\,\mathrm{d}x$$

或

$$\frac{1}{2}\mathrm{d}(x^2+y^2)=\sqrt{x^2+y^2}\,\mathrm{d}x.$$

容易看出，此方程有积分因子 $\mu=\frac{1}{\sqrt{x^2+y^2}}$，以 μ 乘方程两端得

$$\frac{\mathrm{d}(x^2+y^2)}{2\sqrt{x^2+y^2}}=\mathrm{d}x.$$

故通解为

$$\sqrt{x^2+y^2}=x+c,$$

即

$$y^2=c(c+2x),$$

其中 c 为任意常数.

前面介绍了几种一阶微分方程的求解方法，但是一般来说，其解法是不唯一的.

例 2.21 求解方程 $y\mathrm{d}x+(y-x)\mathrm{d}y=0$.

解 这里 $M(x,y)=y$，$N(x,y)=y-x$，$\frac{\partial M}{\partial y}=1$，$\frac{\partial N}{\partial x}=-1$，则方程不是恰当微分方程.

方法 1 因为 $\frac{\frac{\partial M}{\partial y}-\frac{\partial N}{\partial x}}{-M}=-\frac{2}{y}$ 只与 y 有关，故方程存在只与 y 有关的积分因子

$$\mu(y)=\mathrm{e}^{\int\left(-\frac{2}{y}\right)\mathrm{d}y}=\mathrm{e}^{-2\ln|y|}=\frac{1}{y^2}.$$

于是，用 $\mu(y)=\dfrac{1}{y^2}$ 乘方程两边，得

$$\frac{1}{y}\mathrm{d}x+\frac{1}{y}\mathrm{d}y-\frac{x\,\mathrm{d}y}{y^2}=0,$$

或者写成

$$\frac{y\,\mathrm{d}x-x\,\mathrm{d}y}{y^2}+\frac{\mathrm{d}y}{y}=0,$$

即

$$\mathrm{d}\left(\frac{x}{y}+\ln|y|\right)=0.$$

因此，方程通解为

$$\frac{x}{y}+\ln|y|=c,$$

其中 c 为任意常数.

方法 2 将方程改写为

$$y\,\mathrm{d}x-x\,\mathrm{d}y=-y\,\mathrm{d}y,$$

显然，方程有积分因子 $\mu=\dfrac{1}{y^2}$ 或 $\mu=\dfrac{1}{x^2}$. 但考虑到右端只与 y 有关，故选取 $\mu=\dfrac{1}{y^2}$ 为方程的积分因子，由此得

$$\frac{y\,\mathrm{d}x-x\,\mathrm{d}y}{y^2}=-\frac{1}{y}\mathrm{d}y,$$

即

$$\mathrm{d}\left(\frac{x}{y}+\ln|y|\right)=0.$$

因此，方程通解为

$$\frac{x}{y}+\ln|y|=c,$$

其中 c 为任意常数.

方法 3 方程可以写为

$$\frac{\mathrm{d}y}{\mathrm{d}x}=\frac{y}{x-y},$$

这是齐次微分方程. 令 $\dfrac{y}{x}=u$，即 $y=ux$，代入上式得

$$x\frac{\mathrm{d}u}{\mathrm{d}x}+u=\frac{u}{1-u},$$

即

$$\frac{1-u}{u^2}\mathrm{d}u=\frac{\mathrm{d}x}{x}.$$

积分得

$$-\frac{1}{u}-\ln|u|=\ln|x|-c,$$

其中 c 为任意常数. 代回原来的变量，即得方程的通解为

$$\frac{x}{y}+\ln|y|=c.$$

方法 4 把 x 看作未知函数，把 y 看作自变量，方程变为线性微分方程

$$\frac{\mathrm{d}x}{\mathrm{d}y}=\frac{x}{y}-1.$$

代入通解(2.25)中可得

$$x=\mathrm{e}^{\int\frac{1}{y}\mathrm{d}y}\left[\int(-1)\cdot\mathrm{e}^{-\int\frac{1}{y}\mathrm{d}y}+c\right]=y(-\ln|y|+c),$$

即

$$\frac{x}{y}+\ln|y|=c,$$

其中 c 为任意常数.

此外，易见 $y=0$ 也是原方程的解.

习　题　2.4

1. 验证下列方程是恰当微分方程，并求出方程的解：

(1) $(x^2+y)\mathrm{d}x+(x-2y)\mathrm{d}y=0$;

(2) $(y-3x^2)\mathrm{d}x-(4y-x)\mathrm{d}y=0$;

(3) $\frac{y}{x}\mathrm{d}x+(y^3+\ln x)\mathrm{d}y=0$;

(4) $\left[\frac{y^2}{(x-y)^2}-\frac{1}{x}\right]\mathrm{d}x-\left[\frac{1}{y}-\frac{x^2}{(x-y)^2}\right]\mathrm{d}y=0$;

(5) $2(3xy^2+2x^3)\mathrm{d}x+3(2x^2y+y^2)\mathrm{d}y=0$;

(6) $(1+y^2\sin 2x)\mathrm{d}x-y\cos 2x\,\mathrm{d}y=0$.

2. 求解下列方程：

(1) $2x(y\mathrm{e}^{x^2}-1)\mathrm{d}x+\mathrm{e}^{x^2}\mathrm{d}y=0$;

(2) $(\mathrm{e}^x+3y^2)\mathrm{d}x+2xy\,\mathrm{d}y=0$;

(3) $2xy\,\mathrm{d}x+(x^2+1)\mathrm{d}y=0$;

(4) $y\,\mathrm{d}x-x\,\mathrm{d}y=(x^2+y^2)\mathrm{d}x$;

(5) $y\,\mathrm{d}x-(x+y^3)\mathrm{d}y=0$;

(6) $(y-1-xy)\mathrm{d}x+x\,\mathrm{d}y=0$;

(7) $(y-x^2)\mathrm{d}x-x\,\mathrm{d}y=0$;

(8) $(x+2y)\mathrm{d}x+x\,\mathrm{d}y=0$;

(9) $[x\cos(x+y)+\sin(x+y)]\mathrm{d}x+x\cos(x+y)\mathrm{d}y=0$;

(10) $(y\cos x-x\sin x)\mathrm{d}x+(y\sin x+x\cos x)\mathrm{d}y=0$.

3. 试推导出方程 $M(x,y)\mathrm{d}x+N(x,y)\mathrm{d}y=0$ 分别具有形为 $\mu(x+y)$ 和 $\mu(xy)$ 的积分因子的充要条件.

4. 设 $f(x,y)$ 及 $\frac{\partial f}{\partial y}$ 连续，证明：方程 $\mathrm{d}y-f(x,y)\mathrm{d}x=0$ 为线性微分方程的充要条件是它有仅依赖于 x 的积分因子.

5. 求下列方程的积分因子：

(1) 变量分离方程 $M_1(x)N_1(y)\mathrm{d}x+M_2(x)N_2(y)\mathrm{d}y=0$；

(2) 伯努利方程 $[P(x)y+Q(x)y^n]\mathrm{d}x-\mathrm{d}y=0(n\neq 0,1$ 是实数).

6. 已知方程 $y^2\sin x\mathrm{d}x+yf(x)\mathrm{d}y=0$ 为恰当微分方程，求函数 $f(x)$，并根据所求得的 $f(x)$求该方程的解.

7. 已知方程$(x^2+y)\mathrm{d}x+f(x)\mathrm{d}y=0$ 有积分因子 $\mu(x,y)=x$，求函数 $f(x)$.

§2.5 一阶隐式微分方程与参数表示

一阶隐式微分方程的一般形式可表示为

$$F(x,y,y')=0. \tag{2.61}$$

本节主要讨论如何求解方程(2.61)，分如下三种情况考虑.

2.5.1 可解出 y'的方程

若能从方程(2.61)中解出 y'，得到一个或几个显式微分方程 $y'=f_i(x,y)(i=1,2,\cdots,n)$，并能用本章前四节所介绍的某一种方法对上述方程进行求解，那么就可以得到方程(2.61)的解.

例 2.22 求解方程

$$y'^2-(x+y)y'+xy=0.$$

解 方程左端可以分解因式，得

$$(y'-x)(y'-y)=0,$$

从而有

$$y'=x \quad 或 \quad y'=y.$$

分别求解可得

$$y=\frac{1}{2}x^2+c_1 \quad 或 \quad y=c_2\mathrm{e}^x,$$

其中 c_1，c_2 为任意常数.它们都是原方程的解.

如果从方程(2.61)中难以解出 y'，或者即使解出 y'，而其表达式相当复杂，则可以采用引进参数的办法使之变为导数已解出的方程类型. 接下来重点讲解下面两种可积类型.

2.5.2 可解出 y(或 x)的方程

1. 形如

$$y=f(x,y') \tag{2.62}$$

的方程，这里假设函数 $y=f(x,y')$有连续的偏导数.

引进参数 p，令 $y'=p$，则方程(2.62)变为

$$y=f(x,p). \tag{2.63}$$

将方程(2.63)两边对 x 求导数，并将 $y'=p$ 代入，得

$$p=\frac{\partial f}{\partial x}+\frac{\partial f}{\partial p}\frac{\mathrm{d}p}{\mathrm{d}x}. \tag{2.64}$$

方程(2.64)是关于 x,p 的一阶微分方程，可按之前的方法求解.

若方程(2.64)的通解的形式为

$$p=\varphi(x,c),$$

其中 c 为任意常数. 将它代入方程(2.63)，得

$$y=f(x,\varphi(x,c)),$$

即为方程(2.62)的通解.

若方程(2.64)的通解的形式为

$$x=\psi(p,c),$$

则方程(2.62)的参数形式通解为

$$\begin{cases}x=\psi(p,c),\\ y=f(\psi(p,c),p),\end{cases}$$

其中 p 是参数，c 为任意常数.

若方程(2.64)的通解的形式为

$$\Phi(x,p,c)=0,$$

则方程(2.62)的参数形式通解为

$$\begin{cases}\Phi(x,p,c)=0,\\ y=f(x,p),\end{cases}$$

其中 p 是参数，c 为任意常数.

例 2.23 求解方程 $\left(\frac{\mathrm{d}y}{\mathrm{d}x}\right)^3+2x\frac{\mathrm{d}y}{\mathrm{d}x}-y=0$.

解 令 $\frac{\mathrm{d}y}{\mathrm{d}x}=p$，得

$$y=p^3+2xp. \tag{2.65}$$

两边对 x 求导数，得

$$p=3p^2\frac{\mathrm{d}p}{\mathrm{d}x}+2x\frac{\mathrm{d}p}{\mathrm{d}x}+2p,$$

即

$$3p^2\mathrm{d}p+2x\mathrm{d}p+p\mathrm{d}x=0. \tag{2.66}$$

当 $p\neq0$ 时，上式有积分因子 p. 将方程两边同时乘以 p，得

$$3p^3\mathrm{d}p+2xp\mathrm{d}p+p^2\mathrm{d}x=0,$$

即有

$$\mathrm{d}\left(\frac{3}{4}p^4+xp^2\right)=0.$$

可得方程(2.66)的通解为

$$\frac{3p^4}{4}+xp^2=c,$$

其中 c 为任意常数. 解出 x，得

$$x=\frac{c-\frac{3}{4}p^4}{p^2}.$$

将它代入方程(2.65)，得

$$y=p^3+\frac{2\left(c-\frac{3}{4}p^4\right)}{p}.$$

因此，原方程有参数形式的通解

$$\begin{cases}x=\dfrac{c}{p^2}-\dfrac{3}{4}p^2,\\ y=\dfrac{2c}{p}-\dfrac{1}{2}p^3,\end{cases}\quad p\neq 0.$$

此外，当 $p=0$ 时，由方程(2.65)直接推知 $y=0$ 也是方程的解.

例 2.24 求解方程 $y=\left(\frac{dy}{dx}\right)^2-x\frac{dy}{dx}+\frac{x^2}{2}$.

解 令$\frac{dy}{dx}=p$，得

$$y=p^2-xp+\frac{x^2}{2},\tag{2.67}$$

两边对 x 求导数，得

$$p=2p\frac{dp}{dx}-x\frac{dp}{dx}-p+x,$$

整理可得

$$\left(\frac{dp}{dx}-1\right)(2p-x)=0.$$

由$\frac{dp}{dx}-1=0$ 可解得

$$p=x+c,$$

将它代入方程(2.67)，得到原方程的通解为

$$y=\frac{x^2}{2}+cx+c^2,\tag{2.68}$$

其中 c 为任意常数.

又由 $2p-x=0$ 解得

$$p=\frac{x}{2},$$

将它代入方程(2.67)，得到原方程的另一个解为

$$y=\frac{x^2}{4}.$$

此解与通解(2.68)中的每一条积分曲线均相切，这样的解我们称之为**奇解**. 在下一章将给出奇解的确切含义.

2. 形如

$$x=f(y,y')\tag{2.69}$$

的方程，这里假定函数 $f(y,y')$ 有连续偏导数.

此种类型方程的求解方法与方程(2.62)的求解方法类似．引进参数$\frac{\mathrm{d}y}{\mathrm{d}x}=p$，则方程(2.69)变为

$$x=f(y,p). \tag{2.70}$$

将上式两边对 y 求导数，然后以$\frac{\mathrm{d}x}{\mathrm{d}y}=\frac{1}{p}$代入，得到

$$\frac{1}{p}=\frac{\partial f}{\partial y}+\frac{\partial f}{\partial p}\frac{\mathrm{d}p}{\mathrm{d}y}, \tag{2.71}$$

方程(2.71)是关于 y,p 的一阶微分方程，可按照之前所学的方法求解.若通解形式为

$$\Phi(y,p,c)=0,$$

则方程(2.69)参数形式的通解为

$$\begin{cases}x=f(y,p),\\ \Phi(y,p,c)=0.\end{cases}$$

例 2.25 求解例 2.23 中的方程$\left(\frac{\mathrm{d}y}{\mathrm{d}x}\right)^3+2x\frac{\mathrm{d}y}{\mathrm{d}x}-y=0$.

解 令$\frac{\mathrm{d}y}{\mathrm{d}x}=p$，代入原方程，得

$$x=\frac{y-p^3}{2p},\quad p\neq 0. \tag{2.72}$$

将上式两边对 y 求导数，得

$$\frac{1}{p}=\frac{p\left(1-3p^2\frac{\mathrm{d}p}{\mathrm{d}y}\right)-(y-p^3)\frac{\mathrm{d}p}{\mathrm{d}y}}{2p^2},$$

整理得

$$p\mathrm{d}y+y\mathrm{d}p+2p^3\mathrm{d}p=0,$$

积分得

$$2yp+p^4=c,$$

其中 c 为任意常数.因此

$$y=\frac{c-p^4}{2p},$$

代入方程(2.72)，求得

$$x=\frac{\frac{c-p^4}{2p}-p^3}{2p}=\frac{c-3p^4}{4p^2},$$

所以原方程参数形式的通解为

$$\begin{cases}x=\frac{c}{4p^2}-\frac{3}{4}p^2,\\ y=\frac{c}{2p}-\frac{p^3}{2},\end{cases}\quad p\neq 0.$$

此外，原方程还有解 $y=0$. 这和例 2.23 所得结果完全一样(这里的任意常数 c 换成了 $4c$).

2.5.3 不显含 y(或 x)的方程

1. 形如

$$F(x,y')=0 \tag{2.73}$$

的方程.

令 $y'=p$，方程可化为 $F(x,p)=0$，它代表 Oxp 平面上的一条曲线. 把曲线表示成参数方程形式：

$$\begin{cases} x=\varphi(t), \\ p=\psi(t), \end{cases} \tag{2.74}$$

其中 t 为参数. 由 $\mathrm{d}y=p\,\mathrm{d}x$，并代入方程组(2.74)得

$$\mathrm{d}y=\psi(t)\varphi'(t)\mathrm{d}t,$$

两边积分，得

$$y=\int\psi(t)\varphi'(t)\mathrm{d}t+c,$$

其中 c 为任意常数. 于是得到方程(2.73)的参数形式的通解为

$$\begin{cases} x=\varphi(t), \\ y=\int\psi(t)\varphi'(t)\mathrm{d}t+c. \end{cases}$$

例 2.26 求解方程 $x^3+y'^3-3xy'=0$,其中 $y'=\dfrac{\mathrm{d}y}{\mathrm{d}x}$.

解 令 $y'=p=tx$，则由方程可得

$$x=\frac{3t}{1+t^3},$$

从而

$$p=\frac{3t^2}{1+t^3}.$$

于是

$$\mathrm{d}y=p\,\mathrm{d}x=\frac{9(1-2t^3)t^2}{(1+t^3)^3}\mathrm{d}t,$$

两边积分，可得

$$y=\int\frac{9(1-2t^3)t^2}{(1+t^3)^3}\mathrm{d}t=\frac{3}{2}\frac{1+4t^3}{(1+t^3)^2}+c,$$

其中 c 为任意常数. 因此，方程参数形式的通解为

$$\begin{cases} x=\dfrac{3t}{1+t^3}, \\ y=\dfrac{3}{2}\dfrac{1+4t^3}{(1+t^3)^2}+c. \end{cases}$$

2. 形如

$$F(y,y')=0 \tag{2.75}$$

的方程，其求解方法同方程(2.73)的解法类似.

令 $p=y'$，方程可化为 $F(y,p)=0$，它代表 Oyp 平面上的一条曲线. 把曲线表示成参数方程形式：

$$\begin{cases} y=\varphi(t), \\ p=\psi(t). \end{cases}$$

由关系式 $dy=p\,dx$ 得 $dx=\frac{1}{p}dy$，由此得

$$dx=\frac{\varphi'(t)}{\psi(t)}dt,$$

积分得原方程参数形式的通解为

$$\begin{cases} x=\int \frac{\varphi'(t)}{\psi(t)}dt+c, \\ y=\varphi(t), \end{cases}$$

其中 c 为任意常数.

此外，当 $y'=p=0$ 时，若 $F(y,0)=0$ 有实根 $y=k$，则 $y=k$ 也是方程的解.

例 2.27 求解方程 $y^2(1-y')=(2-y')^2$.

解 令 $2-y'=yt$，则 $1-y'=yt-1$，将它们代入原微分方程消去 y' 后，有

$$y^2(yt-1)=y^2t^2.$$

由此得

$$y=\frac{1}{t}+t,$$

代入 $2-y'=yt$，得

$$y'=1-t^2,$$

这是原微分方程的参数形式. 因此

$$dx=\frac{1}{y'}dy=-\frac{1}{t^2}dt,$$

两边积分得

$$x=\frac{1}{t}+c,$$

其中 c 为任意常数. 于是原方程参数形式的通解为

$$\begin{cases} x=\frac{1}{t}+c, \\ y=\frac{1}{t}+t, \end{cases}$$

或者消去参数 t 得

$$y=x+\frac{1}{x-c}-c.$$

此外，当 $y'=0$ 时原方程变为 $y^2=4$，于是 $y=\pm 2$ 也是方程的解.

习 题 2.5

求解下列方程：

(1) $y'^2-y^2=0$；

(2) $8y'^3=27y$；

(3) $y^2(y'^2+1)=1$；

(4) $y=y'^2e^{y'}$；

(5) $xy'^3=1+y'$；

(6) $x^2+y'^2=1$；

(7) $y'(x-\ln y')=1$；

(8) $y^2(y'-1)=(2-y')^2$.

§2.6 一阶微分方程的应用

常微分方程的产生和发展源于实际问题的需要，同时它也成为解决实际问题的有力工具. 在本章前几节我们已经学习了求解方程常用的 5 种初等积分法，这使我们能用常微分方程解决某些实际问题. 本节举出几个实际例子，以便读者掌握解决实际问题的过程.

2.6.1 人口问题

在第一章例 1.4 人口模型中，我们学到了两种不同的微分方程，即马尔萨斯模型和逻辑斯谛模型，并给出了马尔萨斯模型的求解过程. 接下来，我们先复习一下这两种模型并给出逻辑斯谛模型的求解过程.

设 $N(t)$表示 t 时刻的人口总数，且 t 时刻的人口增长率为 $r(t,N)$(出生率与死亡率之差). 由 t 到 $t+\Delta t$ 时刻的平均人口增长率为

$$\frac{N(t+\Delta t)-N(t)}{N(t)\Delta t}.$$

令 $\Delta t\to 0$，就得到人口变化的数学模型

$$\frac{1}{N}\frac{\mathrm{d}N}{\mathrm{d}t}=r(t,N), \tag{2.76}$$

人口增长率 $r(t,N)$也称作**马尔萨斯参数**，通常取下列函数形式：

1. $r(t,N)\equiv r$ 为常数.

即人口增长率为常数 r，就得到了第一章提到的马尔萨斯模型

$$\frac{\mathrm{d}N}{\mathrm{d}t}=rN. \tag{2.77}$$

马尔萨斯模型没有考虑人口的拥挤和资源的有限性，该模型可以用来描述某些细菌的增长规律.

随着人口的增加，自然资源、环境条件等因素对人口的增长开始起阻滞作用，因而人口增长率不断下降. 描述人口增长更现实的模型应允许马尔萨斯参数依赖于总人口. 维尔赫斯特于 1838 年考虑了如下的人口增长率.

2. $r(t,N)=a-bN$.

即当人口总数很大时，人口增长率将为负值，其中 a 表示出生率，b 的值依赖于环境条

件，而$\frac{a}{b}$表示**环境最大容纳量**.

在此情形中，如果人口出生率和环境最大容纳量不随时间 t 而变化，即 a，b 均是常数，就得到**自治的逻辑斯谛方程**

$$\frac{\mathrm{d}N}{\mathrm{d}t}=(a-bN)N, \tag{2.78}$$

方程(2.78)与第一章方程(1.10)一致，这里 $a=r$，$b=\frac{r}{N_m}$.

当人口出生率和承载量随时间 t 而变化时，就得到**非自治的逻辑斯谛方程**

$$\frac{\mathrm{d}N}{\mathrm{d}t}=[a(t)-b(t)N]N, \tag{2.79}$$

它是 $n=2$ 时的伯努利方程. 如果 $N\neq 0$ 时，令 $z=\frac{1}{N}$，那么有

$$\frac{\mathrm{d}z}{\mathrm{d}t}=-a(t)z+b(t),$$

求得

$$z=\mathrm{e}^{-\int a(t)\mathrm{d}t}\left[c+\int b(t)\mathrm{e}^{\int a(t)\mathrm{d}t}\mathrm{d}t\right].$$

从而，方程(2.79)的通解为

$$N(t)=\frac{\mathrm{e}^{\int a(t)\mathrm{d}t}}{c+\int b(t)\mathrm{e}^{\int a(t)\mathrm{d}t}\mathrm{d}t},$$

其中 c 为任意常数. 方程(2.79)满足初值条件 $N(t_0)=N_0$，则方程(2.79)满足初值条件的解可表示为

$$N(t)=\frac{N_0\mathrm{e}^{\int_{t_0}^{t}a(s)\mathrm{d}s}}{1+N_0\int_{t_0}^{t}b(s)\mathrm{e}^{\int_{t_0}^{s}a(\tau)\mathrm{d}\tau}\mathrm{d}s}.$$

注 2.1 当 a，b 均为常数时，自治的逻辑斯谛方程(2.78)满足初值条件 $N(t_0)=N_0$ 的解可以写成

$$N(t)=\frac{aN_0\mathrm{e}^{a(t-t_0)}}{a-bN_0+bN_0\mathrm{e}^{a(t-t_0)}}.$$

显然，方程(2.78)有特解 $N^*(t)=\frac{a}{b}$(环境最大容纳量)，且当 $t\to\infty$ 时，$N(t)\to N^*(t)$. 这一结果在一定程度上预报了人口的变化趋势. 对非自治的逻辑斯谛方程(2.79)也有类似的结论.

当考虑两个物种的生态问题时，将会遇到捕食者与被捕食者数学模型；当考虑种群中传染病传播时，会遇到 SIR 仓室模型；当在种群中考虑年龄时，会遇到年龄结构模型. 利用微分方程研究生物现象是一个有趣的研究方向.

2.6.2 雪球融化问题

例 2.28 设雪球在融化时体积的变化率与表面积成比例，且在融化过程中它始终为球

体. 该雪球在开始时的半径为 6 cm，经过 2 h 后，其半径缩小 3 cm. 求雪球的体积随时间变化的关系.

解 设 t 时刻雪球的体积为 $V(t)$，表面积为 $S(t)$，由题中的假设得

$$\frac{\mathrm{d}V(t)}{\mathrm{d}t}=-kS(t).$$

球体的体积为 $V(t)=\frac{4}{3}\pi R^3$，球体的表面积为 $S(t)=4\pi R^2$.

根据球体的体积和表面积的关系得 $S(t)=\sqrt[3]{4\pi}\sqrt[3]{(3V)^2}$. 引入新常数 $\omega=\sqrt[3]{4\pi}\sqrt[3]{9}\,k$，再利用题中的条件得

$$\frac{\mathrm{d}V}{\mathrm{d}t}=-\omega\sqrt[3]{V^2},\quad V(0)=288\pi,\quad V(2)=36\pi.$$

分离变量积分得方程的通解为

$$V(t)=\frac{1}{27}(c-wt)^3.$$

利用条件 $V(0)=288\pi$ 和 $V(2)=36\pi$ 确定出常数 c 和 w，代入后得雪球体积随时间变化的关系为

$$V(t)=\frac{\pi}{6}(12-3t)^3.$$

注意，尽管解的表达式中 t 的取值可以是任意实数，但由于实际问题的要求，t 的取值是在[0,4]之间.

2.6.3 动力学问题

动力学是微分方程最早期的源泉之一. 动力学的基本定律是牛顿(Newton)第二定律

$$f=ma,$$

这也是用微分方程来解决动力学的基本关系式. 上式右端含有加速度 a，而 a 是位移对时间的二阶导数. 列出微分方程的关键就在于找到外力 f 和位移以及其对时间的导数(速度)的关系. 只要找出这个关系，就可以由 $f=ma$ 列出微分方程了.

在求解动力学问题时，要特别注意力学问题中的定解条件，如初值问题等.

例 2.29(跳伞的速度) 设物体在空气中下落时受到的空气阻力与速度的平方成正比. 一运动员从高空落下 T 时间后将降落伞打开，试建立微分方程，求出该运动员在下降过程中速度与时间的关系.

解 设该跳伞运动员在离开飞机后竖直下降，将跳伞的起点作为坐标原点，x 轴正向向下，记 t 时刻运动员的位置为 $x(t)$，则

$$v(t)=\frac{\mathrm{d}x(t)}{\mathrm{d}t}$$

就是该运动员在 t 时刻的速度. 在下降过程中，运动员受两个力，一个是地球的引力，另一个是空气阻力，且空气阻力的比例系数在降落伞打开前后的大小不同. 根据牛顿第二定律可得到 $v(t)$ 所满足的方程及条件为

$$\begin{cases}\dfrac{\mathrm{d}v}{\mathrm{d}t}=g-\dfrac{k_1}{m}v^2, & v(0)=0,\ 0\leqslant t\leqslant T,\\ \dfrac{\mathrm{d}v}{\mathrm{d}t}=g-\dfrac{k_2}{m}v^2, & \lim\limits_{t\to T^+}v(t)=v(T),\ t>T.\end{cases}$$

$v(t)$在 $t\leqslant T$ 和 $t>T$ 时满足的都是变量可分离的方程，可以按分离变量的方法求解. 方程两边同除以 $g-\dfrac{k_i}{m}v^2$，得

$$\frac{\mathrm{d}v}{g-k_iv^2/m}=\mathrm{d}t,\quad i=1,2.$$

方程两边积分，再解出

$$v(t)=\sqrt{\frac{mg}{k_i}}\,\frac{c_i\exp(2\sqrt{k_ig/m}\,t)-1}{c_i\exp(2\sqrt{k_ig/m}\,t)+1}.\tag{2.80}$$

代入初值条件 $v(0)=0$，当 $0\leqslant t\leqslant T$ 时，得

$$v(t)=\sqrt{\frac{mg}{k_1}}\,\frac{\exp(2\sqrt{k_1g/m}\,t)-1}{\exp(2\sqrt{k_1g/m}\,t)+1};$$

当 $t>T$ 时，利用条件 $\lim\limits_{t\to T^+}v(t)=v(T)$可以定出 c_2，代入式(2.80)后得 $t>T$ 时解的表达式为

$$v(t)=\sqrt{\frac{mg}{k_2}}\,\frac{c_2\exp(2\sqrt{k_2g/m}\,t)-1}{c_2\exp(2\sqrt{k_2g/m}\,t)+1}.$$

跳伞运动员的速度随时间变化的关系如图 2.2 所示. 从图 2.2 中看出，运动员的速度先上升，再下降，其极限为$\sqrt{\dfrac{mg}{k_2}}$，且该极限值的大小是由伞的大小和形状所确定的. 可以根据飞机的高度、伞的大小等来确定打开伞的时间 T，保证运动员着地时的速度不会太大，避免损伤.

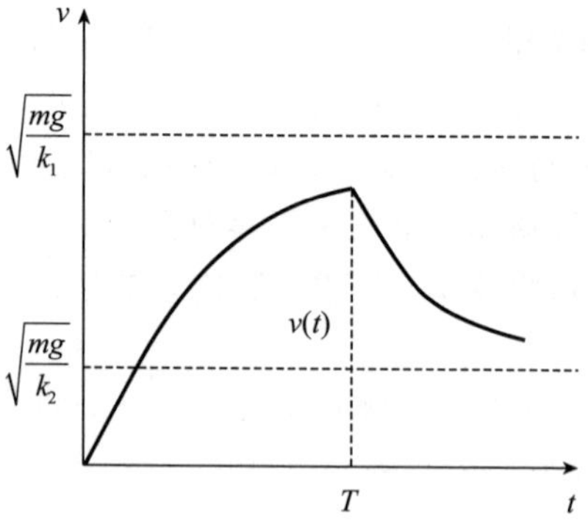

图　2.2

2.6.4　化学反应问题

例 2.30　设有两种化学物质 A 和 B，他们反应后生成另一种物质 C. 设反应速度与物质 A 和 B 当时剩余量之积成正比，而且在反应过程中，每克的物质 B 需要 2 g 的物质 A 与

之反应而生成 3 g 的物质 C. 已知原有的物质 A、B 分别是 10 g 和 20 g，而且在 20 min 内反应生成的物质 C 为 6 g，求在任意时刻物质 C 的质量.

解 设 $x(t)$ 表示 t 时刻所生成物质 C 的总量，则 $\frac{\mathrm{d}x}{\mathrm{d}t}$ 为反应速度. 由题意知，生成 x g 的物质 C 需要 $\frac{2}{3}x$ g 的物质 A 和 $\frac{1}{3}x$ g 的物质 B. 此时物质 A 和 B 的剩余量分别为 $10-\frac{2}{3}x$ g 和 $20-\frac{1}{3}x$ g. 于是，由题意得

$$\frac{\mathrm{d}x}{\mathrm{d}t}=k\left(10-\frac{2}{3}x\right)\left(20-\frac{1}{3}x\right),$$

$$x(0)=0,\quad x(20)=6.$$

为了方便，令 $r=\frac{2}{9}k$，将此微分方程改写为

$$\frac{\mathrm{d}x}{\mathrm{d}t}=r(15-x)(60-x),\tag{2.81}$$

将上式分离变量后积分，得

$$\int\frac{\mathrm{d}x}{(15-x)(60-x)}=\int r\,\mathrm{d}t+c,$$

其中 c 为任意常数. 计算可得

$$\frac{1}{45}\ln\frac{60-x}{15-x}=rt+c,$$

即

$$\frac{60-x}{15-x}=c_1\mathrm{e}^{45rt},$$

其中 $c_1=\mathrm{e}^{45c}$. 利用初值条件 $x(0)=0$ 得 $c_1=4$. 再利用 $x(20)=6$ 得 $r=\frac{1}{900}\ln\frac{3}{2}$. 将 c_1 和 r 的值代入上式，解出

$$x(t)=\frac{60\left[1-\exp\left(\frac{t}{20}\ln\frac{3}{2}\right)\right]}{1-4\exp\left(\frac{t}{20}\ln\frac{3}{2}\right)}.$$

这就是在此化学反应过程中生成的物质 C 的质量随时间变化的规律. 由此表达式可以看出 $\lim\limits_{t\to+\infty}x(t)=15$.

2.6.5 流体混合问题

中学代数中有这样一类问题：某容器中装有浓度为 c_1 的含物质 A 的液体 V L，从其中取出 V_1 L 后，加入浓度为 c_2 的液体 V_2 L，求混合后的液体的浓度以及物质 A 的含量. 这类问题用初等代数的方法就可以解决.

但是在实际中还经常碰到如下的问题：如图 2.3 所示，容器内装有含物质 A 的流体. 设时刻 $t=0$ 时，流体的体积为 V_0，物质 A 的质量为 x_0（浓度自然也知道了）. 今以速度

v_2(单位时间的流量)放出流体，而同时又以速度 v_1 注入浓度为 c_1 的流体. 试求时刻 t 时容器中物质 A 的质量及流体的浓度.

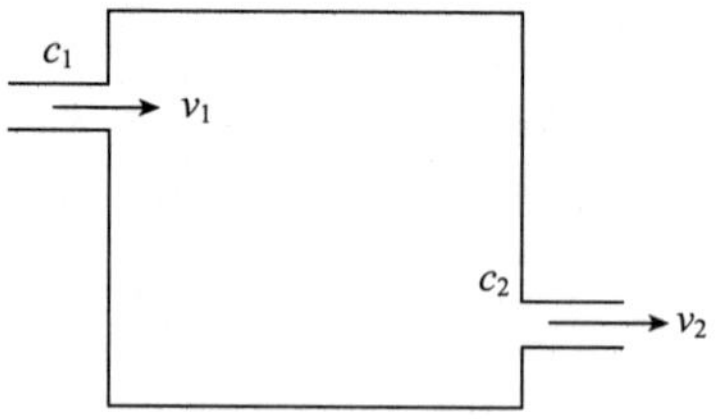

图 2.3

这类问题称为流体混合问题. 它是不能用初等数学方法解决的，必须用微分方程来计算.

首先，运用微元法来建立方程. 设在时刻 t，容器内物质 A 的质量为 $x=x(t)$，浓度为 c_2，经过时间 $\mathrm{d}t$ 后，容器内物质 A 的质量增加了 $\mathrm{d}x$. 于是，有关系式

$$\mathrm{d}x=c_1v_1\mathrm{d}t-c_2v_2\mathrm{d}t=(c_1v_1-c_2v_2)\mathrm{d}t.$$

因为

$$c_2=\frac{x}{V_0+(v_1-v_2)t},$$

代入上式有

$$\mathrm{d}x=\left[c_1v_1-\frac{xv_2}{V_0+(v_1-v_2)t}\right]\mathrm{d}t,$$

或

$$\frac{\mathrm{d}x}{\mathrm{d}t}=c_1v_1-\frac{xv_2}{V_0+(v_1-v_2)t}. \tag{2.82}$$

这是一个线性方程. 求物质 A 在 t 时刻的质量问题就归结为求方程(2.82)满足初值条件 $x(0)=x_0$ 的解的问题.

例 2.31 某厂房容积为 45 m×15 m×6 m，经测定，空气中含有 0.2%的CO_2. 开动通风设备，以 360 m^3/s 的速度输入含有 0.05%的CO_2 的新鲜空气，同时又排出同等数量的室内空气. 求 30 min 后室内所含CO_2 的百分比.

解 设在时刻 t 车间内CO_2 的百分比为 $x(t)\%$. 当时间经过 $\mathrm{d}t$ 后，室内CO_2 的改变量为

$$45\times15\times6\times\mathrm{d}x\%=360\times0.05\%\times\mathrm{d}t-360\times x\%\times\mathrm{d}t,$$

于是有关系式

$$4050\mathrm{d}x=360(0.05-x)\mathrm{d}t,$$

或

$$\mathrm{d}x=\frac{4}{45}(0.05-x)\mathrm{d}t,$$

初值条件为 $x(0)=0.2$.

将方程分离变量并积分，初值解满足

$$\int_{0.2}^{x}\frac{\mathrm{d}t}{(0.05-x)}=\int_0^t\frac{4}{45}\mathrm{d}t.$$

求出 x，有

$$x=0.05+0.15\mathrm{e}^{-\frac{4}{45}t}.$$

将 $t=30\ \mathrm{min}=1800\ \mathrm{s}$ 代入，得 $x(t)\approx 0.05$. 即开动通风设备 30 min 后，室内CO_2 含量接近 0.05%，基本已是新鲜空气了.

习　题　2.6

1. 人工繁殖细菌时其增长速度与当时的细菌数成正比.

(1) 如果过 4 h 后的细菌数是原细菌数的 2 倍，那么经过 12 h 后应有多少细菌?

(2) 如果在 3 h 有细菌 10^4 个，在 5 h 有细菌 4×10^4 个，那么在开始时有多少个细菌?

2. 设一个化工厂每立方米的废水中含有 3.08 kg 盐酸，这些废水经过一条河流流入一个湖泊中，废水流入湖泊的速率是 20 m^3/h. 开始时湖中有水 4 000 000 m^3，河流中流入湖泊的不含盐酸的水是 1000 m^3/h，湖泊中混合均匀的水流出的速率是 1000 m^3/h. 求该厂排污开始 1 年后，湖泊水中盐酸的含量.

3. **年代测定**　^{14}C 的半衰期为 5570 年，已知放射性物质的衰变速率与现有的量成比例. 从 20 世纪 70 年代中期我国南方某处发掘的古墓中，测得古墓木制品中^{14}C 的含量是现在木制品含量的 78%，试估计该古墓的年代.(提示：假设初始时刻木制品标本中^{14}C 的含量与刚刚砍伐的木材中^{14}C 的含量相等，再测得木制品标本中^{14}C 的含量后，就可以估计出该古墓的年代.)

4. 设地球质量为 M，万有引力常数为 G，地球半径为 R. 今有质量为 m 的火箭，从地面以初速度 $v_0=\sqrt{\dfrac{2GM}{R}}$ 竖直向上发射，试求火箭飞行高度 r 与时间 t 的关系.

本章学习要点

本章讨论一阶微分方程的初等积分法，主要包括以下几种类型:

1. 方程能解出 y'，即方程取形式

$$y'=f(x,y)\quad 或\quad M(x,y)\mathrm{d}x+N(x,y)\mathrm{d}y=0$$

时的求解问题，主要介绍了五种类型的方程的初等积分法，其中包括变量分离方程、齐次微分方程、线性微分方程、伯努利微分方程和恰当微分方程. 实际上作为基础的是变量分离方程和恰当微分方程，其他类型的方程均可借助变量变换或积分因子化为这两种类型.

2. 若方程不能解出 y'，则把 x 看作 y 的函数，再看是否能解出 x'，成为方程 $x'=f(x,y)$可类似 1 求解.

3. 对于不能用显式表示为

$$y'=f(x,y),\quad x'=f(x,y)\quad 或\quad M(x,y)\mathrm{d}x+N(x,y)\mathrm{d}y=0$$

的方程，可分为两类:

(1) 若方程能解出 y(或 x)，即

$$y=f(x,y')\quad 或\quad x=f(y,y'),$$

则令 $y'=p$ 或 $x'=p$，把问题化为求解关于 p 与 x 或 y 之间的一阶微分方程

$$p=\frac{\partial f}{\partial x}+\frac{\partial f}{\partial p}\frac{\mathrm{d}p}{\mathrm{d}x} \tag{2.83}$$

或

$$\frac{1}{p}=\frac{\partial f}{\partial y}(y,p)+\frac{\partial f}{\partial p}\frac{\mathrm{d}p}{\mathrm{d}y}, \tag{2.84}$$

若求得方程(2.83)或(2.84)的通解为

$$\Phi(x,p,c)=0 \quad 或 \quad \Phi(y,p,c)=0,$$

则它与 $y=f(x,p)$(或 $x=f(y,p)$)一起构成原方程通解的参数形式.

(2) 若方程形如

$$F(x,y')=0 \text{ 或 } F(y,y')=0,$$

可以引入参数 t，将方程表示为参数形式. 再注意到关系式 $\mathrm{d}y=y'\mathrm{d}x$，就将问题转化为求解关于 y 或 x 关于 t 的一阶微分方程，积分可得关于 t 的参数形式的解.

学习本章时，要熟练掌握以上各种类型方程的求解方法，能够根据方程的特点，引进适当的变量变换，将方程化为能求解的类型来求解. 对于某些实际问题，会利用常微分方程进行建模，再通过求解方程，根据解的性质来研究所提出的问题.

本章自测题

1. 求解下列方程：

(1) $\frac{\mathrm{d}y}{\mathrm{d}x}=y\ln y$；　(2) $(x^2+y^2)\frac{\mathrm{d}y}{\mathrm{d}x}=2xy$；

(3) $\frac{\mathrm{d}y}{\mathrm{d}x}=3y+x-2$；　(4) $\frac{\mathrm{d}y}{\mathrm{d}x}=\frac{y}{x}+\frac{y^2}{x^3}$；

(5) $\frac{\mathrm{d}y}{\mathrm{d}x}=x+y+1$；　(6) $\frac{\mathrm{d}y}{\mathrm{d}x}=\frac{x-y+1}{x+y+3}$；

(7) $\mathrm{e}^{-y}\mathrm{d}x-(2y+x\mathrm{e}^{-y})\mathrm{d}y=0$；　(8) $y\mathrm{d}x-(1+x+y^2)\mathrm{d}y=0$；

(9) $y=\ln(1+y'^2)$；　(10) $y^2(1-y'^2)=1$.

2. 选取适当的变量变换把方程 $\frac{\mathrm{d}y}{\mathrm{d}x}=xf\left(\frac{y}{x^2}\right)$ 化为变量分离方程.

3. 求一曲线，使其切线在纵轴上的截距等于切点的横坐标.

4. 一质量为 m 的质点做直线运动，从速度等于零的时刻起，有一个和时间成正比(比例系数为 k_1)的力作用在它的上面. 此外质点又受到介质的阻力，该阻力和速度成正比(比例系数为 k_2)，试求质点运动的速度与时间的关系.

第三章 一阶微分方程解的存在唯一性定理

第二章介绍了能用初等积分法求解的一阶微分方程的若干类型，但同时指出，大量的一阶微分方程一般是不能用初等积分法求出它的通解，而实际问题中所需要的往往是求满足某种初值条件的解.因此，对初值问题的研究被提到了重要的地位.一般会有如下问题：一个不能用初等积分法求解的初值问题的解是否存在？如果存在是否唯一？存在的区间有多大？这些问题无疑在理论研究和实际应用中，都有着重要的意义.

本章重点介绍并证明一阶微分方程解的存在唯一性定理，并给出解的某些一般性质，如解的延拓、解对初值的连续性和可微性等.最后，引进奇解的概念及奇解的求法.

本章数字资源

§3.1 解的存在唯一性定理与逐步逼近法

容易举出解存在而不唯一的例子.例如，方程

$$\frac{\mathrm{d}y}{\mathrm{d}x}=2\sqrt{y}$$

过点(0,0)的解就是不唯一的.事实上，易知 $y=0$ 是方程的过点(0,0)的解.此外，容易验证 $y=x^2$，或更一般地，函数

$$y=\begin{cases}0, & 0\leqslant x\leqslant c,\\ (x-c)^2, & c<x\leqslant 1\end{cases}$$

都是方程的过点(0,0)而定义于区间 $0\leqslant x\leqslant 1$ 上的解，这里 c 是满足 $0<c<1$ 的任一数.

一阶微分方程在什么条件下满足初值问题解的存在和唯一呢？本节将会给出一阶微分方程解的存在唯一性定理并利用逐步逼近法证明.解的存在唯一性定理是常微分方程理论中最基本的定理.由于能求得精确解的微分方程为数不多，微分方程的近似解法(包括数值解法)具有十分重要的实际意义，而解的存在和唯一是进行近似计算的前提和理论基础.

3.1.1 存在唯一性定理

考虑一阶微分方程

$$\frac{\mathrm{d}y}{\mathrm{d}x}=f(x,y),\tag{3.1}$$

这里 $f(x,y)$ 在矩形域

$$R: |x-x_0| \leqslant a, |y-y_0| \leqslant b \tag{3.2}$$

上有定义.

定理 3.1 如果 $f(x,y)$ 在矩形域 R 上满足如下条件：

(1) 连续；

(2) 关于 y 满足利普希茨条件，即存在常数 $L>0$,使得不等式

$$|f(x,y_1)-f(x,y_2)| \leqslant L|y_1-y_2|$$

对于所有 $(x,y_1),(x,y_2) \in R$ 都成立(L 称为**利普希茨常数**)，
则方程(3.1)存在唯一的解 $y=\varphi(x)$，定义在区间 $x_0-h \leqslant x \leqslant x_0+h$ 上，连续且满足初值条件

$$\varphi(x_0)=y_0, \tag{3.3}$$

其中 $h=\min\left(a,\dfrac{b}{M}\right)$, $M=\max\limits_{(x,y)\in R}|f(x,y)|$.

下面采用皮卡(Picard)的逐步逼近法来证明此定理. 为了简便，只就 $x_0 \leqslant x \leqslant x_0+h$ 的情形进行讨论，对于 $x_0-h \leqslant x \leqslant x_0$ 的情形可类似讨论.

现在先简单叙述一下运用逐步逼近法证明定理的主要思想. 首先证明求微分方程(3.1)满足初值条件(3.3)的解等价于求积分方程

$$y=y_0+\int_{x_0}^{x} f(\xi,y)\mathrm{d}\xi$$

的连续解. 然后证明积分方程的解的存在性：构造积分方程的皮卡迭代函数序列 $\varphi_n(x)$，证明此序列是收敛的，接下来证明此序列的极限函数 $\varphi(x)$ 即为积分方程的解. 最后证明积分方程解的唯一性.

下面分五个命题来证明定理.

命题 3.1 设 $y=\varphi(x)$ 是方程(3.1)的定义在区间 $x_0 \leqslant x \leqslant x_0+h$ 上，满足初值条件

$$\varphi(x_0)=y_0 \tag{3.4}$$

的解，则 $y=\varphi(x)$ 也是积分方程

$$y=y_0+\int_{x_0}^{x} f(\xi,y)\mathrm{d}\xi, \quad x_0 \leqslant x \leqslant x_0+h \tag{3.5}$$

的定义在 $x_0 \leqslant x \leqslant x_0+h$ 上的连续解，反之亦然.

证明 因为 $y=\varphi(x)$ 是方程(3.1)的解，故有

$$\frac{\mathrm{d}\varphi(x)}{\mathrm{d}x}=f(x,\varphi(x)),$$

两边从 x_0 到 x 取定积分得

$$\varphi(x)-\varphi(x_0)=\int_{x_0}^{x} f(\xi,\varphi(\xi))\mathrm{d}\xi, \quad x_0 \leqslant x \leqslant x_0+h,$$

把式(3.3)代入上式，即有

$$\varphi(x)=y_0+\int_{x_0}^{x} f(\xi,\varphi(\xi))\mathrm{d}\xi, \quad x_0 \leqslant x \leqslant x_0+h,$$

因此，$y=\varphi(x)$ 是方程(3.5)的定义于 $x_0 \leqslant x \leqslant x_0+h$ 上的连续解.

反之，如果 $y=\varphi(x)$ 是方程(3.5)的连续解，则有

$$\varphi(x)=y_0+\int_{x_0}^{x} f(\xi,\varphi(\xi))\mathrm{d}\xi, \quad x_0 \leqslant x \leqslant x_0+h, \tag{3.6}$$

对其微分后，得到

$$\frac{\mathrm{d}\varphi(x)}{\mathrm{d}x}=f(x,\varphi(x)),$$

又把 $x=x_0$ 代入式(3.6)，得到

$$\varphi(x_0)=y_0,$$

因此，$y=\varphi(x)$ 是方程(3.1)的定义在 $x_0\leqslant x\leqslant x_0+h$ 上，且满足初值条件(3.3)的解. 证毕.

现在取 $\varphi_0(x)=y_0$，在 $x_0\leqslant x\leqslant x_0+h$ 上构造皮卡逐步逼近函数序列如下：

$$\begin{cases}\varphi_0(x)=y_0,\\ \varphi_n(x)=y_0+\displaystyle\int_{x_0}^{x}f(\xi,\varphi_{n-1}(\xi))\mathrm{d}\xi, \quad n=1,2,\cdots.\end{cases} \tag{3.7}$$

命题 3.2 对于所有的 n，式(3.7)中函数 $\varphi_n(x)$ 在 $x_0\leqslant x\leqslant x_0+h$ 上有定义、连续且满足不等式

$$|\varphi_n(x)-y_0|\leqslant b. \tag{3.8}$$

证明 当 $n=1$ 时，$\varphi_1(x)=y_0+\int_{x_0}^{x}f(\xi,y_0)\mathrm{d}\xi$. 显然 $\varphi_1(x)$ 在 $x_0\leqslant x\leqslant x_0+h$ 上有定义、连续且有

$$\begin{aligned}|\varphi_1(x)-y_0|&=\left|\int_{x_0}^{x}f(\xi,y_0)\mathrm{d}\xi\right|\leqslant\int_{x_0}^{x}|f(\xi,y_0)|\mathrm{d}\xi\\&\leqslant M(x-x_0)\leqslant Mh\leqslant b,\end{aligned}$$

即命题在 $n=1$ 时成立. 下面用数学归纳法证明对于任意正整数 n，命题都成立. 为此，设当 $n=k$ 时命题成立，也即 $\varphi_k(x)$ 在 $x_0\leqslant x\leqslant x_0+h$ 上有定义、连续且满足不等式

$$|\varphi_k(x)-y_0|\leqslant b.$$

这时，

$$\varphi_{k+1}(x)=y_0+\int_{x_0}^{x}f(\xi,\varphi_k(\xi))\mathrm{d}\xi.$$

由假设知当 $n=k$ 时命题成立，故 $\varphi_{k+1}(x)$ 在 $x_0\leqslant x\leqslant x_0+h$ 上有定义、连续且有

$$|\varphi_{k+1}(x)-y_0|\leqslant\int_{x_0}^{x}|f(\xi,\varphi_k(\xi))|\mathrm{d}\xi\leqslant M(x-x_0)\leqslant Mh\leqslant b,$$

故当 $n=k+1$ 时命题也成立. 由数学归纳法知对于所有 n 命题均成立. 证毕.

命题 3.3 函数序列 $\{\varphi_n(x)\}$ 在 $x_0\leqslant x\leqslant x_0+h$ 上是一致收敛的.

证明 考虑级数

$$\varphi_0(x)+\sum_{k=1}^{\infty}[\varphi_k(x)-\varphi_{k-1}(x)], \quad x_0\leqslant x\leqslant x_0+h, \tag{3.9}$$

它的部分和为

$$\varphi_0(x)+\sum_{k=1}^{\infty}[\varphi_k(x)-\varphi_{k-1}(x)]=\varphi_n(x).$$

因此，要证明函数序列 $\{\varphi_n(x)\}$ 在 $x_0\leqslant x\leqslant x_0+h$ 上一致收敛，只需证明级数(3.9)在 $x_0\leqslant x\leqslant x_0+h$ 上一致收敛. 由式(3.7)有

$$|\varphi_1(x)-\varphi_0(x)|\leqslant\int_{x_0}^{x}|f(\xi,\varphi_0(\xi))|\mathrm{d}\xi\leqslant M(x-x_0) \tag{3.10}$$

及

$$|\varphi_2(x)-\varphi_1(x)|\leqslant\int_{x_0}^{x}|f(\xi,\varphi_1(\xi))-f(\xi,\varphi_0(\xi))|\mathrm{d}\xi.$$

利用利普希茨条件及式(3.10)，得

$$\begin{aligned}|\varphi_2(x)-\varphi_1(x)| &\leqslant L\int_{x_0}^{x}|\varphi_1(\xi)-\varphi_0(\xi)|\mathrm{d}\xi\\ &\leqslant L\int_{x_0}^{x}M(\xi-x_0)\mathrm{d}\xi=\frac{ML}{2!}(x-x_0)^2.\end{aligned}$$

假设对于正整数 n，不等式

$$|\varphi_n(x)-\varphi_{n-1}(x)|\leqslant\frac{ML^{n-1}}{n!}(x-x_0)^n$$

成立，则由利普希茨条件，当 $x_0\leqslant x\leqslant x_0+h$ 时，有

$$\begin{aligned}|\varphi_{n+1}(x)-\varphi_n(x)| &\leqslant\int_{x_0}^{x}|f(\xi,\varphi_n(\xi))-f(\xi,\varphi_{n-1}(\xi))|\mathrm{d}\xi\\ &\leqslant L\int_{x_0}^{x}|\varphi_n(\xi)-\varphi_{n-1}(\xi)|\mathrm{d}\xi\\ &\leqslant\frac{ML^n}{n!}\int_{x_0}^{x}(\xi-x_0)^n\mathrm{d}\xi\\ &=\frac{ML^n}{(n+1)!}(x-x_0)^{n+1}.\end{aligned}$$

于是，由数学归纳法可知，对于所有的正整数 n，有

$$|\varphi_n(x)-\varphi_{n-1}(x)|\leqslant\frac{ML^{n-1}}{n!}(x-x_0)^n,\quad x_0\leqslant x\leqslant x_0+h \tag{3.11}$$

成立. 从而得知，当 $x_0\leqslant x\leqslant x_0+h$ 时，

$$|\varphi_n(x)-\varphi_{n-1}(x)|\leqslant\frac{ML^{n-1}}{n!}h^n. \tag{3.12}$$

式(3.12)的右端是正向收敛级数

$$\sum_{n=1}^{\infty}ML^{n-1}\frac{h^n}{n!}$$

的一般项. 由魏尔斯特拉斯(Weierstrass)判别法，级数(3.9)在 $x_0\leqslant x\leqslant x_0+h$ 上一致收敛，因而序列 $\{\varphi_n(x)\}$ 也在 $x_0\leqslant x\leqslant x_0+h$ 上一致收敛. 证毕.

现设

$$\lim_{n\to\infty}\varphi_n(x)=\varphi(x),$$

则 $\varphi(x)$ 也在 $x_0\leqslant x\leqslant x_0+h$ 上连续，且由式(3.8)可知

$$|\varphi(x)-y_0|\leqslant b.$$

命题 3.4 $\varphi(x)$ 是积分方程(3.5)定义在 $x_0\leqslant x\leqslant x_0+h$ 上的连续解.

证明 由利普希茨条件

$$|f(x,\varphi_n(x))-f(x,\varphi(x))|\leqslant L|\varphi_n(x)-\varphi(x)|$$

以及 $\{\varphi_n(x)\}$ 在 $x_0\leqslant x\leqslant x_0+h$ 上一致收敛于 $\varphi(x)$，知序列 $\{f(x,\varphi_n(x))\}$ 在 $x_0\leqslant x\leqslant x_0+h$ 上一致收敛于 $f(x,\varphi(x))$. 因而，对(3.7)第二个方程两边取极限，得

$$\lim_{n\to\infty}\varphi_n(x)=y_0+\lim_{n\to\infty}\int_{x_0}^{x}f(\xi,\varphi_{n-1}(\xi))\mathrm{d}\xi$$
$$=y_0+\int_{x_0}^{x}\lim_{n\to\infty}f(\xi,\varphi_{n-1}(\xi))\mathrm{d}\xi,$$

即

$$\varphi(x)=y_0+\int_{x_0}^{x}f(\xi,\varphi(\xi))\mathrm{d}\xi.$$

因此，$\varphi(x)$是积分方程(3.5)定义在 $x_0\leqslant x\leqslant x_0+h$ 上的连续解. 证毕.

注 3.1 这种一步一步地求出方程的解的方法就称为**逐步逼近法**. 由初值条件(3.4)确定的函数 $\varphi_n(x)$称为方程(3.1)和初值问题(3.3)的**第 n 次近似解**.

命题 3.5 设 $\psi(x)$是积分方程(3.5)的定义于 $x_0\leqslant x\leqslant x_0+h$ 上的另一个连续解，则 $\varphi(x)=\psi(x)\ (x_0\leqslant x\leqslant x_0+h)$.

证明 首先证明 $\psi(x)$也是序列$\{\varphi_n(x)\}$的一致收敛极限函数. 由

$$\varphi_0(x)=y_0,$$
$$\varphi_n(x)=y_0+\int_{x_0}^{x}f(\xi,\varphi_{n-1}(\xi))\mathrm{d}\xi,\quad n\geqslant 1,$$
$$\psi(x)=y_0+\int_{x_0}^{x}f(\xi,\psi(\xi))\mathrm{d}\xi$$

可得

$$|\varphi_0(x)-\psi(x)|\leqslant\int_{x_0}^{x}|f(\xi,\psi(\xi))|\,\mathrm{d}\xi\leqslant M(x-x_0),$$
$$|\varphi_1(x)-\psi(x)|\leqslant\int_{x_0}^{x}|f(\xi,\varphi_0(\xi))-f(\xi,\psi(\xi))|\,\mathrm{d}\xi$$
$$\leqslant L\int_{x_0}^{x}|\varphi_0(\xi)-\psi(\xi)|\,\mathrm{d}\xi$$
$$\leqslant ML\int_{x_0}^{x}(\xi-x_0)\mathrm{d}\xi=\frac{ML}{2!}(x-x_0)^2.$$

假设$|\varphi_{n-1}(x)-\psi(x)|\leqslant\dfrac{ML^{n-1}}{n!}(x-x_0)^n$，则有

$$|\varphi_n(x)-\psi(x)|\leqslant\int_{x_0}^{x}|f(\xi,\varphi_{n-1}(\xi))-f(\xi,\psi(\xi))|\,\mathrm{d}\xi$$
$$\leqslant L\int_{x_0}^{x}|\varphi_{n-1}(\xi)-\psi(\xi)|\,\mathrm{d}\xi$$
$$\leqslant\frac{ML^n}{n!}\int_{x_0}^{x}(\xi-x_0)^n\,\mathrm{d}\xi$$
$$=\frac{ML^n}{(n+1)!}(x-x_0)^{n+1},$$

故由数学归纳法可知，对于所有的正整数，有下面的估计式

$$|\varphi_n(x)-\psi(x)|\leqslant\frac{ML^n}{(n+1)!}(x-x_0)^{n+1}.\tag{3.13}$$

因此，在 $x_0\leqslant x\leqslant x_0+h$ 上有

$$|\varphi_n(x)-\psi(x)|\leqslant\frac{ML^n}{(n+1)!}h^{n+1}.\tag{3.14}$$

$\frac{ML^n}{(n+1)!}h^{n+1}$ 是收敛级数的公项，故当 $n\to\infty$ 时，$\frac{ML^n}{(n+1)!}h^{n+1}\to 0$. 因而 $\{\varphi_n(x)\}$ 在 $x_0\leqslant x\leqslant x_0+h$ 上一致收敛于 $\psi(x)$. 根据极限的唯一性，即得

$$\varphi(x)=\psi(x),\quad x_0\leqslant x\leqslant x_0+h.$$

证毕.

综合命题 3.1—3.5，即得到存在唯一性定理的证明.

注 3.2　在实际应用中，利普希茨条件比较难于检验，常用 $f(x,y)$ 在 R 上对 y 的连续偏导数来代替. 事实上，如果在 R 上 $\frac{\partial f}{\partial y}$ 存在且连续，则 $\frac{\partial f}{\partial y}$ 在 R 上有界. 设在 R 上 $\left|\frac{\partial f}{\partial y}\right|\leqslant L$，这时对所有的 $(x,y_1),(x,y_2)\in R$，有

$$|f(x,y_1)-f(x,y_2)|=\left|\frac{\partial f(x,y_2+\theta(y_1-y_2))}{\partial y}\right||y_1-y_2|\leqslant L|y_1-y_2|,$$

其中 $0<\theta<1$. 因此，如果在 R 上 $\frac{\partial f}{\partial y}$ 存在且连续，则 $f(x,y)$ 在 R 上满足利普希茨条件. 但反过来满足利普希茨条件的函数 $f(x,y)$ 不一定有偏导数存在. 例如，函数 $f(x,y)=|y|$ 在任何区域都满足利普希茨条件，但它在 $y=0$ 处没有对 y 的偏导数.

注 3.3　存在唯一性定理中数 $h=\min\left(a,\frac{b}{M}\right)$ 的几何意义. 在闭矩形 R 中有 $|f(x,y)|\leqslant M$，所以初值问题的解曲线上的斜率必定介于 M 与 $-M$ 之间. 过点 (x_0,y_0) 分别做斜率为 M 和 $-M$ 的直线，当 $M\leqslant\frac{b}{a}$ 时，如图 3.1(a)所示，解在 $x_0-a\leqslant x\leqslant x_0+a$ 中有定义；而当 $M>\frac{b}{a}$ 时，如图 3.1(b)所示，不能保证解 $y=\varphi(x)$ 在 $x_0-a\leqslant x\leqslant x_0+a$ 中有定义，它有可能在此区间内跑到矩形 R 外面去，使得 $f(x,y)$ 无定义，只有当 $x_0-\frac{b}{M}\leqslant x\leqslant x_0+\frac{b}{M}$ 时，

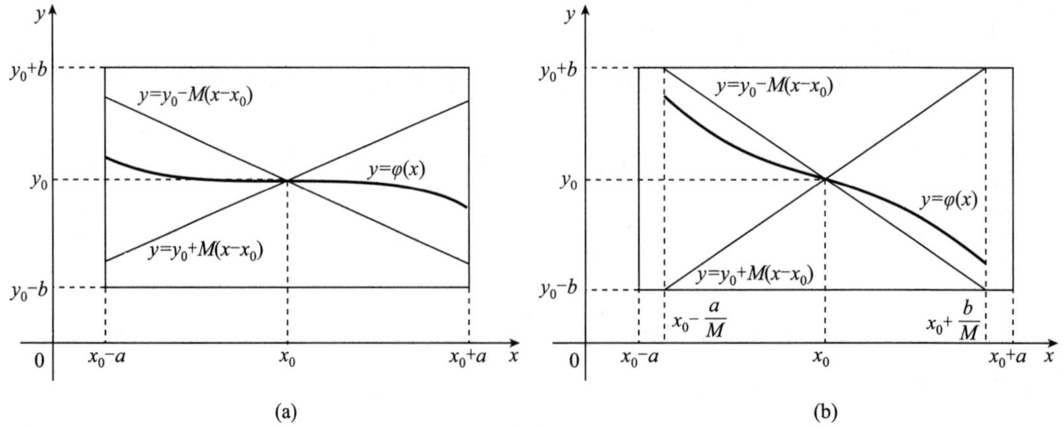

图　3.1

才能保证解 $y=\varphi(x)$ 在 R 中，故要求解的存在范围为 $|x-x_0|\leqslant h$.

注 3.4 设方程(3.1)是线性的，即方程为

$$\frac{\mathrm{d}y}{\mathrm{d}x}=P(x)y+Q(x).$$

那么，当 $P(x)$，$Q(x)$ 在区间 $[\alpha,\beta]$ 上连续时，定理 3.1 的条件满足，此时由任一初值 (x_0,y_0)，$x_0\in[\alpha,\beta]$ 所确定的解在整个区间 $[\alpha,\beta]$ 上都有定义(习题 3.1 第 6 题).

注 3.5 定理 3.1 中的方程(3.1)是一阶显式微分方程，对于一阶隐式微分方程

$$F(x,y,y')=0, \tag{3.15}$$

在一定条件下也可以给出解的存在唯一性定理.

设 (x_0,y_0,y_0') 的某一邻域内 F 连续且 $F(x_0,y_0,y_0')=0$ 而 $\frac{\partial F}{\partial y'}\neq 0$，根据隐函数存在定理，则必可把 y' 唯一地表示为 x,y 的函数

$$y'=f(x,y), \tag{3.16}$$

并且 $f(x,y)$ 于 (x_0,y_0) 的某一邻域内连续，且满足

$$y_0'=f(x_0,y_0).$$

如果 F 关于所有变元存在连续偏导数，则 $f(x,y)$ 对 x,y 也存在连续偏导数，并且

$$\frac{\partial f}{\partial y}=-\frac{\partial F}{\partial y}\Big/\frac{\partial F}{\partial y'}, \tag{3.17}$$

显然它是有界的. 于是根据定理 3.1，方程(3.16)满足初值条件 $y(x_0)=y_0$ 解存在且唯一，即方程(3.15)的过点 (x_0,y_0) 且切线斜率为 y_0' 的积分曲线存在且唯一. 这样便得到一阶隐式微分方程解的存在唯一性定理.

定理 3.2 如果在点 (x_0,y_0,y_0') 的某一邻域中，隐式微分方程(3.15)满足：

(1) $F(x,y,y')$ 对所有变元 (x,y,y') 连续，且存在连续偏导数；

(2) $F(x_0,y_0,y_0')=0$；

(3) $\dfrac{\partial F(x_0,y_0,y_0')}{\partial y'}\neq 0$，

则方程(3.15)存在唯一解

$$y=y(x),\quad |x-x_0|\leqslant h\quad (h\text{ 为足够小的正数})$$

满足初值条件

$$y(x_0)=y_0,\quad y'(x_0)=y_0'. \tag{3.18}$$

3.1.2 近似计算和误差估计

解的存在唯一性定理不仅肯定了解的存在唯一性，并且在证明中所采用的逐步逼近法也是求方程近似解的一种方法，在估计式(3.14)中令 $\psi(x)=\varphi(x)$，得到第 n 次近似解 $\varphi_n(x)$ 和方程的精确解 $\varphi(x)$ 在区间 $|x-x_0|\leqslant h$ 上的误差估计式

$$|\varphi_n(x)-\varphi(x)|\leqslant\frac{ML^n}{(n+1)!}h^{n+1}. \tag{3.19}$$

当进行近似计算时，可以根据误差的要求，选取适当的逐步逼近函数 $\varphi_n(x)$，求出满足条件的近似解.

例 3.1 方程$\frac{dy}{dx}=x^2+y^2$定义在矩形域$R:-1\leqslant x\leqslant 1,-1\leqslant y\leqslant 1$上，试利用解的存在唯一性定理确定经过点(0,0)的解的存在区间，并求在此区间上与精确解的误差不超过0.05的近似解的表达式.

解 这里$M=\max\limits_{(x,y)\in R}|f(x,y)|=2$，$h=\min\left(a,\frac{b}{M}\right)=\min\left(1,\frac{1}{2}\right)=\frac{1}{2}$. 在$R$上函数$f(x,y)=x^2+y^2$，因为

$$\left|\frac{\partial f}{\partial y}\right|=|2y|\leqslant 2,$$

故取利普希茨常数$L=2$. 根据式(3.19)，有

$$|\varphi_n(x)-\varphi(x)|\leqslant\frac{ML^n}{(n+1)!}h^{n+1}=\frac{M}{L}\frac{1}{(n+1)!}(Lh)^{n+1}=\frac{1}{(n+1)!}<0.05,$$

因为当$n=3$时，$\frac{1}{(n+1)!}=\frac{1}{4!}=\frac{1}{24}<\frac{1}{20}=0.05$，因此只需求出第三次近似解. 做如下计算：

$$\varphi_0(x)=0,$$

$$\varphi_1(x)=\int_0^x[\xi^2+\varphi_0{}^2(\xi)]d\xi=\frac{x^3}{3},$$

$$\varphi_2(x)=\int_0^x[\xi^2+\varphi_1{}^2(\xi)]d\xi=\frac{x^3}{3}+\frac{x^7}{63},$$

$$\begin{aligned}\varphi_3(x)&=\int_0^x[\xi^2+\varphi_2{}^2(\xi)]d\xi\\&=\int_0^x\left(\xi^2+\frac{\xi^6}{9}+\frac{2\xi^{10}}{189}+\frac{\xi^{14}}{3969}\right)d\xi\\&=\frac{x^3}{3}+\frac{x^7}{63}+\frac{2x^{11}}{2079}+\frac{x^{15}}{59535},\end{aligned}$$

$\varphi_3(x)$就是所求的近似解. 在区间$-\frac{1}{2}\leqslant x\leqslant\frac{1}{2}$上，这个解与真正解的误差不会超过0.05.

习　题　3.1

1. 试判断方程$\frac{dy}{dx}=x\tan y$在区域

(1)$R_1:-1\leqslant x\leqslant 1,0\leqslant y\leqslant\pi$;

(2)$R_2:-1\leqslant x\leqslant 1,-\frac{\pi}{4}\leqslant y\leqslant\frac{\pi}{4}$

上是否满足定理3.1的条件.

2. 判断下列方程在什么样是区域上保证初值解存在且唯一?

(1)$\frac{dy}{dx}=x^2+e^y$;　　(2) $\frac{dy}{dx}=x\sin y$;

(3) $\frac{dy}{dx}=x^{-\frac{1}{3}}$;　　(4) $\frac{dy}{dx}=\frac{3}{2}y^{\frac{1}{3}}$.

3. 求方程 $\frac{dy}{dx}=x+y^2$ 通过点(0,0)的第三次近似解.

4. 求方程 $\frac{dy}{dx}=x-y^2$ 通过点(1,0)的第二次近似解.

5. 求初值问题

$$\begin{cases}\dfrac{dy}{dx}=x^2-y^2, & R:|x+1|\leqslant 1,|y|\leqslant 1,\\ y(-1)=0\end{cases}$$

的解的存在区间，并求第二次近似解，给出在解的存在区间上的误差估计.

6. 叙述并用逐步逼近法证明关于一阶线性微分方程的解的存在唯一性定理.

7. 证明格朗沃尔(Gronwall)不等式：

设 K 为非负常数，$f(x)$和 $g(x)$为在区间 $\alpha\leqslant x\leqslant\beta$ 上的连续非负函数，且满足不等式

$$f(x)\leqslant K+\int_\alpha^t f(s)g(s)\mathrm{d}s$$

则有

$$f(x)\leqslant K\exp\left(\int_\alpha^x g(s)\mathrm{d}s\right)$$

并由此证明命题 3.5.

8. 假设函数 $f(x,y)$于(x_0,y_0)的邻域内是 y 的不增函数，试证方程(3.1)满足条件 $y(x_0)=y_0$ 的解于 $x\geqslant x_0$ 一侧最多只有一个.

9. 证明：如果函数 $f(x,y)$于带域 $\alpha\leqslant x\leqslant\beta$ 上连续且关于 y 满足利普希茨条件，则方程(3.1)满足条件 $y(x_0)=y_0$ 的解于整个区间$[\alpha,\beta]$上存在且唯一.

(提示：用逐步逼近法，取 $M=\max\limits_{x\in[\alpha,\beta]}|f(x,y_0)|$.)

§ 3.2 解的延拓

上节的解的存在唯一性定理是局部性的，它只确定了解至少在区间 $|x-x_0|\leqslant h, h=\min\left(a,\frac{b}{M}\right)$ 上存在. 但是可能会出现这样的情况，即随着 $f(x,y)$定义的闭矩形区域的增大，由定理 3.2 得到的解的存在区间反而缩小. 例如，在例 3.1 中，当定义区域为 $R:-2\leqslant x\leqslant 2,-2\leqslant y\leqslant 2$ 时，可以得到 $M=8$，$h=\min\left(2,\frac{2}{8}\right)=\frac{1}{4}$，解的存在区间缩小为 $-\frac{1}{4}\leqslant x\leqslant\frac{1}{4}$. 这种局部性在很多情况下往往不能满足需要，自然要问能否将一个在小区间上有定义的解延拓到比较大的区间上呢？若能延拓，解的存在区间能延拓到什么程度呢？这就是本节要讨论的主要问题.

3.2.1 解的延拓定理

定义 3.1 设 $y=\varphi(x)$是方程(3.1)定义在区间 I_1 上的一个解，如果方程(3.1)还有一个定义在区间 I_2 上的另一解 $y=\psi(x)$，且满足

(1) $I_1 \subset I_2$, $I_1 \neq I_2$;

(2) 当 $x \in I_1$ 时, $\varphi(x) \equiv \psi(x)$,

则称 $y=\varphi(x), x \in I_1$ 是可延拓的,并称 $y=\psi(x)$ 是 $y=\varphi(x)$ 在 I_2 上的**延拓**. 否则如果不存在满足上述条件的解 $y=\psi(x)$,则称 $y=\varphi(x), x \in I_1$ 是方程(3.1)的不可延拓解或**饱和解**,此时把不可延拓解的区间 I_1 称为一个**饱和区间**.

定义 3.2　设方程(3.1)的右端函数 $f(x,y)$ 在某一区域 G 内连续，且对于区域 G 内的每一点，有以其为中心的完全含于 G 内的闭矩形 R 存在，在 R 上 $f(x,y)$ 关于 y 满足利普希茨条件，对于不同的点，域 R 的大小和常数 L 可能不同，则称 $f(x,y)$ 关于 y 满足局部利普希茨条件.

下面假设方程(3.1)右端函数 $f(x,y)$ 在某一区域 G 内连续，且关于 y 满足局部的利普希茨条件. 于是在区域 G 内总可以取一个以点 $P(x_0,y_0)$ 为中心的矩形区域 R，使得在 R 上定理 3.1 的条件满足，于是方程(3.1)的解 $y=\varphi(x)$ 在 $|x-x_0| \leqslant h$ 上存在唯一. 令 $x_1 = x_0+h$， $y_1=\varphi(x_0+h)$，然后以 $Q_1(x_1,y_1)$ 为中心做一小的矩形，使它连同其边界都含在区域 G 的内部，再运用定理 3.1 知存在 $h_1>0$，使得在 $|x-x_1| \leqslant h_1$ 上，方程(3.1)有过 (x_1,y_1) 的解 $y=\psi(x)$，且在 $x=x_1$ 处有 $\psi(x_1)=\varphi(x_1)$. 由于唯一性，显然在解 $y=\psi(x)$ 和解 $y=\varphi(x)$ 都有定义的区间 $[x_1-h_1, x_1]$ 上有 $\psi(x)=\varphi(x)$. 但是在区间 $[x_1, x_1+h_1]$ 上，解 $y=\psi(x)$ 仍有定义，我们把它看成是原来定义在 $|x-x_0| \leqslant h$ 上的解 $y=\varphi(x)$ 向右方的延拓，这样，就在区间 $[x_0+h, x_0+h+h_1]$ 上确定方程的一个解

$$y=\begin{cases}\varphi(x), & x_0-h \leqslant x \leqslant x_0+h, \\ \psi(x), & x_0+h \leqslant x \leqslant x_0+h+h_1,\end{cases}$$

即将解延拓到较大的区间 $x_0-h \leqslant x \leqslant x_0+h+h_1$ 上. 再令 $x_2=x_1+h_1, y_2=\psi(x_1+h_1)$，如果 $(x_2,y_2) \in G$，又可以取 (x_2,y_2) 为中心做一小矩形，使它连同其边界都含在区域 G 内，可以将解延拓到更大的区间 $x_0-h \leqslant x \leqslant x_2+h_2=x_0+h+h_1+h_2$ 上，其中 h_2 是某一个正常数. 对于 x 值减小的一边可以同样讨论，使解向左方延拓. 用几何的语言来说，上述解的延拓，就是在原来的积分曲线段 $y=\varphi(x)$ 左右两端各接上一个积分曲线段(图 3.2). 上述解的延拓的办法还可继续进行，最后将得到一个解 $y=\tilde{\varphi}(x)$，它不能再向左右两方继续延拓. 这样就得到方程(3.1)的饱和解. 任一饱和解 $y=\tilde{\varphi}(x)$ 的最大存在区间必定是一个开区间 (α,β). 因为如果这个区间的右端是闭的，那么 β 便是有限数，且点 $(\beta,\tilde{\varphi}(\beta)) \in G$. 这样一来，解 $y=\tilde{\varphi}(x)$ 就还能继续向右方延拓，从而它是非饱和的. 对左端点 α 可同样讨论. 因此，自然要问，究竟解 $y=\varphi(x)$ 向两边延拓的最终情况如何呢？为回答这个问题引进如下解的延拓定理.

定理 3.3(解的延拓定理)　如果方程(3.1)右端的函数 $f(x,y)$ 在有界区域 G 内连续，且在 G 内关于 y 满足局部的利普希茨条件，那么方程(3.1)通过 G 内任何一点 (x_0,y_0) 的解 $y=\varphi(x)$ 可以延拓，直到点 $(x,\varphi(x))$ 任意接近区域 G 的边界. 以向 x 增大的一方的延拓来说，如果 $y=\varphi(x)$ 只能延拓到区间 $x_0 \leqslant x < d$ 上，则当 $x \to d$ 时, $(x,\varphi(x))$ 趋于区域 G 的边界.

推论 3.1　如果 G 是无界区域，在上面解的延拓定理的条件下，方程(3.1)通过点 (x_0,y_0) 的解 $y=\varphi(x)$ 可以延拓，以向 x 增大的一方的延拓来说，有下面的两种情况：

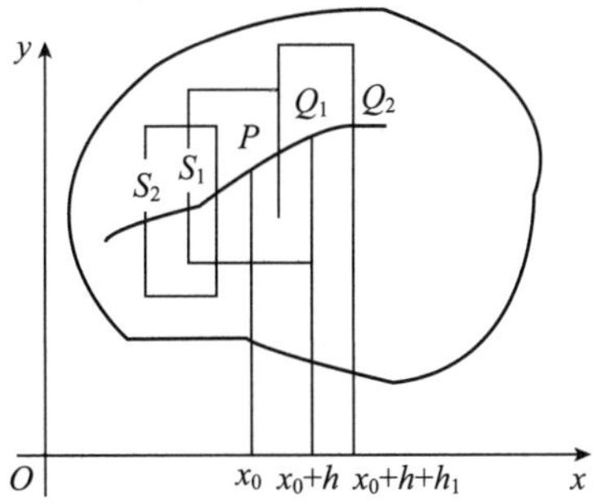

图 3.2

(1) 解 $y=\varphi(x)$ 可以延拓到区间 $[x_0,+\infty)$；

(2) 解 $y=\varphi(x)$ 只可以延拓到区间 $[x_0,d)$，其中 d 为有限数，则当 $x\to d$ 时，$y=\varphi(x)$ 无界或者点 $(x,\varphi(x))$ 趋于区域 G 的边界.

例 3.2 讨论方程 $\dfrac{dy}{dx}=\dfrac{y^2-1}{2}$ 的分别通过点 $(0,0)$，$(\ln2,-3)$ 的解的存在区间.

解 此方程右端函数在整个 Oxy 平面上满足解的存在唯一性定理及解的延拓定理的条件. 容易解出此方程的通解为 $y=\dfrac{1+ce^x}{1-ce^x}$. 故通过点 $(0,0)$ 的解为 $y=\dfrac{1-e^x}{1+e^x}$，这个解的存在区间为 $(-\infty,+\infty)$.

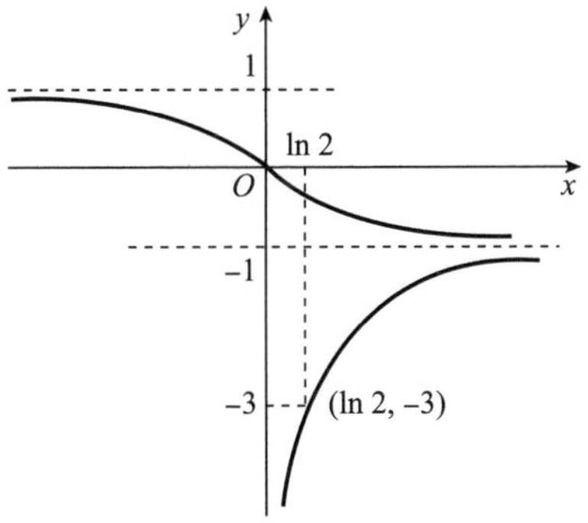

图 3.3

通过点 $(\ln2,-3)$ 的解为 $y=\dfrac{1+e^x}{1-e^x}$，向右方可以延拓到 $+\infty$，但对于 x 减少的一方来说，向左方只能延拓到 0，因为当 $x\to0^+$ 时，$y\to-\infty$. 这相当于推论 3.1(2) 中的第一种情况. 故过点 (ln2， 3) 的解的存在区间为 (0， ∞).

过 $(0,0)$，$(\ln2,-3)$ 的解的积分曲线见图 3.3.

这个例子说明，尽管方程 (3.1) 的右端函数 $f(x,y)$ 在整个 Oxy 平面上满足解的延拓定理 3.2 的条件，但方程的解的定义区间却不能延拓到整个数轴上.

例 3.3 讨论方程 $\dfrac{dy}{dx}=1+\ln x$ 满足初值条件 $y(1)=0$ 的解的存在区间.

解 方程等号右边在右半平面 $x>0$ 上有定义且满足解的延拓定理的条件. 这里区域 G

(右半平面)是无界开域，y 轴是它的边界. 容易求得初值问题的解为 $y=x\ln x$，它在区间 $(0,+\infty)$ 上有定义、连续且当 $x\to 0$ 时 $y\to 0$，即所求问题的解向右方可以延拓到 $+\infty$，但向左方只能延拓到 0，且当 $x\to 0$ 时积分曲线上的点 (x,y) 趋向于区域 G 的边界上的点，这对应于推论 3.1 中(2)的第二种情况.

最后我们指出，应用推论的结果不难证明：如果函数 $f(x,y)$ 于整个 Oxy 平面上有定义、连续和有界，同时存在关于 y 的一阶连续偏导数，则方程(3.1)的任一解均可以延拓到区间 $(-\infty,+\infty)$ 上.

例 3.4 考虑方程

$$\frac{\mathrm{d}y}{\mathrm{d}x}=(y^2-a^2)f(x,y).$$

假设 $f(x,y)$ 及 $f'(x,y)$ 在 xOy 平面上连续，证明：对于任意 x_0 及 $|y_0|<a$，方程满足 $y(x_0)=y_0$ 的解都在 $(-\infty,+\infty)$ 内存在.

证明 根据题设，方程右端函数在整个 xOy 平面上满足解的存在唯一性定理 3.1 和解的延拓定理 3.2 的条件. 又 $y=\pm a$ 为方程在 $(-\infty,+\infty)$ 内的解，由延拓定理可知，满足 $y(x_0)=y_0$(x_0 任意，$|y_0|<a$)的解 $y=y(x)$ 上的点应当无限远离原点，但是，由解的唯一性，$y=y(x)$ 又不能穿过直线 $y=\pm a$，故只能向两侧延拓，而无限远离原点，从而这解应在 $(-\infty,+\infty)$ 内存在(图 3.4).

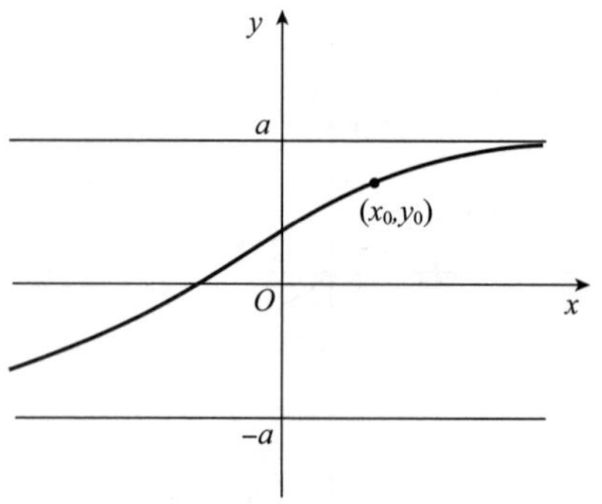

图 3.4

3.2.2 比较定理

在解决许多实际问题时，经常将解的延拓定理和比较定理配合使用. 下面就来介绍比较定理.

考虑方程(3.1)：

$$\frac{\mathrm{d}y}{\mathrm{d}x}=f(x,y)$$

和方程(3.1)′：

$$\frac{\mathrm{d}y}{\mathrm{d}x}=F(x,y).$$

有如下的定理：

定理 3.4(第一比较定理) 设定义在某个区域 G 上的函数 $f(x,y)$ 和 $F(x,y)$ 满足条件：

(1) 在 G 上满足存在唯一性定理条件；

(2) 在 G 上有不等式

$$f(x,y)<F(x,y),$$

又设方程(3.1)和方程(3.1)′满足相同初值条件 $y(x_0)=y_0$ 的初值解分别为 $y=\varphi(x)$ 和 $y=\psi(x)$，则在它们的共同存在区间上有下列不等式：

$$\text{当 } x>x_0 \text{ 时，}\quad \varphi(x)<\psi(x);$$
$$\text{当 } x<x_0 \text{ 时，}\quad \varphi(x)>\psi(x).$$

证明 由条件(1)，根据解的存在唯一性定理，方程(3.1)和(3.1)′的满足初值条件 $y(x_0)=y_0$ 的解在 x_0 的某一邻域内存在且唯一，它们都满足 $\varphi(x_0)=\psi(x_0)=y_0$.

构造辅助函数 $z(x)=\psi(x)-\varphi(x)$，因为

$$z(x_0)=\psi(x_0)-\varphi(x_0)=0,$$
$$z'(x_0)=\psi'(x_0)-\varphi'(x_0)=F(x_0,\psi(x_0))-f(x_0,\varphi(x_0))>0,$$

所以函数 $z(x)$ 在 x_0 的某一右邻域内是严格增加的，故在 x_0 的这一右邻域内为正. 如果不等式 $z(x)>0$ 不是对所有的 $x>x_0$ 成立，则至少存在一点 $x_1>x_0$，使得 $z(x_1)=0$，且当 $x_0<x<x_1$ 时，$z(x)>0$. 因此在点 x_1 处应有

$$z'(x_1)=\psi'(x_1)-\varphi'(x_1)=F(x_1,\psi(x_1))-f(x_1,\varphi(x_1))\leqslant 0. \tag{3.20}$$

但这是不可能的，因为 $z(x_1)=\psi(x_1)-\varphi(x_1)=0$，所以由条件(2)有

$$F(x_1,\psi(x_1))-f(x_1,\varphi(x_1))>0,$$

与式(3.20)矛盾. 因此当 $x>x_0$ 时恒有 $z(x)>0$(只要 $z(x)$ 存在)，即 $\varphi(x)<\psi(x)$. 当 $x<x_0$ 时，同理可证 $\varphi(x)>\psi(x)$. 证毕.

下面不加证明地给出第二比较定理.

定理 3.5(第二比较定理) 设定义在某个区域 G 上的函数 $f(x,y)$ 和 $F(x,y)$ 满足条件：

(1) 在 G 上满足存在唯一性定理条件；

(2) 在 G 上有不等式

$$f(x,y)\leqslant F(x,y).$$

设方程(3.1)和方程(3.1)′满足相同初值条件 $y(x_0)=y_0$ 的初值解分别为 $y=\varphi(x)$ 和 $y=\psi(x)$，则在它们的共同存在区间上有下列不等式：

$$\text{当 } x>x_0 \text{ 时，}\quad \varphi(x)\leqslant\psi(x),$$
$$\text{当 } x<x_0 \text{ 时，}\quad \varphi(x)\geqslant\psi(x).$$

习　题　3.2

1. 证明：对任意的 x_0 及满足条件 $0<y_0<1$ 的 y_0，方程

$$\frac{\mathrm{d}y}{\mathrm{d}x}=\frac{y(y-1)}{1+x^2+y^2}$$

满足条件 $y(x_0)=y_0$ 的解 $y=y(x)$ 在 $(-\infty,+\infty)$ 内存在.

2. 指出方程

$$\frac{dy}{dx}=(1-y^2)e^{xy^2}$$

的每个解的最大存在区间，以及当 x 趋于这个区间的右端点时解的性状.

3. 设 $f(x,y)$ 在整个平面上连续有界，对 y 有连续偏导数，证明:方程

$$\frac{dy}{dx}=f(x,y)$$

的任一解 $y=\varphi(x)$ 在区间 $(-\infty,+\infty)$ 内有定义.

4. 讨论方程

$$\frac{dy}{dx}=y^2$$

分别通过点 $(0,1)$，$(1,-3)$ 的解以及解的存在区间.

5. 在方程

$$\frac{dy}{dx}=f(y)$$

中，如果 $f(y)$ 在 $(-\infty,+\infty)$ 内连续可微，且

$$yf(y)<0,\quad y\neq 0.$$

证明:方程满足 $y(x_0)=y_0$ 的解 $y(x)$ 在区间 $[x_0,+\infty)$ 上存在，且有 $\lim\limits_{x\to+\infty}y(x)=0$.

6. 设 $f(x)$，$\varphi'(y)$ 在 $(-\infty,+\infty)$ 内连续且 $\varphi(\pm1)=0$，则对任意的 x_0 和 $|y_0|\leqslant 1$，方程 $\frac{dy}{dx}=f(x)\varphi(y)$ 满足 $y(x_0)=y_0$ 的解 $y(x)$ 的存在区间为 $(-\infty,+\infty)$.

§3.3 解对初值的连续性和可微性定理

前两节的研究中，我们都是把初值 (x_0,y_0) 看成固定的数值，然后再去研究微分方程(3.1)经过点 (x_0,y_0) 的解.这个解是自变量 x 的函数.易于看出，当初值 x_0 和 y_0 变动时，对应的解也要跟着变动.所以，方程(3.1)的解也应该是初值 (x_0,y_0) 的函数.例如，方程

$$\frac{dy}{dx}=y$$

过点 (x_0,y_0) 的解为 $y=y_0e^{x-x_0}$，它显然是所有变量 x 以及 x_0 和 y_0 的函数.对于一般情形，为了表示微分方程(3.1)过点 (x_0,y_0) 的解是所有变量 x 以及 x_0 和 y_0 的函数，采用记号

$$y=\varphi(x,x_0,y_0).$$

按记号的定义，应有 $\varphi(x_0,x_0,y_0)=y_0$.

现在提出一个在理论和应用中很重要的问题：当初值发生变化时，对应的解是怎样变化的？很多自然现象的研究都可以归结为求某些微分方程满足其初值条件的解.但是这些初值是要通过实验来测定的，因此所得到的数据总会有些误差，如果所测定的初始值的微小误差引起相应解产生巨大的变化，那么在有些问题上所求的初值问题的解在实际应用上就不会有多大的价值.所以，实际应用中经常要求，在所研究的现象的某个有限过程中，当

初值 x_0, y_0 变化不大时，相应的解变化不大. 下面给出其数学上的确切定义.

定义 3.3 设初值问题

$$\begin{cases}\dfrac{\mathrm{d}y}{\mathrm{d}x}=f(x,y),\\ y(x_0^*)=y_0^*\end{cases} \tag{3.21}$$

的解 $y=\varphi(x,x_0^*,y_0^*)$ 在区间 $[a,b]$ 上存在，如果对任意 $\varepsilon>0$，存在 $\delta(\varepsilon,x_0^*,y_0^*)>0$，使得对于满足 $|x_0-x_0^*|<\delta, |y_0-y_0^*|<\delta$ 的一切 (x_0,y_0)，相应初值问题

$$\begin{cases}\dfrac{\mathrm{d}y}{\mathrm{d}x}=f(x,y),\\ y(x_0)=y_0\end{cases}$$

的解 $y=\varphi(x,x_0,y_0)$ 都在 $[a,b]$ 上存在，且有

$$|\varphi(x,x_0,y_0)-\varphi(x,x_0^*,y_0^*)|<\varepsilon,\quad x\in[a,b],$$

则称初值问题(3.21)的解 $y=\varphi(x,x_0,y_0)$ 在点 (x_0^*,y_0^*) 连续依赖于初值 x_0,y_0(图 3.5).

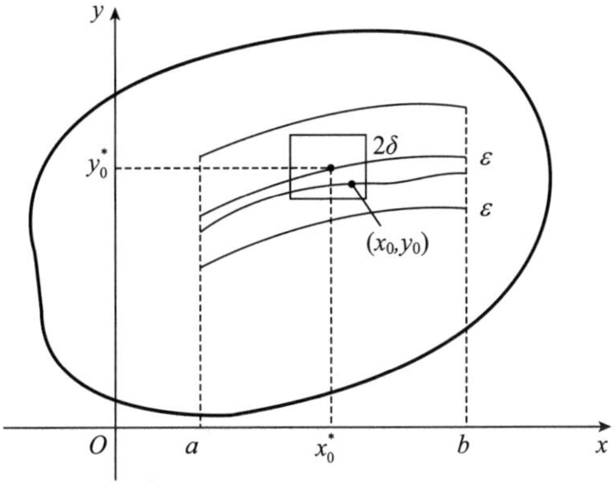

图 3.5

定理 3.6(解对初值连续依赖定理) 设 $f(x,y)$ 在 G 内连续，且关于变量 y 满足局部利普希茨条件，如果 $(x_0^*,y_0^*)\in G$，初值问题(3.21)有解 $y=\varphi(x,x_0^*,y_0^*)$，且当 $a\leqslant x\leqslant b$ 时，$(x,\varphi(x,x_0^*,y_0^*))\in G$，则对任意 $\varepsilon>0$，存在 $\delta>0$，使对于满足

$$|x_0-x_0^*|\leqslant\delta,\quad |y_0-y_0^*|\leqslant\delta$$

的任意 (x_0,y_0)，初值问题

$$\begin{cases}\dfrac{\mathrm{d}y}{\mathrm{d}x}=f(x,y),\\ y(x_0)=y_0\end{cases}$$

的解 $y=\varphi(x,x_0,y_0)$ 也在区间 $[a,b]$ 上有定义，且有

$$|\varphi(x,x_0,y_0)-\varphi(x,x_0^*,y_0^*)|<\varepsilon.$$

***证明** 对给定的 $\varepsilon>0$，选取 $0<\delta_1<\varepsilon$，使得闭区域

$$U=\{(x,y)\,\big|\,a\leqslant x\leqslant b,\ |y-\varphi(x,x_0^*,y_0^*)|\leqslant\delta_1\}$$

整个包含在区域 G 内，这是能够做到的，因为区域 G 是开的，且当 $a\leqslant x\leqslant b$ 时，$(x,\varphi(x,$

$x_0^*, y_0^*))\in G$，所以，只要 δ_1 选取足够小，以曲线 $y=\varphi(x,x_0^*,y_0^*)$ 为中线，宽为 $2\delta_1$ 的带开域 U 就整个包含在区域 G 内，如图 3.6 所示.

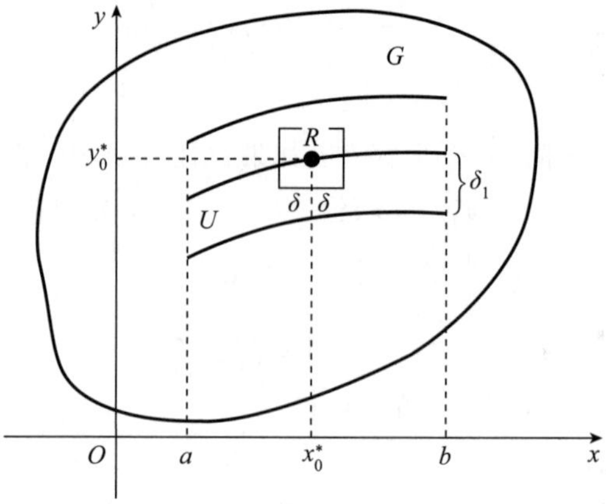

图　3.6

选取 δ 满足

$$0<\delta<\frac{\delta_1}{1+M}e^{-L(b-a)},$$

其中 L 为利普希茨常数，$M=\max\limits_{(x,y)\in U}|f(x,y)|$. 另外，还要保证闭正方形

$$R:\{(x,y)\,|\,|x-x_0^*|\leqslant\delta,|y-y_0^*|\leqslant\delta\}$$

含于带形区域 U 的内部.

由解的存在唯一性定理 3.1 可知，对于任一 $(x_0,y_0)\in R$，在 x_0 的某邻域内存在唯一解 $y=\varphi(x,x_0,y_0)$，且在 $\varphi(x,x_0,y_0)$ 上有定义的区间上，有

$$\varphi(x,x_0,y_0)=y_0+\int_{x_0}^{x}f(\tau,\varphi(\tau,x_0,y_0))d\tau.$$

另外，还有

$$\varphi(x,x_0^*,y_0^*)=y_0^*+\int_{x_0^*}^{x}f(\tau,\varphi(\tau,x_0^*,y_0^*))d\tau.$$

对上两式作差并估值，可得

$$\begin{aligned}
&|\varphi(x,x_0,y_0)-\varphi(x,x_0^*,y_0^*)|\\
&\quad\leqslant|y_0^*-y_0|+\left|\int_{x_0^*}^{x}f(\tau,\varphi(\tau,x_0^*,y_0^*))d\tau-\int_{x_0}^{x}f(\tau,\varphi(\tau,x_0,y_0))d\tau\right|\\
&\quad\leqslant|y_0^*-y_0|+\left|\int_{x_0^*}^{x}|f(\tau,\varphi(\tau,x_0^*,y_0^*))-f(\tau,\varphi(\tau,x_0,y_0))|d\tau\right|\\
&\qquad+\left|\int_{x_0^*}^{x}f(\tau,\varphi(\tau,x_0,y_0))d\tau\right|\\
&\quad\leqslant(1+M)\delta+L\left|\int_{x_0^*}^{x}|\varphi(\tau,x_0^*,y_0^*)-\varphi(\tau,x_0,y_0)|d\tau\right|,
\end{aligned}$$

由格朗沃尔不等式，有

$$
\begin{aligned}
|\varphi(\tau,x_0^*,y_0^*)-\varphi(\tau,x_0,y_0)| &\leqslant (1+M)\delta e^{L|x-x_0^*|} \\
&\leqslant (1+M)\delta e^{L(b-a)} \leqslant \delta_1 < \varepsilon.
\end{aligned} \tag{3.22}
$$

因此，只要在 $\varphi(x,x_0,y_0)$有定义的区间上，就有(3.22)式成立. 下面证 $\varphi(x,x_0,y_0)$在区间$[a,b]$上有定义，只证 $\varphi(x,x_0,y_0)$在区间$[x_0,b]$上有定义，对区间$[a,x_0]$可类似证明.

因为解 $y=\varphi(x,x_0,y_0)$不能越过曲线 $y=\varphi(x,x_0^*,y_0^*)+\varepsilon$ 及 $y=\varphi(x,x_0^*,y_0^*)-\varepsilon$，但是，由解的延拓定理 3.2，解 $y=\varphi(x,x_0,y_0)$可以延拓到无限接近区域 G 的边界. 于是，它在向右延拓时必须由 $x=b$ 穿出区域 U，从而 $y=\varphi(x,x_0,y_0)$必须在$[x_0,b]$上有定义. 证毕.

在理论研究和实际应用中，不但要求知道解对初值的连续依赖性，而且还需要知道解对初值的偏导数是否存在. 下面不加证明地给出一个有关的定理.

定理 3.7(解对初值的可微性定理) 若函数 $f(x,y)$以及$\dfrac{\partial f}{\partial y}$都在区域$G$ 内连续，则方程(3.1)的解 $y=\varphi(x,x_0,y_0)$作为 x,x_0,y_0 的函数在它的存在范围内是连续可微的，其解对初值 x_0,y_0 的微分公式为

$$
\frac{\partial \varphi}{\partial x_0}=-f(x_0,y_0)\exp\left(\int_{x_0}^{x}\frac{\partial f(x,\varphi)}{\partial y}dx\right), \tag{3.23}
$$

$$
\frac{\partial \varphi}{\partial y_0}=\exp\left(\int_{x_0}^{x}\frac{\partial f(x,\varphi)}{\partial y}dx\right). \tag{3.24}
$$

习 题 3.3

1. 假设函数 $f(x,y)$及$\dfrac{\partial f}{\partial y}$都在区域$G$ 内连续，又 $y=\varphi(x,x_0,y_0)$是方程(3.1)满足初值条件 $\varphi(x_0,x_0,y_0)=y_0$ 的解，试证$\dfrac{\partial \varphi}{\partial y_0}$存在且连续，并写出其表达式.

2. 假设函数 $P(x)$和 $Q(x)$于区间$[\alpha,\beta]$上连续，$y=\varphi(x,x_0,y_0)$是方程

$$
\frac{dy}{dx}=P(x)y+Q(x)
$$

的解，$y_0=\varphi(x_0,x_0,y_0)$. 试求$\dfrac{\partial \varphi}{\partial x_0}$，$\dfrac{\partial \varphi}{\partial y_0}$及$\dfrac{\partial \varphi}{\partial x}$，并从解的表达式出发，利用对参数求导数的方法，检验所得结果.

3. 给定方程

$$
\frac{dy}{dx}=\sin\left(\frac{y}{x}\right),
$$

试求$\dfrac{\partial y(x,x_0,y_0)}{\partial x_0}$，$\dfrac{\partial y(x,x_0,y_0)}{\partial y_0}$在 $x_0=1,y_0=0$ 时的表达式.

4. 设 $y=\varphi(x,x_0,y_0,\lambda)$是初值问题

$$
\frac{dy}{dx}=\sin(\lambda xy),\quad \varphi(x_0,x_0,y_0,\lambda)=y_0
$$

的饱和解，这里 λ 是参数，求 $\frac{\partial \varphi}{\partial x_0}, \frac{\partial \varphi}{\partial y_0}$ 在 $(x,0,0,1)$ 处的表达式.

§3.4　奇解与包络

本节讨论常微分方程的奇解以及奇解的求法.

3.4.1　奇解

某些微分方程，例如前面提到的方程 $\frac{\mathrm{d}y}{\mathrm{d}x}=2\sqrt{y}$，其通解为 $y=(x-c)^2$，它还有一解 $y=0$. 容易验证除了解 $y=0$ 外，其余解都满足解的唯一性，只有解 $y=0$ 所对应的积分曲线上的点的唯一性被破坏，它上面的每一点至少有方程的两条积分曲线通过，如图 3.7 所示.

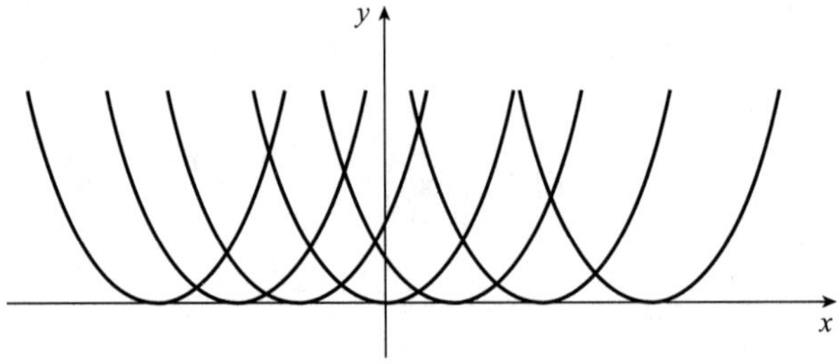

图　3.7

再比如第二章例 2.24,求得方程 $y=\left(\frac{\mathrm{d}y}{\mathrm{d}x}\right)^2-x\frac{\mathrm{d}y}{\mathrm{d}x}+\frac{x^2}{2}$ 的通解为

$$y=\frac{1}{2}x^2+cx+c^2,$$

此外方程还有解 $y=\frac{1}{4}x^2$，如图 3.8 所示，此解与通解中的每一条积分曲线均相切，解的唯一性被破坏.

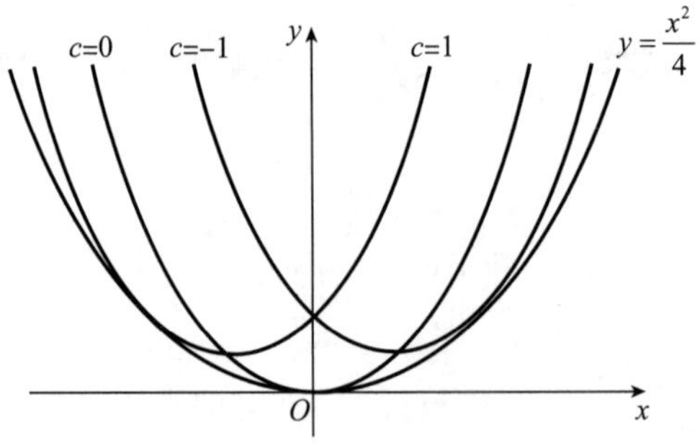

图　3.8

根据以上两个例子，我们引进奇解的定义.

定义 3.4 如果方程存在某一解，在它所对应的积分曲线上每一点处，解的唯一性都被破坏，则称此解为微分方程的**奇解**. 奇解对应的积分曲线称为**奇积分曲线**.

由此定义，可见 $y=0$ 是方程 $\frac{\mathrm{d}y}{\mathrm{d}x}=2\sqrt{y}$ 的奇解；$y=\frac{1}{4}x^2$ 是方程 $y=\left(\frac{\mathrm{d}y}{\mathrm{d}x}\right)^2-x\frac{\mathrm{d}y}{\mathrm{d}x}+\frac{x^2}{2}$ 的奇解.

奇解无论是在理论中还是在实际应用中都有着重要的意义，所以需要讨论奇解是否存在以及奇解的求法.

3.4.2 不存在奇解的判别法

假设方程 $\frac{\mathrm{d}y}{\mathrm{d}x}=f(x,y)$ 的右端函数 $f(x,y)$ 在区域 $G\subseteq\mathbf{R}^2$ 上有定义，如果 $f(x,y)$ 在 G 内连续且 $f_y'(x,y)$ 在 D 上有界(或连续)，那么方程的任一解都是唯一的，从而在 G 内一定不存在奇解.

如果唯一性定理条件不是在整个 $f(x,y)$ 有定义的区域 G 内成立，那么奇解只能存在于不满足解的存在唯一性定理条件的区域上. 若能进一步表明在这样的区域上不存在方程的解，那么我们也可以断定该方程无奇解.

例 3.5 判断下列方程是否存在奇解：

(1) $\frac{\mathrm{d}y}{\mathrm{d}x}=x^2+y^2$；　(2) $\frac{\mathrm{d}y}{\mathrm{d}x}=\sqrt{y-x}+2$.

解 (1) 令 $f(x,y)=x^2+y^2$，则 $f(x,y)$ 和 $f_y{}'=2y$ 均在全平面上连续，故方程在全平面上无奇解.

(2) 令 $f(x,y)=\sqrt{y-x}+2$，则 $f(x,y)$ 在区域 $y\geqslant x$ 有定义且连续，$f_y'=\frac{1}{2}\frac{1}{\sqrt{y-x}}$ 在 $y>x$ 上有定义且连续，故不满足解的存在唯一性定理条件的点集只有 $y=x$，即若方程有奇解必定是 $y=x$，然而 $y=x$ 不是方程的解，从而方程无奇解.

3.4.3 奇解的求法及包络

考虑隐式形式的微分方程

$$F(x,y,y')=0. \tag{3.25}$$

由注 3.5 可知，如果 $F(x,y,y')$ 关于 x,y,y' 连续可微，则只要 $\frac{\partial F(x,y,y')}{\partial y'}\neq 0$，就能保证解的唯一性. 因此，奇解如果存在，必须同时满足下列条件：

$$F(x,y,y')=0,\quad \frac{\partial F(x,y,y')}{\partial y'}=0.$$

于是有下面的结论：

方程(3.25)的奇解包含在由方程组

$$\begin{cases}F(x,y,p)=0,\\ F'_p(x,y,p)=0\end{cases} \tag{3.26}$$

消去 p 而得到的曲线中，这里 $F(x,y,p)$ 是 x,y,p 的连续可微函数. 此曲线称为方程(3.25)的 p-判别曲线. p-判别曲线是否是方程的奇解，还需要进一步判断.

例 3.6　求方程 $\left(\frac{\mathrm{d}y}{\mathrm{d}x}\right)^2+y^2-1=0$ 的奇解.

解　将方程组

$$\begin{cases}p^2+y^2-1=0,\\2p=0\end{cases}$$

消去 p 得到 p-判别曲线

$$y=\pm 1.$$

因为容易求得原方程的通解为

$$y=\sin(x+c),$$

其中 c 为任意常数,而 $y=\pm 1$ 是微分方程的解，此解与通解对应的积分曲线族中的每一条积分曲线相切，故 $y=\pm 1$ 是方程的奇解.

例 3.7　求方程 $y=2x\frac{\mathrm{d}y}{\mathrm{d}x}-\left(\frac{\mathrm{d}y}{\mathrm{d}x}\right)^2$ 的奇解.

解　将方程组

$$\begin{cases}y=2xp-p^2,\\2x-2p=0\end{cases}$$

消去 p 得到 p-判别曲线

$$y=x^2.$$

但 $y=x^2$ 不是方程的解，故此方程没有奇解.

现在给出曲线族的包络的定义.

定义 3.5　设给定单参数曲线族

$$\Phi(x,y,c)=0, \tag{3.27}$$

其中 c 是参数，$\Phi(x,y,c)$是 x,y,c 的连续可微函数. 如果存在连续可微曲线 L,其本身并不包含在曲线族(3.27)中，但过这曲线的每一点，有曲线族(3.27)中的一条曲线和它在此点相切,那么称这条曲线 L 为曲线族(3.27)的**包络**.

例如，单参数曲线族

$$(x-c)^2+y^2=R^2,$$

(这里 R 是常数，c 是参数)表示圆心为$(c,0)$而半径为 R 的一族圆. 此曲线族显然有包络

$$y=R \text{ 和 } y=-R,$$

如图 3.9 所示.

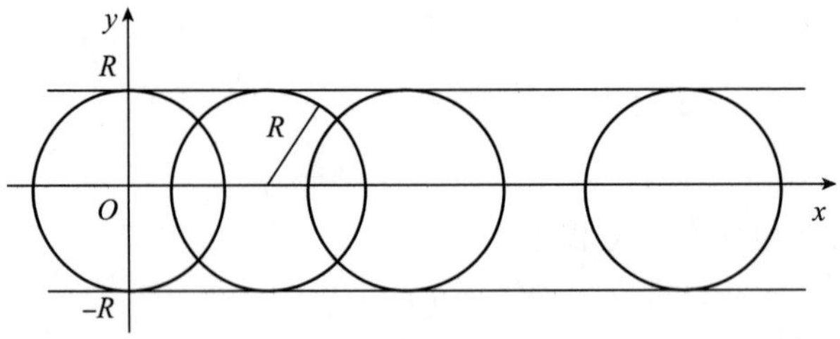

图　3.9

但是，一般的曲线族并不一定有包络，例如同心圆族、平行直线族都是没有包络的.

实际上，方程(3.1)的积分曲线族的包络就是方程(3.1)的奇积分曲线，因此，求方程(3.1)的奇解问题就转化为求方程(3.1)的积分曲线族的包络问题.下面不加证明地给出如下判定曲线族包络的定理.

定理 3.8 若 L 是曲线族(3.27)的包络，则它满足如下的 c-**判别曲线**：

$$\begin{cases}\Phi(x,y,c)=0,\\ \Phi'_c(x,y,c)=0.\end{cases} \tag{3.28}$$

反之，若从方程组(3.28)中解得连续可微曲线 Γ：$x=\varphi(c)$，$y=\psi(c)$且满足非退化条件：

$$\varphi'^2(c)+\psi'^2(c)\neq 0$$

和

$$\Phi'^2_x(\varphi(c),\psi(c),c)+\Phi'^2_y(\varphi(c),\psi(c),c)\neq 0,$$

则 Γ 是曲线族的包络.

例 3.8 求方程$\dfrac{\mathrm{d}y}{\mathrm{d}x}=3y^{\frac{2}{3}}$的奇解.

解 方程通解为 $y=(x+c)^3$，则 c-判别曲线为

$$\begin{cases}y=(x+c)^3,\\ 0=3(x+c)^2,\end{cases}$$

解得 $x=-c$，$y=0$. 由于 $\Phi'_y=1\neq 0$，$\varphi'(c)=-1\neq 0$，所以满足非退化条件，因此 $y=0$ 为原方程的奇解.

应该强调指出，上面介绍的两种方法，只是提供求奇解的途径，所得 p-判别曲线或 c-判别曲线是不是奇解，必须进行检验.

3.4.4 克莱罗微分方程

形如

$$y=xp+f(p) \tag{3.29}$$

的方程，称为**克莱罗(Clairaut)微分方程**，这里 $p=\dfrac{\mathrm{d}y}{\mathrm{d}x}$，$f(p)$是 p 的二次可微函数且 $f''\neq 0$.

这是第二章 2.5.1 小节已讨论过的方程类型，由于这类方程有一些特殊的性质，我们在此再做进一步地讨论.

将方程(3.29)两边同时对 x 求导数，并以$\dfrac{\mathrm{d}y}{\mathrm{d}x}=p$ 代入，即得

$$p=x\frac{\mathrm{d}p}{\mathrm{d}x}+p+f'(p)\frac{\mathrm{d}p}{\mathrm{d}x},$$

即

$$\frac{\mathrm{d}p}{\mathrm{d}x}(x+f'(p))=0.$$

如果$\dfrac{\mathrm{d}p}{\mathrm{d}x}=0$，则得到

$$p=c,$$

将它代入方程(3.29)，得到

$$y=cx+f(c), \tag{3.30}$$

其中 c 是任意常数，这就是方程(3.29)的通解.

进一步，可得方程(3.30)的 c-判别曲线

$$\begin{cases} x=-f'(c), \\ y=xc+f(c). \end{cases} \tag{3.31}$$

由于 $\Phi'_y=1\neq 0$，$\varphi'(c)=-f'(c)\neq 0$，故由方程组(3.31)所确定的曲线是克莱罗微分方程的奇解，即克莱罗方程总有奇解.

可以看出克莱罗微分方程的通解是一直线族，即在原方程中以 c 代 p 可得，而此直线族的包络就是方程的奇解.

例 3.9　求解方程 $y=xy'+\frac{1}{y'}$.

解　这是克莱罗微分方程，因而它的通解就是

$$y=cx+\frac{1}{c}.$$

从

$$\begin{cases} x-\dfrac{1}{c^2}=0, \\ y=cx+\dfrac{1}{c} \end{cases}$$

中消去 c，可得到奇解

$$y^2=4x.$$

这方程的通解是直线族，而奇解是通解的包络，如图 3.10 所示.

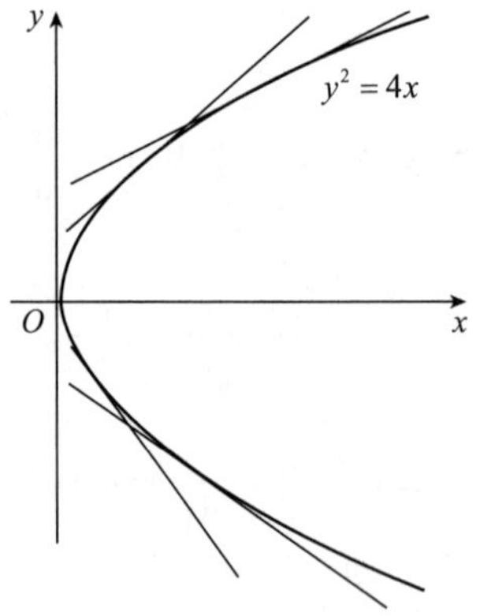

图　3.10

例 3.10　求一曲线，使在其上每一点的切线截坐标轴而成的直角三角形的面积都等于 2.

解　首先，由解析几何知识可知，凡满足 $|ab|=4$ 的直线

$$\frac{x}{a}+\frac{y}{b}=1$$

都是所求曲线.除此之外，是否还有其他曲线满足要求吗?

设(x,y)为所求曲线上的点，(X,Y)为其切线上的点，则过(x,y)的切线方程为 $Y-y=y'(X-x)$. 显然 $a=x-\frac{y}{y'}$，$b=y-xy'$，此处 a 与 b 分别为切线在 Ox 轴与 Oy 轴上的截距.

当 $ab>0$ 时，有$\left(x-\frac{y}{y'}\right)(y-xy')=4$ 或$(xy'-y)^2=-4y'$，解出 y，得到克莱罗方程

$$y=xy'\pm 2\sqrt{-y'},$$

其通解为 $y=cx\pm 2\sqrt{-c}$ $(c<0)$. 易于验证它们为前面所指出的直线族.

此外，方程还有奇解，由方程组

$$\begin{cases} y=cx\pm 2\sqrt{-c}, \\ x\mp\dfrac{1}{\sqrt{-c}}=0 \end{cases}$$

所确定. 解上述方程组得到

$$\begin{cases} x=\pm\dfrac{1}{\sqrt{-c}}, \\ y=\pm\sqrt{-c}. \end{cases}$$

消去 c，得到双曲线 $xy=1$，即所求的曲线.

当 $ab<0$ 时，可求得直线族

$$y=cx\pm 2\sqrt{c}\quad(c>0).$$

同时，还有由方程组

$$\begin{cases} y=cx\pm 2\sqrt{c}, \\ x\pm\dfrac{1}{\sqrt{c}}=0 \end{cases}$$

所确定的曲线，消去参数 c，得双曲线 $xy=-1$，它也是所求的曲线. 事实上，只有等腰双曲线 $xy=\pm 1$ 才是“真正的”所求的曲线.

习　题　3.4

1. 判断下列方程是否有奇解？如有奇解，求出奇解.

(1) $\frac{\mathrm{d}y}{\mathrm{d}x}=\sqrt{|y|}$；

(2) $\frac{\mathrm{d}y}{\mathrm{d}x}=\sqrt{y-x}$；

(3) $\frac{\mathrm{d}y}{\mathrm{d}x}=-x+\sqrt{x^2+2y}$；

2. 求解下列方程，如有奇解，求出奇解.

(1) $y=2x\frac{dy}{dx}+x^2\left(\frac{dy}{dx}\right)^4$； (2) $x=y-\left(\frac{dy}{dx}\right)^2$；

(3) $y=x\frac{dy}{dx}+\sqrt{1+\left(\frac{dy}{dx}\right)^2}$； (4) $\left(\frac{dy}{dx}\right)^2+2x\frac{dy}{dx}-y=0$；

(5) $y=x\left(1+\frac{dy}{dx}\right)+\left(\frac{dy}{dx}\right)^2$； (6) $\left(\frac{dy}{dx}\right)^2+(x+1)\frac{dy}{dx}-y=0$.

3. 求下列曲线族的包络，并绘出图形：

(1) $y=cx+c^2$；

(2) $(x-c)^2+y^2=4c$.

4. 求一曲线，使它上面的每一点的切线截割坐标轴使两截距之和等于常数 a.

5. 证明：就克莱罗微分方程来说，p-判别曲线和方程通解的 c-判别曲线同样是方程通解的包络，从而为方程的奇解.

本章学习要点

本章重点介绍和证明了解的存在唯一性定理.解的存在唯一性定理是微分方程理论中的基本定理，也是微分方程近似计算（包括数值计算）的前提和根据.学习本章时应注意以下几点：

1. 理解和掌握解的存在唯一性定理的条件、结论及证明思路，掌握逐步逼近法求方程的近似解和误差估计式，能运用误差估计式估计误差和确定解的存在区间.

2. 了解解的延拓定理以及延拓条件，会结合解的存在唯一性定理和延拓定理讨论某些方程解的最大存在区间.

3. 了解解对初值的连续性、可微性定理的条件和结论.

4. 理解奇解、包络的概念，掌握判断奇解是否存在以及利用 p-判别曲线和 c-判别曲线求奇解的方法.掌握克莱罗微分方程的通解，并会求克莱罗微分方程的奇解.

关于解的存在性与唯一性问题的研究有很多，除本章采用的皮卡（Picard）逐步逼近法之外，还有压缩映像原理法、欧拉（Euler）折线法（差分法）、绍德尔（Schauder）不动点方法等一些常见的基本方法.

很多在实用上有重大意义的微分方程，即使它们能满足更广泛的解的存在唯一性条件，但它们的解常常不能表达成初等函数的形式，对于这类微分方程的解的讨论，除了在第六章介绍的稳定性、定性方法之外，最常用的方法就是数值积分，即对微分方程进行数值解，这方面已形成了一门独立的学科，有兴趣的读者可参阅有关书籍.

本章自测题

1. 试利用解的存在唯一性定理求方程 $\frac{dy}{dx}=x+y^2$ 在区域 G：$|x|\leqslant 1$，$|y|\leqslant 1$ 通过 $(0,0)$ 点的解的存在区间，并求第三次近似解，给出解的存在区间的误差估计.

2. 讨论方程 $\frac{dy}{dx}=\frac{4}{3}y^{\frac{1}{4}}$ 在怎样的区域中满足解的存在唯一性定理的条件，并求通过

(0,0)的一切解.

3. 对于方程 $\frac{\mathrm{d}y}{\mathrm{d}x}=(y^2-a^2)\mathrm{e}^{x^2+y^2}$，对于任意 x_0 及 $|y_0|<a$，试求方程满足 $y(x_0)=y_0$ 的解的存在区间.

4. 求微分方程 $2y\left(\frac{\mathrm{d}y}{\mathrm{d}x}-1\right)-x\left(\frac{\mathrm{d}y}{\mathrm{d}x}\right)^2=0$ 的奇解.

5. 求微分方程 $y=x\frac{\mathrm{d}y}{\mathrm{d}x}+\left(\frac{\mathrm{d}y}{\mathrm{d}x}\right)^2$ 的奇解.

6. 求一曲线，使它上面的每一点的切线在坐标轴上的截距之和等于 1.

第四章 高阶微分方程

本章数字资源

本章主要介绍二阶及二阶以上的微分方程，即高阶微分方程的求解方法和理论.在微分方程的理论中，线性微分方程理论占有非常重要的地位，这不仅因为线性微分方程的一般理论已经被研究得非常清楚，而且它是研究非线性微分方程的基础.本章重点讲述线性微分方程的基本理论和常系数线性微分方程的解法，此外简单介绍高阶微分方程的降阶法和二阶线性微分方程的幂级数法.

§4.1 线性微分方程的一般理论

线性微分方程是常微分方程中一类很重要的方程，它的理论发展十分完善.本节将介绍它的基本理论.

4.1.1 线性微分方程的概念和解的存在唯一性定理

将未知函数 y 及其各阶导数$\frac{\mathrm{d}y}{\mathrm{d}x},\cdots,\frac{\mathrm{d}^n y}{\mathrm{d}x^n}$均为一次的 n 阶微分方程称为 n 阶线性微分方程，它的一般形式为

$$\frac{\mathrm{d}^n y}{\mathrm{d}x^n}+a_1(x)\frac{\mathrm{d}^{n-1}y}{\mathrm{d}x^{n-1}}+\cdots+a_{n-1}(x)\frac{\mathrm{d}y}{\mathrm{d}x}+a_n(x)y=f(x), \tag{4.1}$$

其中 $a_i(x)(i=1,2,\cdots,n)$及 $f(x)$都是区间 $a\leqslant x\leqslant b$ 上的连续函数.

如果 $f(x)\equiv 0$，则方程(4.1)变为

$$\frac{\mathrm{d}^n y}{\mathrm{d}x^n}+a_1(x)\frac{\mathrm{d}^{n-1}y}{\mathrm{d}x^{n-1}}+\cdots+a_{n-1}(x)\frac{\mathrm{d}y}{\mathrm{d}x}+a_n(x)y=0, \tag{4.2}$$

称方程(4.2)为 n 阶齐次线性微分方程，简称齐次线性微分方程，而称方程(4.1)为 n 阶非齐次线性微分方程，简称非齐次线性微分方程，并且通常把方程(4.2)称为对应于方程(4.1)的齐次线性微分方程.

同一阶微分方程一样，高阶微分方程也存在是否有解和解是否唯一的问题.因此，作为讨论的基础，首先给出方程(4.1)的解的存在唯一性定理，其证明将在下一章讲述线性方程组的相关定理时给出.

定理 4.1 如果 $a_i(x)(i=1,2,\cdots,n)$及 $f(x)$都是区间 $a\leqslant x\leqslant b$ 上的连续函数，则对于任意的 $x_0\in[a,b]$，$y_0,y_0^{(1)},\cdots,y_0^{(n-1)}$，方程(4.1)存在唯一解 $y=\varphi(x)$定义在区间 $a\leqslant x\leqslant b$ 上，且满足初值条件：

$$\varphi(x_0)=y_0,\quad \varphi'(x_0)=y_0^{(1)},\quad \cdots,\quad \varphi^{(n-1)}(x_0)=y_0^{(n-1)}. \tag{4.3}$$

从这个定理可以看出，初值条件唯一地确定了方程(4.1)的解，而且这个解在 $a_i(x)$ $(i=1,2,\cdots,n)$及 $f(x)$连续的整个区间 $a\leqslant x\leqslant b$ 上有定义.

为了以后书写方便，引入下列记号

$$L[y]\equiv\frac{\mathrm{d}^n y}{\mathrm{d}x^n}+a_1(x)\frac{\mathrm{d}^{n-1}y}{\mathrm{d}x^{n-1}}+\cdots+a_{n-1}(x)\frac{\mathrm{d}y}{\mathrm{d}x}+a_n(x)y, \tag{4.4}$$

并把 L 称为线性微分算子.以后，当把算子作用于函数 y 时，就是指对 y 施行如式(4.4)等号右端的运算.例如，取 $y(x)=\mathrm{e}^{\lambda x}$，则

$$L[\mathrm{e}^{\lambda x}]\equiv[\lambda^n+a_1(x)\lambda^{n-1}+a_2(x)\lambda^{n-2}+\cdots+a_{n-1}(x)\lambda+a_n(x)]\mathrm{e}^{\lambda x}.$$

根据 $L[y]$的意义，可以把非齐次线性微分方程(4.1)和齐次线性微分方程(4.2)分别写成

$$L[y]=f(x),\quad L[y]=0.$$

显然，根据“常数可以从微分号后提出来”以及“和的导数等于导数的和”，线性微分算子 L 具有下面两个性质.

性质 4.1 $L[cy]=cL[y]$，其中 c 是常数.

性质 4.2 $L[y_1+y_2]=L[y_1]+L[y_2]$.

4.1.2 齐次线性微分方程的解的性质与结构

首先讨论齐次线性微分方程(4.2)的一般理论，假设方程(4.2)的系数 $a_i(x)(i=1,2,\cdots,n)$在区间 $a\leqslant x\leqslant b$ 上连续.

定理 4.2(叠加原理) 如果 $y_1(x),y_2(x),\cdots,y_k(x)$是方程(4.2)的 k 个解，则它们的线性组合 $c_1y_1(x)+c_2y_2(x)+\cdots+c_ky_k(x)$也是方程(4.2)的解，这里 $c_1,c_2,\cdots,c_k$ 是任意常数.

例 4.1 验证 $\sin x,\cos x,\varphi(x)=c_1\sin x+c_2\cos x$ 是方程 $y''+y=0$ 的解.

解 分别将 $\sin x,\cos x,\varphi(x)$代入方程 $y''+y=0$，有

$$(\sin x)''+\sin x=0,$$

$$(\cos x)''+\cos x=0,$$

$$\varphi''(x)+\varphi(x)=c_1[(\sin x)''+\sin x]+c_2[(\cos x)''+\cos x]=0,$$

所以 $\sin x,\cos x,\varphi(x)$是方程 $y''+y=0$ 的解.

由定理 4.2 可知，当 $k=n$ 时，如果方程(4.2)有 n 个解 $y_1(x),y_2(x),\cdots,y_n(x)$，则

$$y=c_1y_1(x)+c_2y_2(x)+\cdots+c_ny_n(x) \tag{4.5}$$

也是方程(4.2)的解，它含有 n 个任意常数，但它不一定是方程(4.2)的通解. 当 $y_1(x),y_2(x),\cdots,y_n(x)$满足什么条件时，表达式(4.5)能够成为齐次线性微分方程(4.2)的通解？为了回答这个问题，首先介绍函数组在已知区间上线性相关与线性无关以及朗斯基(Wronski)行列式的概念.

定义 4.1 设 $y_1(x),y_2(x),\cdots,y_k(x)$是定义在区间 $a\leqslant x\leqslant b$ 上的函数，如果存在不全为零的常数 $c_1,c_2,\cdots,c_k$，使得恒等式

$$c_1y_1(x)+c_2y_2(x)+\cdots+c_ky_k(x)\equiv0$$

对于所有 $x\in[a,b]$都成立，则称这 k 个函数在区间 $a\leqslant x\leqslant b$ 上是线性相关的；否则，称这 k 个函数在区间 $a\leqslant x\leqslant b$ 上是线性无关的.

例 4.2 函数$\sin^2 x$ 和$\cos^2 x-1$ 在任何区间上都是线性相关的.

事实上，取 $c_1=c_2=1$,有 $c_1\sin^2 x+c_2(\cos^2 x-1)\equiv 0$，因此这两个函数在任何区间上都是线性相关的.

例 4.3 函数 $1,x,x^2,\cdots,x^n$ 在任何区间上都是线性无关的.

因为恒等式

$$c_0+c_1x+c_2x^2+\cdots+c_nx^n\equiv 0 \tag{4.6}$$

只有当所有的 $c_i=0(i=0,1,2,\cdots,n)$时才成立. 如果至少有一个 $c_i\neq 0$，则式(4.6)的左端是一个不高于 n 次的多项式，它最多有 n 个不同的根. 所以，它在任何所考虑的区间上不可能有多于 n 个零点，更不可能恒为零. 因此，函数 $1,x,x^2,\cdots,x^n$ 在任何区间上都是线性无关的.

注 4.1 在函数组 $y_1(x),y_2(x),\cdots,y_k(x)$中，如果有一个函数在$[a,b]$上为零，则它们在$[a,b]$上线性相关.

注 4.2 如果在$[a,b]$上，两个连续函数 $y_1(x),y_2(x)$之比 $\dfrac{y_1(x)}{y_2(x)}\left(或\dfrac{y_2(x)}{y_1(x)}\right)$有定义，则它们在$[a,b]$上线性无关等价于 $\dfrac{y_1(x)}{y_2(x)}\left(或\dfrac{y_2(x)}{y_1(x)}\right)$在$[a,b]$上不恒等于常数.

例 4.4 函数组 $y_1(x)=\mathrm{e}^x,y_2(x)=\mathrm{e}^{-x}$ 在任意区间上都是线性无关的.

因为这两个函数的比 $\dfrac{y_1(x)}{y_2(x)}=\dfrac{\mathrm{e}^x}{\mathrm{e}^{-x}}=\mathrm{e}^{2x}$ 在任意区间上不恒等于常数，因此，它们在任意区间上是线性无关的.

注 4.3 函数组的线性相关与线性无关依赖所取的区间. 例如，函数 $y_1(x)=|x|$和 $y_2(x)=x$ 在区间$(-\infty,+\infty)$上是线性无关的，但分别在$(-\infty,0)$和$(0,+\infty)$上是线性相关的,因为

$$\frac{y_1(x)}{y_2(x)}=\begin{cases}-1, & x<0,\\ 1, & x>0\end{cases}$$

在$(-\infty,+\infty)$上不恒等于常数，在$(-\infty,0)$和$(0,+\infty)$上是常数.

下面建立函数组线性相关和线性无关的判别准则，为此，先给出朗斯基行列式的概念.

定义 4.2 设函数 $y_1(x),y_2(x),\cdots,y_k(x)$在区间 $a\leqslant x\leqslant b$ 上均有 $k-1$ 阶导数，行列式

$$W(x)\equiv W[y_1(x),y_2(x),\cdots,y_k(x)]=\begin{vmatrix} y_1(x) & y_2(x) & \cdots & y_k(x)\\ y_1'(x) & y_2'(x) & \cdots & y_k'(x)\\ \vdots & \vdots & & \vdots\\ y_1^{(k-1)}(x) & y_2^{(k-1)}(x) & \cdots & y_k^{(k-1)}(x)\end{vmatrix}$$

称为这 k 个函数的**朗斯基行列式**.

定理 4.3 若函数 $y_1(x),y_2(x),\cdots,y_n(x)$在区间 $a\leqslant x\leqslant b$ 上线性相关，则它们在$[a,b]$上的朗斯基行列式 $W(x)\equiv 0$.

证明 由函数 $y_1(x),y_2(x),\cdots,y_n(x)$在区间 $a\leqslant x\leqslant b$ 上线性相关知，存在一组不全为零的常数 $c_1,c_2,\cdots,c_n$，使得

$$c_1y_1(x)+c_2y_2(x)+\cdots+c_ny_n(x)\equiv 0,\quad a\leqslant x\leqslant b. \tag{4.7}$$

将式(4.7)依次对 x 求导数，得到

$$\begin{cases}c_1y_1'(x)+c_2y_2'(x)+\cdots+c_ny_2'(x)\equiv 0,\\ c_1y_1'(x)+c_2y_2'(x)+\cdots+c_ny_2'(x)\equiv 0,\\ \cdots\cdots\cdots\cdots\\ c_1y_1^{(n-1)}(x)+c_2y_2^{(n-1)}(x)+\cdots+c_ny_n^{(n-1)}(x)\equiv 0.\end{cases}\tag{4.8}$$

把式(4.7)和方程组(4.8)看成以 $c_1,c_2,\cdots,c_n$ 为 n 个未知数的齐次线性方程组，它的系数行列式就是函数 $y_1(x),y_2(x),\cdots,y_n(x)$ 的朗斯基行列式 $W(x)$. 由线性代数的理论知道，如果此方程组存在非零解，则它的系数行列式必须为零，即 $W(x)\equiv 0(a\leqslant x\leqslant b)$.

注 4.4 定理 4.3 的逆定理不一定成立. 也就是存在这样的函数组，它们的朗斯基行列式恒为零，然而它们却是线性无关的.

例如，函数

$$y_1(x)=\begin{cases}x^2, & x<0,\\ 0, & x\geqslant 0\end{cases}\quad 和\quad y_2(x)=\begin{cases}0, & x<0,\\ x^2, & x\geqslant 0,\end{cases}$$

显然，对所有的 x，有 $W[y_1(x),y_2(x)]\equiv 0$，但它们在区间$(-\infty,+\infty)$上却是线性无关的. 因为，假设存在恒等式

$$c_1y_1(x)+c_2y_2(x)\equiv 0,\tag{4.9}$$

则当 $x<0$ 时，可推得 $c_1=0$；当 $x\geqslant 0$ 时，又可推得 $c_2=0$. 即如果式(4.9)对一切 x 成立当且仅当 $c_1=c_2=0$，故 $y_1(x),y_2(x)$是线性无关的.

由定理 4.3，可直接得出下面的推论.

推论 4.1 如果函数组 $y_1(x),y_2(x),\cdots,y_n(x)$的朗斯基行列式 $W(x)$在区间$[a,b]$上的某一点 x_0 处不等于零，即 $W(x_0)\neq 0$，则该函数组在$[a,b]$上线性无关.

实际上，这个推论是定理 4.3 的逆否命题.

但是，如果函数组 $y_1(x),y_2(x),\cdots,y_n(x)$是齐次线性微分方程(4.2)的 n 个解，那么这 n 个解的朗斯基行列式不等于零将成为该解组在$[a,b]$上线性无关的充要条件，这可由下面的定理推出.

定理 4.4 如果方程(4.2)的 n 个解 $y_1(x),y_2(x),\cdots,y_n(x)$在区间 $a\leqslant x\leqslant b$ 上线性无关，则它们的朗斯基行列式 $W(x)$在该区间上的任何点处不等于零.

证明 采用反证法. 设有某个 x_0，$a\leqslant x_0\leqslant b$，使得 $W(x_0)=0$. 考虑关于 $c_1,c_2,\cdots,c_n$ 的齐次线性方程组

$$\begin{cases}c_1y_1(x_0)+c_2y_2(x_0)+\cdots+c_ny_n(x_0)=0,\\ c_1y_1'(x_0)+c_2y_2'(x_0)+\cdots+c_ny_n'(x_0)=0,\\ \cdots\cdots\cdots\cdots\\ c_1y_1^{(n-1)}(x_0)+c_2y_2^{(n-1)}(x_0)+\cdots+c_ny_n^{(n-1)}(x_0)=0,\end{cases}\tag{4.10}$$

其系数行列式 $W(x_0)=0$，故方程组(4.10)有非零解 $\tilde{c}_1,\tilde{c}_2,\cdots,\tilde{c}_n$. 现以这组解构造函数

$$y(x)\equiv\tilde{c}_1y_1(x)+\tilde{c}_2y_2(x)+\cdots+\tilde{c}_ny_n(x),\quad a\leqslant x\leqslant b.$$

根据解的叠加原理，$y(x)$是方程(4.2)的解. 由方程组(4.10)知解 $y(x)$满足初值条件

$$y(x_0)=y'(x_0)=\cdots=y^{(n-1)}(x_0)=0,\tag{4.11}$$

但是 $y=0$ 显然也是方程(4.2)的满足初值条件(4.11)的解. 由解的唯一性，即知 $y(x)\equiv 0$ $(a\leqslant x\leqslant b)$，即

$$c_1y_1(x)+c_2y_2(x)+\cdots+c_ny_n(x)\equiv 0,\quad a\leqslant x\leqslant b.$$

因为 $c_1,c_2,\cdots,c_n$ 不全为 0，这就与 $y_1(x),y_2(x),\cdots,y_n(x)$ 线性无关的假设矛盾. 证毕.

由定理 4.4，可得下面的推论.

推论 4.2 设 $y_1(x),y_2(x),\cdots,y_n(x)$ 是方程(4.2)定义在 $[a,b]$ 上的 n 个解，如果存在 $x_0\in[a,b]$，使得它的朗斯基行列式 $W(x_0)\equiv 0$，则该解组在 $[a,b]$ 上线性相关.

实际上，这个推论是定理 4.4 的逆否命题.

由此可以得到如下定理：

定理 4.5 方程(4.2)的 n 个解 $y_1(x),y_2(x),\cdots,y_n(x)$ 在其定义区间 $[a,b]$ 上线性无关的充要条件是它们的朗斯基行列式 $W(x)$ 在区间 $a\leqslant x\leqslant b$ 上任一点处不等于零.

实际上，关于齐次线性微分方程(4.2)的解与它的系数之间有如下关系.

定理 4.6 设 $y_1(x),y_2(x),\cdots,y_n(x)$ 是方程(4.2)的任意 n 个解，$W(x)$ 是它的朗斯基行列式，则对 $[a,b]$ 上任一点 x_0，有

$$W(x)=W(x_0)\exp\left(-\int_{x_0}^{x}a_1(s)\mathrm{d}s\right),\quad x\in[a,b]. \tag{4.12}$$

式(4.12)称为刘维尔(Liouville)公式.

这个定理是习题 4.1 中第 6 题，请读者自行证明.

注 4.5 从刘维尔公式(4.12)可以看出，方程(4.2)的 n 个解构成的朗斯基行列式 $W(x)$，如果在 $[a,b]$ 内某一点处为零，则在整个 $[a,b]$ 上恒为零；如果在 $[a,b]$ 上某一点处不等于零，则在整个区 $[a,b]$ 上恒不为零.

根据解的存在唯一性定理 4.1，方程(4.2)满足如下 n 个初值条件：

$$\begin{cases} y_1(x_0)=1,y_1'(x_0)=0,\cdots,y_1^{(n-1)}(x_0)=0,\\ y_2(x_0)=0,y_2'(x_0)=1,\cdots,y_2^{(n-1)}(x_0)=0,\\ \cdots\cdots\cdots\cdots\\ y_n(x_0)=0,y_n'(x_0)=0,\cdots,y_n^{(n-1)}(x_0)=1\end{cases}$$

的解 $y_1(x),y_2(x),\cdots,y_n(x)$ 一定存在. 又因为

$$W(x_0)=W[y_1(x_0),y_2(x_0),\cdots,y_n(x_0)]=1\neq 0,$$

由推论 4.1 知，这 n 个解一定线性无关，由此可得下面的定理.

定理 4.7 n 阶齐次线性微分方程(4.2)一定存在 n 个线性无关的解.

齐次线性微分方程(4.2)的一组 n 个线性无关解称为方程(4.2)的一个**基本解组**. 显然，基本解组是不唯一的. 特别地，当 $W(x_0)=1$ 时，称其为标准基本解组.

定理 4.8(通解结构定理) 如果 $y_1(x),y_2(x),\cdots,y_n(x)$ 是方程(4.2)的一个基本解组，则方程(4.2)的通解可表为

$$y(x)=c_1y_1(x)+c_2y_2(x)+\cdots+c_ny_n(x), \tag{4.13}$$

其中 $c_1,c_2,\cdots,c_n$ 是任意常数，且方程(4.2)的任一解均可表示为 $y_i(x)(i=1,2,\cdots,n)$ 的线性组合.

证明 由解的叠加原理知(4.13)是方程(4.2)的解，它含有 n 个任意常数，又因为

$$\begin{vmatrix} \frac{\partial y}{\partial c_1} & \frac{\partial y}{\partial c_2} & \cdots & \frac{\partial y}{\partial c_n} \\ \frac{\partial y'}{\partial c_1} & \frac{\partial y'}{\partial c_2} & \cdots & \frac{\partial y'}{\partial c_n} \\ \vdots & \vdots & & \vdots \\ \frac{\partial y^{(n-1)}}{\partial c_1} & \frac{\partial y^{(n-1)}}{\partial c_2} & \cdots & \frac{\partial y^{(n-1)}}{\partial c_n} \end{vmatrix} \equiv W[y_1(x), y_2(x), \cdots, y_n(x)] \neq 0, \quad a \leqslant x \leqslant b,$$

因此，这 n 个常数 $c_1, c_2, \cdots, c_n$ 是独立的，这表明式(4.13)为方程(4.2)的通解.

接下来证明方程(4.2)的任一解均可表示为 $y_i(x)(i=1,2,\cdots,n)$ 的线性组合，即只需证明对方程(4.2)的任一解 $y(x)$，都存在一组常数 $c_1, c_2, \cdots, c_n$，使得 $y(x)=c_1y_1(x)+c_2y_2(x)+\cdots+c_ny_n(x)$.

令方程(4.2)的任一解 $y(x)$满足初值条件

$$y(x_0)=y_0, \quad y'(x_0)=y_0^{(1)}, \quad \cdots, \quad y^{(n-1)}(x_0)=y_0^{(n-1)}.$$

考虑线性方程组

$$\begin{cases} c_1y_1(x_0)+c_2y_2(x_0)+\cdots+c_ny_n(x_0)=y_0, \\ c_1y_1'(x_0)+c_2y_2'(x_0)+\cdots+c_ny_n'(x_0)=y_0^{(1)}, \\ \cdots\cdots\cdots\cdots \\ c_1y_1^{(n-1)}(x_0)+c_2y_2^{(n-1)}(x_0)+\cdots+c_ny_n^{(n-1)}(x_0)=y_0^{(n-1)}, \end{cases} \tag{4.14}$$

它的系数行列式就是 $W(x_0)$，由定理 4.5 知 $W(x_0)\neq 0$. 根据线性代数方程组的理论，我们可得方程组(4.14)的唯一解 $c_1, c_2, \cdots, c_n$. 现以这组常数 $c_1, c_2, \cdots, c_n$ 构造函数

$$\varphi(x)=c_1y_1(x)+c_2y_2(x)+\cdots+c_ny_n(x),$$

由解的叠加原理可知 $\varphi(x)$是方程(4.2)的解，且满足

$$\varphi(x_0)=y_0, \quad \varphi'(x_0)=y_0^{(1)}, \quad \cdots, \quad \varphi^{(n-1)}(x_0)=y_0^{(n-1)}.$$

由解的唯一性定理 4.1，得 $\varphi(x)=y(x)$，即

$$y(x)=c_1y_1(x)+c_2y_2(x)+\cdots+c_ny_n(x).$$

证毕.

推论 4.3 齐次线性微分方程(4.2)的线性无关解的个数不超过 n，也就是齐次线性微分方程(4.2)的所有解的集合是一个 n 维线性空间.

最后，给出刘维尔公式的一个应用. 对于二阶齐次线性微分方程

$$\frac{d^2y}{dx^2}+p(x)\frac{dy}{dx}+q(x)y=0, \tag{4.15}$$

如果已知它的一个非零解 y_1，则利用刘维尔公式(4.12)可以求出方程(4.15)与 y_1 线性无关的另一特解，从而可求出它的通解.

事实上，设 y_2 是已知二阶齐次线性微分方程(4.15)的不同于 y_1 的一个解，由刘维尔公式(4.12)可得

$$W(x)=\begin{vmatrix} y_1 & y_2 \\ y_1' & y_2' \end{vmatrix}=c\exp\left(-\int p(x)dx\right),$$

计算得

$$y_1y_2'-y_2y_1'=c\exp\left(-\int p(x)\mathrm{d}x\right).$$

为求出 y_2，用$\dfrac{1}{y_1^2}$乘上式两端，整理后得

$$\frac{\mathrm{d}}{\mathrm{d}x}\left(\frac{y_2}{y_1}\right)=\frac{c}{y_1^2}\exp\left(-\int p(x)\mathrm{d}x\right),$$

由此可得

$$\frac{y_2}{y_1}=\int\frac{c}{y_1^2}\exp\left(-\int p(x)\mathrm{d}x\right)\mathrm{d}x+\tilde{c},$$

取 $c=1$，$\tilde{c}=0$，则 $y_2=y_1\int\dfrac{1}{y_1^2}\exp\left(-\int p(x)\mathrm{d}x\right)\mathrm{d}x$ 就是方程(4.15)的另一个解. 又因为

$$W(x)=\begin{vmatrix} y_1 & y_2 \\ y_1' & y_2' \end{vmatrix}=\exp\left(-\int p(x)\mathrm{d}x\right)\neq 0,$$

所以 y_2 是与 y_1 线性无关的解. 从而二阶线性微分方程(4.15)的通解为

$$y=c_1y_1+c_2y_1\int\frac{1}{y_1^2}\exp\left(-\int p(x)\mathrm{d}x\right)\mathrm{d}x,\tag{4.16}$$

其中 c_1，c_2 为任意常数.

例 4.5 求方程

$$(1-x^2)\frac{\mathrm{d}^2y}{\mathrm{d}x^2}-2x\frac{\mathrm{d}y}{\mathrm{d}x}+2y=0$$

的通解.

解 容易看出，方程有解 $y_1=x$，且可以做如下等价变形：

$$\frac{\mathrm{d}^2y}{\mathrm{d}x^2}-\frac{2x}{1-x^2}\frac{\mathrm{d}y}{\mathrm{d}x}+\frac{2}{1-x^2}y=0,$$

所以 $p(x)=-\dfrac{2x}{1-x^2}$，由式(4.16)得所求方程通解为

$$\begin{aligned}
y&=y_1\left[c_1+c_2\int\frac{1}{y_1^2}\exp\left(\frac{2x}{1-x^2}\mathrm{d}x\right)\mathrm{d}x\right]\\
&=x\left[c_1+c_2\int\frac{1}{x^2(1-x^2)}\mathrm{d}x\right]\\
&=x\left[c_1+c_2\int\left(\frac{1}{x^2}+\frac{1}{2}\frac{1}{1-x}+\frac{1}{2}\frac{1}{1+x}\right)\mathrm{d}x\right]\\
&=c_1x+c_2x\left(-\frac{1}{x}+\frac{1}{2}\ln\frac{1+x}{1-x}\right)\\
&=c_1x+c_2\left(\frac{x}{2}\ln\frac{1+x}{1-x}-1\right),
\end{aligned}$$

其中 c_1,c_2 为任意常数.

4.1.3 非齐次线性微分方程的解结构和常数变易法

前面给出了齐次线性微分方程的通解结构，下面将以此为基础给出非齐次线性微分方

程(4.1)的通解结构.

首先，齐次线性微分方程(4.2)是非齐次线性微分方程(4.1)的特殊情形，两者之间解的性质和结构有着密切的联系，直接验证可得如下两个简单性质.

性质 4.3 如果 $\bar{y}(x)$是方程(4.1)的解，而 $y(x)$是方程(4.2)的解，则 $\bar{y}(x)+y(x)$也是方程(4.1)的解.

性质 4.4 方程(4.1)的任意两个解之差必为方程(4.2)的解.

其次，有如下非齐次线性微分方程的通解结构定理.

定理 4.9 设 $y_1(x),y_2(x),\cdots,y_n(x)$为方程(4.2)的一个基本解组，而 $\bar{y}(x)$是方程(4.1)的一个特解，则方程(4.1)的通解可表为

$$y(x)=c_1y_1(x)+c_2y_2(x)+\cdots+c_ny_n(x)+\bar{y}(x), \tag{4.17}$$

其中 $c_1,c_2,\cdots,c_n$ 为任意常数，而且这个通解(4.17)包括了方程(4.1)的所有解.

证明 根据性质 4.3 易知式(4.17)是方程(4.1)的解，它包含有 n 个任意常数，类似定理 4.8 的证明，可以验证这些常数是彼此独立的，因此，它是方程(4.1)的通解. 现设 $\tilde{y}(x)$是方程(4.1)的任一解，则由性质 4.4 知，$\tilde{y}(x)-\bar{y}(x)$是方程(4.2)的解，根据定理 4.8 知，必有一组确定的常数 $c_1,c_2,\cdots,c_n$，使得

$$\tilde{y}(x)-\bar{y}(x)=c_1y_1(x)+c_2y_2(x)+\cdots+c_ny_n(x),$$

即

$$\tilde{y}(x)=c_1y_1(x)+c_2y_2(x)+\cdots+c_ny_n(x)+\bar{y}(x).$$

因此，方程(4.1)的任一解 $\tilde{y}(x)$可以由式(4.17)表出，其中 $c_1,c_2,\cdots,c_n$ 为相应的确定常数. 由于 $\tilde{y}(x)$的任意性知通解(4.17)包括方程(4.1)的所有解. 定理得证.

定理 4.10(解的叠加原理) 设 $y_1(x)$与 $y_2(x)$分别是非齐次线性方程

$$\frac{d^ny}{dx^n}+a_1(x)\frac{d^{n-1}y}{dx^{n-1}}+\cdots+a_{n-1}(x)\frac{dy}{dx}+a_n(x)y=f_1(x),$$

和

$$\frac{d^ny}{dx^n}+a_1(x)\frac{d^{n-1}y}{dx^{n-1}}+\cdots+a_{n-1}(x)\frac{dy}{dx}+a_n(x)y=f_2(x)$$

的解，则 $y_1(x)+y_2(x)$是方程

$$\frac{d^ny}{dx^n}+a_1(x)\frac{d^{n-1}y}{dx^{n-1}}+\cdots+a_{n-1}(x)\frac{dy}{dx}+a_n(x)y=f_1(x)+f_2(x),$$

的解.

证明 由已知得 $L[y_1(x)]=f_1(x)$，$L[y_2(x)]=f_2(x)$. 因为

$$L[y_1(x)+y_2(x)]=L[y_1(x)]+L[y_2(x)]=f_1(x)+f_2(x),$$

所以 $y_1(x)+y_2(x)$是方程 $L[x]=f_1(x)+f_2(x)$的解.

由定理 4.9 可知，要解非齐次线性微分方程，只需知道它的一个解和对应的齐次线性微分方程的基本解组. 和一阶非齐次线性方程类似，n 阶非齐次线性微分方程的特解也可以根据对应的齐次线性微分方程的基本解组，并利用常数变易法来求得. 下面就介绍高阶非齐次线性微分方程的这种方法.

设 $y_1(x),y_2(x),\cdots,y_n(x)$是方程(4.2)的基本解组，因而

$$y(x)=c_1y_1(x)+c_2y_2(x)+\cdots+c_ny_n(x) \tag{4.18}$$

为方程(4.2)的通解.为求与方程(4.2)对应的非齐次线性微分方程(4.1)的一个特解，把式(4.18)中的任意常数 c_i 看作 x 的待定函数 $c_i(x)(i=1,2,\cdots,n)$，这时式(4.18)变为

$$y(x)=c_1(x)y_1(x)+c_2(x)y_2(x)+\cdots+c_n(x)y_n(x). \tag{4.19}$$

将式(4.19)代入方程(4.1)，就得到 $c_1(x),c_2(x),\cdots,c_n(x)$必须满足的一个方程，由于待定函数有 n 个，为了确定它们，必须再给出 $n-1$ 个限制条件，在理论上，这些另加的条件可以任意给出，但为了运算上的方便，将按下面的方法来给出这 $n-1$ 个条件.

将式(4.19)两边对 x 求导得

$$\begin{aligned}y'(x)=&c_1(x)y_1'(x)+c_2(x)y_2'(x)+\cdots+c_n(x)y_n'(x)\\&+c_1'(x)y_1(x)+c_2'(x)y_2(x)+\cdots+c_n'(x)y_n(x).\end{aligned}$$

令

$$c_1'(x)y_1(x)+c_2'(x)y_2(x)+\cdots+c_n'(x)y_n(x)=0, \tag{4.20$_1$}$$

得到

$$y'(x)=c_1(x)y_1'(x)+c_2(x)y_2'(x)+\cdots+c_n(x)y_n'(x). \tag{4.21$_1$}$$

将式$(4.21)_1$ 两边对 x 求导，并像上面的做法一样，令含有函数 $c_i'(x)$的部分等于零，又得到一个条件

$$c_1'(x)y_1'(x)+c_2'(x)y_2'(x)+\cdots+c_n'(x)y_n'(x)=0, \tag{4.20$_2$}$$

和表达式

$$y''(x)=c_1(x)y_1''(x)+c_2(x)y_2''(x)+\cdots+c_n(x)y_n''(x). \tag{4.21$_2$}$$

继续上面做法，直到得到第 $n-1$ 个条件

$$c_1'(x)y_1^{(n-2)}(x)+c_2'(x)y_{21}^{(n-2)}(x)+\cdots+c_n'(x)y_n^{(n-2)}(x)=0 \tag{4.20$_{n-1}$}$$

以及表达式

$$y^{(n-1)}(x)=c_1(x)y_1^{(n-1)}(x)+c_2(x)y_2^{(n-1)}(x)+\cdots+c_n(x)y_n^{(n-1)}(x). \tag{4.21$_{n-1}$}$$

最后，将式$(4.21)_{n-1}$ 两边对 x 求导得到

$$\begin{aligned}y^{(n)}(x)=&c_1(x)y_1^{(n)}(x)+c_2(x)y_2^{(n)}(x)+\cdots+c_n(x)y_n^{(n)}(x)\\&+c_1'(x)y_1^{(n-1)}(x)+c_2'(x)y_2^{(n-1)}(x)+\cdots+c_n'(x)y_n^{(n-1)}(x)\end{aligned} \tag{4.21$_n$}$$

现将式(4.19)，$(4.21)_1$，$(4.21)_2$，…，$(4.21)_n$ 代入方程(4.1)，并注意到 $y_1(x)$，$y_2(x),\cdots,y_n(x)$是方程(4.2)的解，得到

$$c_1'(x)y_1^{(n-1)}(x)+c_2'(x)y_2^{(n-1)}(x)+\cdots+c_n'(x)y_n^{(n-1)}(x)=f(x). \tag{4.20$_n$}$$

这样，得到了含 n 个未知函数$c_i'(x)(i=1,2,\cdots,n)$的 n 个方程$(4.20)_1$，$(4.20)_2$，…，$(4.20)_n$，它们组成如下线性代数方程组，

$$\begin{cases}c_1'(x)y_1(x)+c_2'(x)y_2(x)+\cdots+c_n'(x)y_n(x)=0,\\c_1'(x)y_1'(x)+c_2'(x)y_2'(x)+\cdots+c_n'(x)y_n'(x)=0,\\\cdots\cdots\cdots\cdots\\c_1'(x)y_1^{(n-2)}(x)+c_2'(x)y_{21}^{(n-2)}(x)+\cdots+c_n'(x)y_n^{(n-2)}(x)=0,\\c_1'(x)y_1^{(n-1)}(x)+c_2'(x)y_2^{(n-1)}(x)+\cdots+c_n'(x)y_n^{(n-1)}(x)=f(x),\end{cases} \tag{4.22}$$

其系数行列式为 $W[y_1(x),y_2(x),\cdots,y_n(x)]\neq0$,因而方程组的解可唯一确定.

设方程组(4.22)的解为 $c_i'(x)=\varphi_i(x)(i=1,2,\cdots,n)$，积分得

$$c_i(x)=\int\varphi_i(x)\mathrm{d}x+\gamma_i,$$

其中 γ_i 是任意常数. 将所得 $c_i(x)(i=1,2,\cdots,n)$ 的表达式代入式(4.19)，即得方程(4.1)的通解

$$y(x)=\sum_{i=1}^{n}\gamma_i y_i(x)+\sum_{i=1}^{n}y_i(x)\int\varphi_i(x)\mathrm{d}x.$$

为了得到方程(4.1)的一个特解，只需给常数 γ_i 以确定的值. 例如，当取 $\gamma_i=0$ 时，即得特解 $y(x)=\sum\limits_{i=1}^{n}y_i(x)\int\varphi_i(x)\mathrm{d}x$.

从这里可以看出，如果已知对应的齐次线性微分方程的基本解组，那么非齐次线性微分方程的特解可通过求积分得到. 因此，对于高阶非齐次线性微分方程来说，关键是求出对应齐次线性微分方程的基本解组.

例 4.6 求方程 $\dfrac{\mathrm{d}^2y}{\mathrm{d}x^2}+y=\dfrac{1}{\cos x}$ 的通解，已知它的对应齐次线性方程的基本解组为 $\cos x$，$\sin x$.

解 利用常数变易法，令非齐次方程的解为

$$y(x)=c_1(x)\cos x+c_2(x)\sin x,$$

则可得以 $c_1'(x)$ 和 $c_2'(x)$ 为未知函数的方程组：

$$\begin{cases}c_1'(x)\cos x+c_2'(x)\sin x=0,\\ -c_1'(x)\sin x+c_2'(x)\cos x=\dfrac{1}{\cos x},\end{cases}$$

解得

$$c_1'(x)=-\frac{\sin x}{\cos x},\quad c_2'(x)=1,$$

由此得

$$c_1(x)=\ln|\cos x|+\gamma_1,\ c_2(x)=x+\gamma_2.$$

于是原方程的通解为

$$y(x)=\gamma_1\cos x+\gamma_2\sin x+\cos x\ln|\cos x|+x\sin x,$$

其中 γ_1，γ_2 为任意常数.

例 4.7 求方程 $xy'-y'=x^2$ 于域 $x\neq0$ 上的所有解.

解 将所求方程改写为与其等价的方程

$$y''-\frac{1}{x}y'-x. \tag{4.23}$$

首先求其对应的齐次线性方程 $y''-\dfrac{1}{x}y'=0$ 的基本解组，将它改写为 $\dfrac{y''}{y'}=\dfrac{1}{x}$，积分即得 $y'=c_1x$. 所以 $y(x)=\dfrac{1}{2}c_1x^2+c_2$，其中 c_1，c_2 为任意常数. 易见其对应的齐次线性方程基本解组为 1，x^2，令 $y(x)=c_1(x)+c_2(x)x^2$ 为方程(4.23)的解，可得以 $c_1'(x)$ 和 $c_2'(x)$ 为未知函数的方程组

$$\begin{cases} c_1'(x)+c_2'(x)x^2=0, \\ c_2'(x)\cdot 2x=x, \end{cases}$$

解得

$$c_1'(x)=-\frac{1}{2}x^2,\quad c_2'(x)=\frac{1}{2},$$

积分得

$$c_1(x)=-\frac{1}{6}x^3+\gamma_1,\quad c_2(x)=\frac{1}{2}x+\gamma_2,$$

故所求方程的通解为

$$y(x)=\gamma_1+\gamma_2 x^2+\frac{1}{3}x^3,$$

其中 γ_1,γ_2 为任意常数.

习 题 4.1

1. 设 $y_1(x)$ 和 $y_2(x)$ 是区间 $[a,b]$ 上的连续函数，证明：如果在 $[a,b]$ 上有 $\frac{y_1(x)}{y_2(x)}\neq$ 常数或 $\frac{y_2(x)}{y_1(x)}\neq$ 常数，则 $y_1(x)$ 和 $y_2(x)$ 在区间 $[a,b]$ 上线性无关.（提示：用反证法.）

2. 讨论下列函数组在它们定义的区间上是线性相关的还是线性无关的：

(1) $\sin 2x,\sin x,\cos x$；

(2) $x,\tan x$；

(3) $x^2-x+3,2x^2+x,2x+4$；

(4) e^x,xe^x,x^2e^x.

3. 已知方程 $(x-1)y''-xy'+y=0$ 的一个解 $y_1=x$，试求其通解.

4. 已知方程 $(1-\ln x)y''+\frac{1}{x}y'-\frac{1}{x^2}y=0$ 的一个解 $y_1=\ln x$，试求其通解.

5. 已知齐次线性微分方程的基本解组 $y_1(x),y_2(x)$，求下列方程对应的非齐次线性微分方程的通解：

(1) $y''-y=\cos x$，$y_1(x)=e^x,y_2(x)=e^{-x}$；

(2) $y''+\frac{x}{1-x}y'-\frac{1}{1-x}y=x-1$，$y_1(x)=x,y_2(x)=e^x$；

(3) $y''+4x=x\sin 2x$，$y_1(x)=\cos 2x,y_2(x)=\sin 2x$.

6. 设 $y_1(x),y_2(x),\cdots,y_n(x)$ 是齐次线性微分方程(4.2)的任意 n 个解，它们所构成的朗斯基行列式记为 $W(x)$. 证明：$W(x)$ 满足一阶线性微分方程

$$W'(x)+a_1(x)W(x)=0,$$

因而有

$$W(x)=W(x_0)\exp\left(-\int_{x_0}^{x}a_1(x)\mathrm{d}x\right),\quad x_0,x\in[a,b].$$

7. 设在方程 $y''+p(x)y'+q(x)y=0$ 中，$p(x)$ 在某区间上连续且恒不为 0，试证它的

任意两个线性无关解的朗斯基行列式是区间 I 上的严格单调函数.

8. 在方程 $y''+p(x)y'+q(x)y=0$ 中，当系数满足什么条件时，其基本解组的朗斯基行列式等于常数.

9. 试证 n 阶非齐次线性微分方程(4.1)存在最多 $n+1$ 个线性无关解.

§ 4.2 常系数线性微分方程的解法

在上一节中，从理论上已经解决了 n 阶线性微分方程的通解结构，但是对如何求方程通解的方法还没有具体给出. 事实上，对于一般的线性微分方程，没有普遍的解法，但是对于常系数线性微分方程以及可化为这一类型的方程，可以说是彻底解决了. 本节介绍求解常系数齐次线性方程通解的方法，它是在线性微分方程基本理论的基础上，将其化为解一个相应的代数方程，而不必进行积分运算.

讨论常系数线性方程的解法时，需要涉及实变量的复值函数及复指数函数的问题.

4.2.1 复值函数与复值解

如果对于区间 $a\leqslant x\leqslant b$ 中的每一实数 x，有复数 $z(x)=\varphi(x)+\mathrm{i}\psi(x)$ 与它对应，其中 $\varphi(x)$ 和 $\psi(x)$ 是区间 $a\leqslant x\leqslant b$ 上定义的实函数，$\mathrm{i}=\sqrt{-1}$ 是虚数单位，则称 $z(x)=\varphi(x)+\mathrm{i}\psi(x)$ 为区间 $[a,b]$ 上的复值函数.

如果实函数 $\varphi(x)$，$\psi(x)$ 当 x 趋于 x_0 时有极限，则称复值函数 $z(x)$ 当 x 趋于 x_0 时有极限，并且定义

$$\lim_{x\to x_0} z(x)=\lim_{x\to x_0}\varphi(x)+\mathrm{i}\lim_{x\to x_0}\psi(x).$$

如果 $\lim\limits_{x\to x_0} z(x)=z(x_0)$，就称 $z(x)$ 在 x_0 连续. 如果 $\varphi(x)$，$\psi(x)$ 在 x_0 有导数(可微)，则称 $z(x)$ 在 x_0 有导数(可微)，并且 $z(x)$ 的导数定义为

$$\frac{\mathrm{d}z(x)}{\mathrm{d}x}=\frac{\mathrm{d}\varphi(x)}{\mathrm{d}x}+\mathrm{i}\,\frac{\mathrm{d}\psi(x)}{\mathrm{d}x}.$$

设 $z_1(x)$，$z_2(x)$ 是定义在 $a\leqslant x\leqslant b$ 上的可导函数，c 是复值常数，容易验证下列等式成立：

$$\frac{\mathrm{d}}{\mathrm{d}t}[z_1(x)+z_2(x)]=\frac{\mathrm{d}z_1(x)}{\mathrm{d}x}+\frac{\mathrm{d}z_2(x)}{\mathrm{d}x},$$

$$\frac{\mathrm{d}}{\mathrm{d}x}[cz_1(x)]=c\,\frac{\mathrm{d}z_1(x)}{\mathrm{d}x},$$

$$\frac{\mathrm{d}}{\mathrm{d}x}[z_1(x)\cdot z_2(x)]=\frac{\mathrm{d}z_1(x)}{\mathrm{d}x}\cdot z_2(x)+z_1(x)\cdot\frac{\mathrm{d}z_2(x)}{\mathrm{d}x}.$$

在讨论常系数线性方程时，函数 $\mathrm{e}^{\lambda x}$ 将起到重要的作用，其中 $\lambda=\alpha+\mathrm{i}\beta$ 是复值常数，现在给出它的定义.

注意到 $\mathrm{e}^{\lambda x}=\mathrm{e}^{(\alpha+\mathrm{i}\beta)x}=\mathrm{e}^{\alpha x}\cdot\mathrm{e}^{\mathrm{i}\beta x}$，所以只需给出 $\mathrm{e}^{\mathrm{i}\beta x}$ 的定义. 由于

$$\mathrm{e}^{x}=1+x+\frac{x^2}{2!}+\frac{x^3}{3!}+\cdots,$$

从而有

$$\begin{aligned} e^{i\beta x} &= 1+i\beta x+\frac{(i\beta x)^2}{2!}+\frac{(i\beta x)^3}{3!}+\cdots \\ &= 1+i\beta x-\frac{(\beta x)^2}{2!}-i\frac{(\beta x)^3}{3!}+\cdots \\ &= \left[1-\frac{(\beta x)^2}{2!}+\frac{(\beta x)^4}{4!}+\cdots\right]+i\left[\beta x-\frac{(\beta x)^3}{3!}+\frac{(\beta x)^5}{5!}+\cdots\right] \\ &= \cos\beta x+i\sin\beta x, \end{aligned}$$

即

$$e^{i\beta x}=\cos\beta x+i\sin\beta x. \tag{4.24}$$

类似可得

$$e^{-i\beta x}=\cos\beta x-i\sin\beta x. \tag{4.25}$$

由式(4.24)和(4.25)可得

$$\cos\beta x=\frac{1}{2}(e^{i\beta x}+e^{-i\beta x}), \tag{4.26}$$

$$\sin\beta x=\frac{1}{2i}(e^{i\beta x}-e^{-i\beta x}). \tag{4.27}$$

式(4.24)—(4.27)通称为欧拉公式.

利用欧拉公式，容易证明函数 $e^{\lambda x}$ 具有下面的重要性质：

(1) $e^{(\lambda_1+\lambda_2)x}=e^{\lambda_1 x}\cdot e^{\lambda_2 x}$，其中 $\lambda_i(i=1,2)$是复值常数；

(2) $\dfrac{de^{\lambda x}}{dx}=\lambda e^{\lambda x}$；

(3) $\dfrac{d^n(e^{\lambda x})}{dx^n}=\lambda^n e^{\lambda x}$.

下面给出线性微分方程复值解的定义.

定义 4.3 如果定义于区间$[a,b]$上的实变量复值函数 $y=z(x)$满足方程(4.1)，即

$$\frac{d^n z(x)}{dx^n}+a_1(x)\frac{d^{n-1}z(x)}{dx^{n-1}}+\cdots+a_{n-1}(x)\frac{dz(x)}{dx}+a_n(x)z(x)\equiv f(x)$$

对于 $a\leqslant x\leqslant b$ 恒成立，则称 $y=z(x)$为方程(4.1)的复值解.

对于线性微分方程的复值解，有下面的结论.

定理 4.11 如果方程(4.2)中所有系数 $a_i(x)(i=1,2,\cdots,n)$都是实值函数，而 $y=z(x)=\varphi(x)+i\psi(x)$是方程的复值解，则 $z(x)$的实部 $\varphi(x)$、虚部 $\psi(x)$和共轭复值函数 $\overline{z(x)}$也都是方程(4.2)的解.

证明 由已知条件和 $L[y]$的性质可得

$$L[\varphi(x)+i\psi(x)]=L[\varphi(x)]+iL[\psi(x)]=0,$$

所以，

$$L[\varphi(x)]=0,\quad L[\psi(x)]=0,$$

这表明 $\varphi(x)$和 $\psi(x)$都是方程(4.2)的解. 又因为

$$L[\overline{z(x)}]=L[\varphi(x)-i\psi(x)]=L[\varphi(x)]-iL[\psi(x)]=0,$$

因此，$\overline{z(x)}$也是方程(4.2)的解.证毕.

4.2.2 常系数齐次线性微分方程

本小节讨论系数是常数的齐次线性微分方程的求解问题.

考虑下面的方程

$$L[y]\equiv\frac{d^n y}{dx^n}+a_1\frac{d^{n-1}y}{dx^{n-1}}+\cdots+a_{n-1}\frac{dy}{dx}+a_n y=0, \tag{4.28}$$

其中 $a_1,a_2,\cdots,a_n$ 为常数，称方程(4.28)为 n 阶常系数齐次线性微分方程.

按照§4.1的一般理论，为了求方程(4.28)的通解，只需求出它的基本解组.下面介绍求方程(4.28)的基本解组的欧拉待定指数函数法,又称特征根法.

一阶常系数齐次线性微分方程$\frac{dy}{dx}+ay=0$ 有通解 $y=ce^{-ax}$.因此，对于方程(4.28)也尝试求指数函数形式的解.令

$$y=e^{\lambda x} \tag{4.29}$$

是方程(4.28)的解，其中 λ 是待定常数，可以是实的，也可以是复的.

将式(4.29)代入方程(4.28)得

$$\begin{aligned}L[e^{\lambda x}]&\equiv\frac{d^n e^{\lambda x}}{dx^n}+a_1\frac{d^{n-1}e^{\lambda x}}{dx^{n-1}}+\cdots+a_{n-1}\frac{de^{\lambda x}}{dx}+a_n e^{\lambda x}\\&=(\lambda^n+a_1\lambda^{n-1}+\cdots+a_{n-1}\lambda+a_n)e^{\lambda x}\triangleq F(\lambda)e^{\lambda x},\end{aligned}$$

其中 $F(\lambda)\equiv\lambda^n+a_1\lambda^{n-1}+\cdots+a_{n-1}\lambda+a_n$ 是λ 的n 次多项式.因此，式(4.29)为方程(4.28)的解的充要条件为 λ 是代数方程

$$F(\lambda)\equiv\lambda^n+a_1\lambda^{n-1}+\cdots+a_{n-1}\lambda+a_n=0 \tag{4.30}$$

的根.方程(4.30)起着预示方程(4.28)解的特性的作用，称它为方程(4.28)的特征方程，它的根就称为方程(4.28)的特征根.

这样方程(4.28)的求解问题，便归结为求代数方程(4.30)的特征根问题.下面根据特征根的不同情况分别进行讨论.

1. 特征根是单根的情形

设 $\lambda_1,\lambda_2,\cdots,\lambda_n$ 是特征方程(4.30)的 n 个彼此不相等的根，则相应的方程(4.28)有如下 n 个不同的解：

$$e^{\lambda_1 x},e^{\lambda_2 x},\cdots,e^{\lambda_n x}. \tag{4.31}$$

由于，这 n 个解构成的朗斯基行列式为

$$W(x)\equiv\begin{vmatrix}e^{\lambda_1 x}&e^{\lambda_2 x}&\cdots&e^{\lambda_n x}\\\lambda_1e^{\lambda_1 x}&\lambda_2e^{\lambda_2 x}&\cdots&\lambda_ne^{\lambda_n x}\\\vdots&\vdots&&\vdots\\\lambda_1^{n-1}e^{\lambda_1 x}&\lambda_2^{n-1}e^{\lambda_2 x}&\cdots&\lambda_n^{n-1}e^{\lambda_n x}\end{vmatrix}=e^{(\lambda_1+\lambda_2+\cdots+\lambda_n)x}\begin{vmatrix}1&1&\cdots&1\\\lambda_1&\lambda_2&\cdots&\lambda_n\\\vdots&\vdots&&\vdots\\\lambda_1^{n-1}&\lambda_2^{n-1}&\cdots&\lambda_n^{n-1}\end{vmatrix},$$

最后一个行列式是著名的范德蒙德(Vandermonde)行列式，它等于 $\prod\limits_{1\leqslant j<i\leqslant n}(\lambda_i-\lambda_j)$.由于假设 $\lambda_i\neq\lambda_j$(当 $i\neq j$)，故此行列式不等于零，从而 $W(x)\neq0$，于是解组(4.31)线性无关，从

而构成方程(4.28)的基本解组.

如果$\lambda_i(i=1,2,\cdots,n)$均为实数，则(4.31)是方程(4.28)的$n$个线性无关的实值解，方程(4.28)的通解可表示为

$$y=c_1\mathrm{e}^{\lambda_1 x}+c_2\mathrm{e}^{\lambda_2 x}+\cdots+c_n\mathrm{e}^{\lambda_n x},$$

其中$c_1,c_2,\cdots,c_n$为任意常数.

如果$\lambda_i(i=1,2,\cdots,n)$中有复根，则因方程的系数是实常数，复根将呈共轭出现. 假设$\lambda_1=\alpha+\mathrm{i}\beta$是一特征根，则$\lambda_2=\alpha-\mathrm{i}\beta$也是特征根，因而与这对共轭复根对应的方程(4.28)有两个复值解

$$\mathrm{e}^{(\alpha+\mathrm{i}\beta)x}=\mathrm{e}^{\alpha x}(\cos\beta x+\mathrm{i}\sin\beta x),$$
$$\mathrm{e}^{(\alpha-\mathrm{i}\beta)x}=\mathrm{e}^{\alpha x}(\cos\beta x-\mathrm{i}\sin\beta x).$$

根据定理4.11，它们的实部和虚部也是方程的解. 因此，对应特征方程的一对共轭复根$\lambda=\alpha\pm\mathrm{i}\beta$，可求得方程(4.28)的两个实值解为

$$\mathrm{e}^{\alpha x}\cos\beta x,\quad \mathrm{e}^{\alpha x}\sin\beta x.$$

例 4.8 求方程$\dfrac{\mathrm{d}^2y}{\mathrm{d}x^2}-5\dfrac{\mathrm{d}y}{\mathrm{d}x}+6y=0$的通解以及满足初值条件:当$x=0$时，$y=1$，$\dfrac{\mathrm{d}y}{\mathrm{d}x}=2$的特解.

解 特征方程为$\lambda^2-5\lambda+6=0$,特征根为$\lambda_1=2,\lambda_3=3$,故所求通解为

$$y=c_1\mathrm{e}^{2x}+c_2\mathrm{e}^{3x},$$

其中c_1,c_2为任意常数.

将初值条件代入方程组

$$\begin{cases}y(0)=c_1\mathrm{e}^{2x}+c_2\mathrm{e}^{3x}=1,\\ y'(0)=2c_1\mathrm{e}^{2x}+3c_2\mathrm{e}^{3x}=2,\end{cases}$$

得

$$\begin{cases}c_1+c_2=1,\\ 2c_1+3c_2=2,\end{cases}$$

由此解得$c_1=1,c_2=0$，因此所求满足初值条件的特解为$y=\mathrm{e}^{2x}$.

例 4.9 求方程$\dfrac{\mathrm{d}^4y}{\mathrm{d}x^4}-y=0$的通解.

解 特征方程$\lambda^4-1=0$的根为$\lambda_1=1$，$\lambda_2=-1$，$\lambda_3=\mathrm{i}$，$\lambda_4=-\mathrm{i}$，有两个实根和两个复根，均是单根，故方程的通解为

$$y=c_1\mathrm{e}^{x}+c_2\mathrm{e}^{-x}+c_3\cos x+c_4\sin x,$$

其中c_1,c_2,c_3,c_4是任意常数.

例 4.10 求方程$\dfrac{\mathrm{d}^3y}{\mathrm{d}x^3}+y=0$的通解.

解 特征方程为$\lambda^3+1=0$有根$\lambda_1=-1$，$\lambda_2=\dfrac{1}{2}+\mathrm{i}\dfrac{\sqrt{3}}{2}$,$\lambda_3=\dfrac{1}{2}-\mathrm{i}\dfrac{\sqrt{3}}{2}$，因此，通解为

$$y=c_1\mathrm{e}^{-x}+\mathrm{e}^{\frac{1}{2}x}\left(c_2\cos\frac{\sqrt{3}}{2}x+c_3\sin\frac{\sqrt{3}}{2}x\right),$$

其中 c_1,c_2,c_3 为任意常数.

2. 特征根有重根的情形

设特征方程有 k 重根 $\lambda=\lambda_1$，则有

$$F(\lambda_1)=F'(\lambda_1)=\cdots=F^{(k-1)}(\lambda_1)=0,\ F^{(k)}(\lambda_1)\neq 0.$$

下面分 $\lambda_1=0$ 和 $\lambda_1\neq 0$ 两种情况讨论：

(1) $\lambda_1=0$，则特征方程有因子 λ^k，于是

$$a_n=a_{n-1}=\cdots=a_{n-k+1}=0,$$

从而特征方程有如下形式

$$\lambda^n+a_1\lambda^{n-1}+\cdots+a_{n-k}\lambda^k=0,$$

而对应的方程(4.28)变为

$$\frac{\mathrm{d}^n y}{\mathrm{d}x^n}+a_1\frac{\mathrm{d}^{n-1} y}{\mathrm{d}x^{n-1}}+\cdots+a_{n-k}\frac{\mathrm{d}^k y}{\mathrm{d}x^k}=0,$$

易见它有 k 个解 $1,x,x^2,\cdots,x^{k-1}$，而且它们是线性无关的(见例 4.3). 这样一来，特征方程的 k 重零特征根就对应于方程(4.28)的 k 个线性无关解 $1,x,x^2,\cdots,x^{k-1}$.

(2) $\lambda_1\neq 0$，做变量变换 $y=z\mathrm{e}^{\lambda_1 x}$，注意到

$$y^{(m)}=(z\mathrm{e}^{\lambda_1 x})^{(m)}=\mathrm{e}^{\lambda_1 x}\left[z^{(m)}+m\lambda_1 z^{(m-1)}+\frac{m(m-1)}{2!}\lambda_1^2 z^{(m-2)}+\cdots+\lambda_1^m z\right],$$

可得

$$L[z\mathrm{e}^{\lambda_1 x}]=\left(\frac{\mathrm{d}^n z}{\mathrm{d}x^n}+b_1\frac{\mathrm{d}^{n-1} z}{\mathrm{d}x^{n-1}}+\cdots+b_n z\right)\mathrm{e}^{\lambda_1 x}\equiv L_1[z]\mathrm{e}^{\lambda_1 x}.$$

于是方程(4.28)化为

$$L_1[z]\equiv\frac{\mathrm{d}^n z}{\mathrm{d}x^n}+b_1\frac{\mathrm{d}^{n-1} z}{\mathrm{d}x^{n-1}}+\cdots+b_n z=0, \tag{4.32}$$

其中 $b_1,b_2,\cdots,b_n$ 仍为常数，而相应的特征方程为

$$G(\mu)\equiv\mu^n+b_1\mu^{n-1}+\cdots+b_{n-1}\mu+b_n=0. \tag{4.33}$$

直接计算易得

$$F(\mu+\lambda_1)\mathrm{e}^{(\mu+\lambda_1)x}=L[\mathrm{e}^{(\mu+\lambda_1)x}]=L_1[\mathrm{e}^{\mu x}]\mathrm{e}^{\lambda_1 x}=G(\mu)\mathrm{e}^{(\mu+\lambda_1)x},$$

因此

$$F(\mu+\lambda_1)=G(\mu),$$

从而有

$$\frac{\mathrm{d}^j F(\mu+\lambda_1)}{\mathrm{d}\mu^j}=\frac{\mathrm{d}^j G(\mu)}{\mathrm{d}\mu^j},\quad j=1,2,\cdots,k.$$

可见方程(4.30)的根 $\lambda=\lambda_1$ 对应于方程(4.33)的根 $\mu=\mu_1=0$，而且重数相同. 这样，问题就化为前面已经讨论过的情形. 方程(4.33)的 k_1 重根 $\mu_1=0$ 对应于方程(4.32)的 k_1 个线性无关解 $1,x,x^2,\cdots,x^{k_1-1}$. 因此，对应于特征方程(4.30)的 k_1 重特征根 λ_1，方程(4.28)有 k_1 个线性无关解：

$$\mathrm{e}^{\lambda_1 x},\quad x\mathrm{e}^{\lambda_1 x},\quad x^2\mathrm{e}^{\lambda_1 x},\quad \cdots,\quad x^{k_1-1}\mathrm{e}^{\lambda_1 x}. \tag{4.34}$$

同样，假设特征方程(4.30)的其他根 $\lambda_2,\lambda_3,\cdots,\lambda_m$ 的重数依次为 $k_2,k_3,\cdots,k_m$，$k_i\geqslant 1$(单根

λ_j 相当于 $k_j=1$)，而且 $k_1+k_2+\cdots+k_m=n$，$\lambda_i\neq\lambda_j$ (当 $i\neq j$)，则方程(4.28)有解

$$\begin{cases} e^{\lambda_2 x}, x e^{\lambda_2 x}, x^2 e^{\lambda_2 x}, \cdots, x^{k_2-1} e^{\lambda_2 x}, \\ \cdots\cdots\cdots\cdots \\ e^{\lambda_m x}, x e^{\lambda_m x}, x^2 e^{\lambda_m x}, \cdots, x^{k_m-1} e^{\lambda_m x}. \end{cases} \tag{4.35}$$

下面证明(4.34)和(4.35)构成方程(4.28)的基本解组，为此只需证明这些函数线性无关即可.

采用反证法.假设这些函数线性相关，则存在不全为零的常数 $C_j^{(r)}$，使得

$$\sum_{r=1}^{m}[C_0^{(r)}+C_1^{(r)}x+\cdots+C_{k_r-1}^{(r)}x^{k_r-1}]e^{\lambda_r x}\equiv\sum_{r=1}^{m}P_r(x)e^{\lambda_r x}\equiv 0. \tag{4.36}$$

不失一般性，假设多项式 $P_m(x)\neq 0$.将等式(4.36)两端同时除以 $e^{\lambda_1 x}$，然后对 x 求导数 k_1 次，得到

$$\sum_{r=2}^{m}Q_r(x)e^{(\lambda_r-\lambda_1)x}=0, \tag{4.37}$$

其中 $Q_r(x)=(\lambda_r-\lambda_1)^{k_1}P_r(x)+S_r(x)$，$S_r(x)$为次数低于 $P_r(x)$的次数的多项式.因此，$Q_r(x)$与 $P_r(x)$次数相同，且 $Q_m(x)\neq 0$.式(4.37)与(4.36)类似，但是项数减少了.如果对式(4.37)两端同时除以 $e^{(\lambda_2-\lambda_1)x}$，然后对 x 求导数 k_2 次，得到项数更少的类似于式(4.36)的恒等式.如此继续下去，得到等式

$$R_m(x)e^{(\lambda_m-\lambda_{m-1})x}=0, \tag{4.38}$$

其中

$$R_m(x)=(\lambda_m-\lambda_1)^{k_1}(\lambda_m-\lambda_2)^{k_2}\cdots(\lambda_m-\lambda_{m-1})^{k_m-1}P_m(x)+W_m(x), \tag{4.39}$$

$W_m(x)$为次数低于 $P_m(x)$的次数的多项式.由式(4.39)可知 $R_m(x)$与 $P_m(x)$有相同次数，且 $R_m(x)\neq 0$，这与式(4.38)矛盾.因此，式(4.34)和(4.35)构成的 n 个解线性无关，从而构成式(4.28)的一个基本解组.

对于特征方程有复重根的情况，例如，假设 $\lambda=\alpha+i\beta$ 是 k 重特征根，则 $\bar{\lambda}=\alpha-i\beta$ 也是 k 重特征根，如同单复根一样，利用欧拉公式我们将得到方程(4.28)的 $2k$ 个实值解：

$$e^{\alpha x}\cos\beta x, x e^{\alpha x}\cos\beta x, x^2 e^{\alpha x}\cos\beta x, \cdots, x^{k-1}e^{\alpha x}\cos\beta x,$$
$$e^{\alpha x}\sin\beta x, x e^{\alpha x}\sin\beta x, x^2 e^{\alpha x}\sin\beta x, \cdots, x^{k-1}e^{\alpha x}\sin\beta x.$$

例 4.11 求方程$\dfrac{d^3y}{dx^3}-3\dfrac{d^2y}{dx^2}+3\dfrac{dy}{dx}-y=0$ 的通解.

解 特征方程为$\lambda^3-3\lambda^2+3\lambda-1=0$，即$(\lambda-1)^3=0$，$\lambda=1$ 是三重特征根，因此方程的通解为

$$y=(c_1+c_2x+c_3x^2)e^x,$$

其中 c_1, c_2, c_3 为任意常数.

例 4.12 求方程$\dfrac{d^4y}{dx^4}+2\dfrac{d^2y}{dx^2}+y=0$ 的通解.

解 特征方程为$\lambda^4+2\lambda^2+1=0$，即$(\lambda^2+1)^2=0$，特征根 $\lambda=\pm i$ 是重根.因此，方程有四个实值解

$$\cos x, \ x\cos x, \ \sin x, \ x\sin x,$$

故所求通解为

$$y=(c_1+c_2x)\cos x+(c_3+c_4x)\sin x,$$

其中 c_1,c_2,c_3,c_4 为任意常数.

4.2.3 欧拉方程

欧拉方程是一类可化为常系数线性微分方程的变系数线性微分方程.

形如

$$x^n\frac{\mathrm{d}^ny}{\mathrm{d}x^n}+a_1x^{n-1}\frac{\mathrm{d}^{n-1}y}{\mathrm{d}x^{n-1}}+\cdots+a_{n-1}x\frac{\mathrm{d}y}{\mathrm{d}x}+a_ny=0 \tag{4.40}$$

的方程称为欧拉方程，其中 $a_1,a_2,\cdots,a_n$ 为常数. 此方程的特点是 y 的 k 阶导数的系数是 x 的 k 次方乘以常数. 通过自变量的变换，可以将方程(4.40)化为常系数线性微分方程.

令

$$x=\mathrm{e}^t,\ t=\ln x\quad (x>0),$$

则有

$$\frac{\mathrm{d}y}{\mathrm{d}x}=\frac{\mathrm{d}y}{\mathrm{d}t}\cdot\frac{\mathrm{d}t}{\mathrm{d}x}=\mathrm{e}^{-t}\frac{\mathrm{d}y}{\mathrm{d}t},$$

$$\begin{aligned}\frac{\mathrm{d}^2y}{\mathrm{d}x^2}&=\frac{\mathrm{d}}{\mathrm{d}x}\left(\frac{\mathrm{d}y}{\mathrm{d}x}\right)=\frac{\mathrm{d}}{\mathrm{d}t}\left(\frac{\mathrm{d}y}{\mathrm{d}x}\right)\cdot\frac{\mathrm{d}t}{\mathrm{d}x}\\&=\mathrm{e}^{-t}\frac{\mathrm{d}}{\mathrm{d}t}\left(\mathrm{e}^{-t}\frac{\mathrm{d}y}{\mathrm{d}t}\right)=\mathrm{e}^{-2t}\left(\frac{\mathrm{d}^2y}{\mathrm{d}t^2}-\frac{\mathrm{d}y}{\mathrm{d}t}\right).\end{aligned}$$

用数学归纳法可以证明：对一切自然数 k 均有关系式

$$\frac{\mathrm{d}^ky}{\mathrm{d}x^k}=\mathrm{e}^{-kt}\left(\frac{\mathrm{d}^ky}{\mathrm{d}t^k}+\beta_1\frac{\mathrm{d}^{k-1}y}{\mathrm{d}t^{k-1}}+\cdots+\beta_{k-1}\frac{\mathrm{d}y}{\mathrm{d}t}\right),$$

其中 $\beta_1,\beta_2,\cdots,\beta_{k-1}$ 都是常数. 于是

$$x^k\frac{\mathrm{d}^ky}{\mathrm{d}x^k}=\frac{\mathrm{d}^ky}{\mathrm{d}t^k}+\beta_1\frac{\mathrm{d}^{k-1}y}{\mathrm{d}t^{k-1}}+\cdots+\beta_{k-1}\frac{\mathrm{d}y}{\mathrm{d}t}.$$

将上述关系式代入方程(4.40)，就得到常系数齐次线性微分方程

$$\frac{\mathrm{d}^ny}{\mathrm{d}t^n}+b_1\frac{\mathrm{d}^{n-1}y}{\mathrm{d}t^{n-1}}+\cdots+b_{n-1}\frac{\mathrm{d}y}{\mathrm{d}t}+b_ny=0, \tag{4.41}$$

其中 $b_1,b_2,\cdots,b_n$ 是常数. 因而通过求解方程(4.41)，再代回原来的变量就可求得方程(4.40)的通解. 如果 $x<0$，令 $x=-\mathrm{e}^t$，可得相同的结果.

由上面推导过程可知，如果方程(4.41)有形如 $y=\mathrm{e}^{Kt}$ 的解，那么方程(4.40)就有形如 $y=x^K$ 的解，因此可以直接求欧拉方程的形如 $y=x^K$ 的解. 以 $y=x^K$ 代入方程(4.40)并约去因子 x^K，就得到确定 K 的代数方程

$$K(K-1)\cdots(K-n+1)+a_1K(K-1)\cdots(K-n+2)+\cdots+a_n=0, \tag{4.42}$$

方程(4.42)称为欧拉方程的特征方程. 如果方程(4.42)有 m 重实根 $K=K_0$，则对应方程(4.40)的 m 个线性无关解

$$x^{K_0},\ \ln|x|\cdot x^{K_0},\ \ln^2|x|\cdot x^{K_0},\ \cdots,\ \ln^{m-1}|x|\cdot x^{K_0}.$$

而方程(4.42)如果有 m 重复根 $K=\alpha+\mathrm{i}\beta$，则对应于方程(4.40)的 $2m$ 个实值解

$$x^{\alpha}\cos(\beta\ln|x|), x^{\alpha}\ln|x|\cos(\beta\ln|x|), \cdots, x^{\alpha}\ln^{m-1}|x|\cos(\beta\ln|x|),$$
$$x^{\alpha}\sin(\beta\ln|x|), x^{\alpha}\ln|x|\sin(\beta\ln|x|), \cdots, x^{\alpha}\ln^{m-1}|x|\sin(\beta\ln|x|).$$

例 4.13　求方程 $x^2\frac{\mathrm{d}^2y}{\mathrm{d}x^2}-x\frac{\mathrm{d}y}{\mathrm{d}x}+y=0$ 的通解.

解　设方程有形如 $y=x^K$ 的解，则方程的特征方程为 $K(K-1)-K+1=0$，即 $(K-1)^2=0$，$K=1$ 为重根. 因此，方程的通解为

$$y=(c_1+c_2\ln|x|)x,$$

其中 c_1, c_2 是任意常数.

例 4.14　求方程 $x^2\frac{\mathrm{d}^2y}{\mathrm{d}x^2}+3x\frac{\mathrm{d}y}{\mathrm{d}x}+5y=0$ 的通解.

解　设方程有形如 $y=x^K$ 的解，则方程的特征方程为 $K(K-1)+3K+5=0$，即 $K^2+2K+5=0$，因此，$K_1=-1+2\mathrm{i}$，$K_2=-1-2\mathrm{i}$，方程的通解为

$$y=\frac{1}{x}[c_1\cos(2\ln|x|)+c_2\sin(2\ln|x|)],$$

其中 c_1, c_2 是任意常数.

习　题　4.2

1. 求解下列常系数齐次线性微分方程：

(1) $\frac{\mathrm{d}^2y}{\mathrm{d}x^2}+9\frac{\mathrm{d}y}{\mathrm{d}x}+20y=0$；　(2) $\frac{\mathrm{d}^3y}{\mathrm{d}x^3}-y=0$；

(3) $\frac{\mathrm{d}^2y}{\mathrm{d}x^2}-2\frac{\mathrm{d}y}{\mathrm{d}x}+y=0$；　(4) $\frac{\mathrm{d}^5y}{\mathrm{d}x^5}-4\frac{\mathrm{d}^3y}{\mathrm{d}x^3}=0$；

(5) $\frac{\mathrm{d}^3y}{\mathrm{d}x^3}-\frac{\mathrm{d}^2y}{\mathrm{d}x^2}-\frac{\mathrm{d}y}{\mathrm{d}x}+y=0$；　(6) $\frac{\mathrm{d}^3y}{\mathrm{d}x^3}-3a\frac{\mathrm{d}^2y}{\mathrm{d}x^2}+3a^2\frac{\mathrm{d}y}{\mathrm{d}x}-a^3y=0$.

2. 求下面方程满足初值条件的解：

(1) $\frac{\mathrm{d}^2y}{\mathrm{d}x^2}-3\frac{\mathrm{d}y}{\mathrm{d}x}+2y=0$，$y(0)=2$，$y'(0)=-3$；

(2) $\frac{\mathrm{d}^2y}{\mathrm{d}x^2}+\frac{\mathrm{d}y}{\mathrm{d}x}=0$，$y(0)=2$，$y'(0)=5$；

(3) $\frac{\mathrm{d}^2y}{\mathrm{d}x^2}+4\frac{\mathrm{d}y}{\mathrm{d}x}+4y=0$，$y(2)=4$，$y'(2)=0$.

3. 求分别满足下列条件的方程的通解，并确定相应的方程：

(1) 已知某一三阶常系数齐次线性微分方程有特解 $5x\mathrm{e}^x$，e^{2x}；

(2) 已知某一三阶常系数齐次线性微分方程有特解 e^{-2x}，$\sin 3x$；

(3) 已知某一四阶常系数齐次线性微分方程只有特征根 0，$\pm\mathrm{i}$.

4. 求下列欧拉方程的解：

(1) $x^2\frac{\mathrm{d}^2y}{\mathrm{d}x^2}+x\frac{\mathrm{d}y}{\mathrm{d}x}-y=0$；　(2) $x^2\frac{\mathrm{d}^2y}{\mathrm{d}x^2}-4x\frac{\mathrm{d}y}{\mathrm{d}x}+6y=0$.

5. 设 $y(x)$ 在 $(-\infty,+\infty)$ 内具有连续的二阶导数，满足

$$3y(x)=1-\int_0^x[y''(x)+y'(x)+4y(x)]\mathrm{d}x,$$

且 $y'(0)=0$，求 $y(x)$.

6. 试讨论 λ 为何值时，方程 $y''+\lambda y=0$ 存在满足 $y(0)=y(1)=0$ 的非零解.

§4.3 常系数非齐次线性微分方程的待定系数法

本节研究常系数非齐次线性微分方程

$$L[y]\equiv\frac{\mathrm{d}^n y}{\mathrm{d}x^n}+a_1\frac{\mathrm{d}^{n-1}y}{\mathrm{d}x^{n-1}}+\cdots+a_{n-1}\frac{\mathrm{d}y}{\mathrm{d}x}+a_n y=f(x)\tag{4.43}$$

的求解问题，其中 $a_1,a_2,\cdots,a_n$ 是常数，而 $f(x)$为连续函数.

由非齐次线性微分方程的通解结构定理可知，要求非齐次线性微分方程的通解，只需求出非齐次线性微分方程的特解，§4.1 已经给出了求非齐次线性微分方程特解的常数变易法，但是，利用常数变易法求特解，过程比较烦琐，而且必须经过积分运算. 下面针对两种特殊形式的非齐次项 $f(x)$，给出一种简单的求解方法——**待定系数法**，它的特点是不需要通过积分而用代数方法即可求得非齐次线性微分方程的通解.

4.3.1 类型Ⅰ：非齐次项为多项式与指数函数之积的情形

对于 $f(x)=(p_0x^m+p_1x^{m-1}+\cdots+p_{m-1}x+p_m)\mathrm{e}^{\lambda x}$，其中 λ 和 $p_i(i=1,2,\cdots,n)$为实常数，则方程(4.43)有形如

$$\tilde{y}=x^k(B_0x^m+B_1x^{m-1}+\cdots+B_{m-1}x+B_m)\mathrm{e}^{\lambda x}\tag{4.44}$$

的特解，其中 k 为方程(4.43)对应的齐次方程的特征方程 $F(\lambda)=0$ 的根 λ 的重数. 当 λ 不是特征根时，取 $k=0$；当 λ 是单特征根时，相当于 $k=1$. $B_0,B_1,\cdots,B_m$ 是待定的常数，可以通过比较系数来确定.

* 下面对上述结论进行证明.

(1) 如果 $\lambda=0$，则

$$f(x)=p_0x^m+p_1x^{m-1}+\cdots+p_{m-1}x+p_m.\tag{4.45}$$

现在再分两种情形讨论：

情形 1 $\lambda=0$ 不是特征根. 此时，特征方程 $F(0)\neq0$，因而 $a_n\neq0$，取 $\tilde{y}=B_0x^m+B_1x^{m-1}+\cdots+B_{m-1}x+B_m$ 代入方程(4.44)，并比较 x 的同次幂的系数，得到常数 $B_0,B_1,\cdots,B_m$ 必须满足的方程组：

$$\begin{cases}B_0a_n=p_0,\\ B_1a_n+mB_0a_{n-1}=p_1,\\ B_2a_n+(m-1)B_1a_{n-1}+m(m-1)B_0a_{n-2}=p_2,\\ \cdots\cdots\cdots\cdots\\ B_ma_n+\cdots=p_m.\end{cases}\tag{4.46}$$

注意到 $a_n\neq0$，这些待定常数 $B_0,B_1,\cdots,B_m$ 可以从方程组(4.46)唯一地逐个确定出来. 因此，方程(4.43)有形如方程(4.45)的特解.

情形 2 $\lambda=0$ 是 k 重特征根. 此时，$F(0)=F'(0)=\cdots=F^{(k-1)}(0)=0$，而 $F^{(k)}(0)\neq0$，

也就是 $a_n=a_{n-1}=\cdots=a_{n-k+1}=0$，$a_{n-k}\neq 0$. 这时，方程(4.43)将相应地变为

$$\frac{d^n y}{dx^n}+a_1\frac{d^{n-1}y}{dx^{n-1}}+\cdots+a_{n-k}\frac{d^k y}{dx^k}=f(x). \tag{4.47}$$

令 $\frac{d^k y}{dx^k}=z$，则方程(4.47)化为

$$\frac{d^{n-k}z}{dx^{n-k}}+a_1\frac{d^{n-k-1}z}{dt^{n-k-1}}+\cdots+a_{n-k}z=f(x). \tag{4.48}$$

对方程(4.48)来说，由于 $a_{n-k}\neq 0$，$\lambda=0$ 已不是它的特征根. 因此，由情形 1 的讨论可知它有形如 $\tilde{z}=\tilde{B}_0x^m+\tilde{B}_1x^{m-1}+\cdots+\tilde{B}_m$ 的特解，因而方程(4.47)有特解 $\tilde{y}$，满足

$$\frac{d^k\tilde{y}}{dx^k}=\tilde{z}=\tilde{B}_0x^m+\tilde{B}_1x^{m-1}+\cdots+\tilde{B}_m,$$

这表明 $\tilde{y}$ 是 x 的 $m+k$ 次多项式，其中 x 的幂次小于等于 $k-1$ 的项带有任意常数. 但只需要找到一个特解就够了. 因此，可以取这些任意常数均为零，于是得到方程(4.47)也就是方程(4.43)的一个特解

$$\tilde{y}=x^k(B_0x^m+B_1x^{m-1}+\cdots+B_m),$$

其中 $B_0,B_1,\cdots,B_m$ 是待定的常数.

(2) 如果 $\lambda\neq 0$，做变量变换 $y=ze^{\lambda x}$，类似于§4.2，将方程(4.43)化为

$$L[ze^{\lambda x}]=\left(\frac{d^n z}{dx^n}+b_1\frac{d^{n-1}z}{dt^{n-1}}+\cdots+b_nz\right)e^{\lambda x}\equiv L_1[z]e^{\lambda x}=f(x), \tag{4.49}$$

其中 $b_1,b_2,\cdots,b_n$ 都是常数，即

$$L_1[z]=\frac{d^n z}{dx^n}+b_1\frac{d^{n-1}z}{dt^{n-1}}+\cdots+b_nz=p_0x^m+p_1x^{m-1}+\cdots+p_{m-1}x+p_m. \tag{4.50}$$

由§4.2 的讨论可知，方程(4.43)的齐次方程的特征根 λ 对应于方程(4.50)齐次方程的零特征根，并且重数也相同. 因此，利用(1)的讨论就有如下结论：

当 λ 不是方程(4.43)的齐次方程的特征根时，方程(4.50)有特解 $\tilde{z}=B_0x^m+B_1x^{m-1}+\cdots+B_m$，从而方程(4.43)有特解

$$\tilde{y}=(B_0x^m+B_1x^{m-1}+\cdots+B_m)e^{\lambda x}.$$

当 λ 是方程(4.43)的齐次方程的 k 重特征根时，方程(4.50)有特解 $\tilde{z}=x^k(B_0x^m+B_1x^{m-1}+\cdots+B_m)$，从而方程(4.43)有特解

$$\tilde{y}=x^k(B_0x^m+B_1x^{m-1}+\cdots+B_m)e^{\lambda x}.$$

例 4.15 求方程 $\frac{d^2y}{dx^2}-2\frac{dy}{dx}-3y=3x+1$ 的通解.

解 先求对应的齐次线性微分方程

$$\frac{d^2y}{dx^2}-2\frac{dy}{dx}-3y=0$$

的通解. 特征方程为 $\lambda^2-2\lambda-3=0$，有两个特征根 $\lambda_1=3$，$\lambda_2=-1$. 因此，对应的齐次线性微分方程通解为 $y=c_1e^{3x}+c_2e^{-x}$，其中 c_1,c_2 是任意常数. 再求所求的非齐次线性微分方程的一个特解. 这里 $f(x)=3x+1$，$\lambda=0$. 因为 $\lambda=0$ 不是特征根，故可取特解形如 $\tilde{y}=A+$

Bx，其中 A，B 为待定常数. 为了确定 A，B，将 $\tilde{y}=A+Bx$ 代入原方程，得到

$$-2B-3A-3Bx=3x+1,$$

比较系数得

$$\begin{cases}-3B=3,\\-2B-3A=1,\end{cases}$$

由此得 $B=-1$，$A=\frac{1}{3}$，从而 $\tilde{y}=\frac{1}{3}-x$. 因此，原方程的通解为

$$y=c_1\mathrm{e}^{3x}+c_2\mathrm{e}^{-x}-x+\frac{1}{3},$$

其中 c_1,c_2 是任意常数.

例 4.16 求方程 $\frac{\mathrm{d}^2y}{\mathrm{d}x^2}-2\frac{\mathrm{d}y}{\mathrm{d}x}-3y=\mathrm{e}^{-x}$ 的通解.

解 从上例知道对应的齐次线性微分方程的通解为

$$y=c_1\mathrm{e}^{3x}+c_2\mathrm{e}^{-x},$$

其中 c_1,c_2 是任意常数. 现求原方程的一个特解，这里 $f(x)=\mathrm{e}^{-x}$，因为 $\lambda=-1$ 是特征方程的单根，故可取特解形如 $\tilde{y}=Ax\mathrm{e}^{-x}$，将它代入原方程得到 $-4A\mathrm{e}^{-x}=\mathrm{e}^{-x}$，从而 $A=-\frac{1}{4}$，于是 $\tilde{y}=-\frac{1}{4}x\mathrm{e}^{-x}$，所求原方程的通解为

$$y=c_1\mathrm{e}^{3x}+c_2\mathrm{e}^{-x}-\frac{1}{4}x\mathrm{e}^{-x},$$

其中 c_1,c_2 是任意常数.

例 4.17 求 $\frac{\mathrm{d}^3y}{\mathrm{d}x^3}+3\frac{\mathrm{d}^2y}{\mathrm{d}x^2}+3\frac{\mathrm{d}y}{\mathrm{d}x}+y=\mathrm{e}^{-x}(x-5)$ 的通解.

解 对应的齐次方程的特征方程 $\lambda^3+3\lambda^2+3\lambda+1=(\lambda+1)^3=0$ 有三重特征根 $\lambda_{1,2,3}=-1$，故有形状为 $\tilde{y}=x^3(A+Bx)\mathrm{e}^{-x}$ 的特解，将它代入方程得

$$(6A+24Bx)\mathrm{e}^{-x}=\mathrm{e}^{-x}(x-5).$$

比较系数求得 $A=-\frac{5}{6}$，$B=\frac{1}{24}$，从而 $\tilde{y}=\frac{1}{24}x^3(x-20)\mathrm{e}^{-x}$，故方程的通解为

$$y=(c_1+c_2x+c_3x^2)\mathrm{e}^{-x}+\frac{1}{24}x^3(x-20)\mathrm{e}^{-x},$$

其中 c_1,c_2,c_3 是任意常数.

例 4.18 求 $\frac{\mathrm{d}^2y}{\mathrm{d}x^2}-6\frac{\mathrm{d}y}{\mathrm{d}x}+5y=-3\mathrm{e}^x+5x^2$ 的通解.

解 对应的齐次方程的特征方程为 $\lambda^2-6\lambda+5=0$，有两个特征根 $\lambda_1=1$，$\lambda_2=5$. 因此，对应的齐次线性微分方程通解为 $y=c_1\mathrm{e}^x+c_2\mathrm{e}^{5x}$，其中 c_1,c_2 是任意常数.

原方程右端由两项组成，根据非齐次线性微分方程解的叠加原理，方程

$$\frac{\mathrm{d}^2y}{\mathrm{d}x^2}-6\frac{\mathrm{d}y}{\mathrm{d}x}+5y=-3\mathrm{e}^x$$

与

$$\frac{d^2y}{dx^2}-6\frac{dy}{dx}+5y=5x^2$$

特解之和为原方程的一个特解.

对于第一个方程，1 是特征根，所以特解形如

$$y_1=Axe^x,$$

代入第一个方程得 $A=\frac{3}{4}$.

对于第二个方程，0 不是特征根，所以特解形如

$$y_2=B_0+B_1x+B_2x^2.$$

代入第二个方程得 $B_0=\frac{62}{25}$，$B_1=\frac{12}{5}$，$B_2=1$，因此，原方程有一个特解

$$\tilde{y}=\frac{3}{4}xe^x+x^2+\frac{12}{5}x+\frac{62}{25},$$

故所求原方程的通解为

$$y=c_1e^x+c_2e^{5x}+\frac{3}{4}xe^x+x^2+\frac{12}{5}x+\frac{62}{25},$$

其中 c_1,c_2 是任意常数.

4.3.2 类型Ⅱ:非齐次项为多项式与指数函数、三角函数乘积的情形

对于 $f(x)=[A(x)\cos\beta x+B(x)\sin\beta x]e^{\alpha x}$，其中 α，β 为常数，而 $A(x)$，$B(x)$是实系数的 x 的多项式，其中一个次数为 m，而另一个次数不超过 m，则方程(4.43)有形如

$$\tilde{y}=x^k[P(x)\cos\beta x+Q(x)\sin\beta x]e^{\alpha x} \tag{4.51}$$

的特解，这里 k 为特征方程 $F(\lambda)=0$ 的根 $\alpha+i\beta$ 的重数. 当 λ 不是特征根时，取 $k=0$；当 λ 是单特征根时，相当于 $k=1$. $P(x)$,$Q(x)$均为待定的实系数的 x 的m 次多项式，可以通过比较系数的方法来确定.

由 4.3.1 小节的讨论过程可知，当 λ 不是实数，而是复数时，结论仍然正确. 由欧拉公式，可以将 $f(x)$表示为指数形式：

$$f(x)=\frac{A(x)-iB(x)}{2}e^{(\alpha+i\beta)x}+\frac{A(x)+iB(x)}{2}e^{(\alpha-i\beta)x}, \tag{4.52}$$

根据非齐次线性方程解的叠加原理，方程

$$L[y]=f_1(x)\equiv\frac{A(x)+iB(x)}{2}e^{(\alpha-i\beta)x}$$

与

$$L[y]=f_2(x)\equiv\frac{A(x)-iB(x)}{2}e^{(\alpha+i\beta)x}$$

的解之和必为方程(4.43)的解.

注意到 $\overline{f_1(x)}=f_2(x)$，易知，若 y 为 $L[y]=f_1(x)$的解，则 $\bar{y}$ 必为$L[y]=f_2(x)$的解. 因此，直接利用 4.3.1 类型Ⅰ的结果，可知方程(4.43)有形如

$$\begin{aligned}\tilde{y}&=x^kD(x)e^{(\alpha-i\beta)x}+x^k\overline{D(x)}e^{(\alpha+i\beta)x}\\&=x^k[P(x)\cos\beta x+Q(x)\sin\beta x]e^{\alpha x}\end{aligned}$$

的特解，其中 $D(x)$ 为 x 的 m 次多项式，而 $P(x)=2\mathrm{Re}\{D(x)\}$，$Q(x)=2\mathrm{Im}\{D(x)\}$.

显然，$P(x)$,$Q(x)$ 为带实系数的 x 的多项式，其次数不高于 m，可见上述结论成立.

例 4.19 求方程 $\dfrac{\mathrm{d}^2y}{\mathrm{d}x^2}+4\dfrac{\mathrm{d}y}{\mathrm{d}x}+4y=\cos 2x$ 的通解.

解 对应的齐次方程的特征方程为 $\lambda^2+4\lambda+4=0$，有重根 $\lambda_1=\lambda_2=-2$，因此，对应齐次线性微分方程的通解为

$$y=(c_1+c_2x)\mathrm{e}^{-2x},$$

其中 c_1,c_2 为任意常数.

现求所求的非齐次线性微分方程的一个特解. 因为 $\pm 2\mathrm{i}$ 不是特征根，设特解形如 $\tilde{y}=A\cos 2x+B\sin 2x$，将它代入原方程并化简得到

$$8B\cos 2x-8A\sin 2x=\cos 2x,$$

比较同类项系数得 $A=0$，$B=\dfrac{1}{8}$，从而 $\tilde{y}=\dfrac{1}{8}\sin 2x$，因此原方程的通解为

$$y=(c_1+c_2x)\mathrm{e}^{-2x}+\frac{1}{8}\sin 2x,$$

其中 c_1,c_2 是任意常数.

例 4.20 求方程 $\dfrac{\mathrm{d}^2y}{\mathrm{d}x^2}+y=2\sin x$ 的通解.

解 对应的齐次方程特征方程为 $\lambda^2+1=0$,有特征根 $\lambda_{1,2}=\pm\mathrm{i}$，因此，对应齐次线性微分方程的通解为

$$y=c_1\cos x+c_2\sin x,$$

其中 c_1,c_2 为任意常数.

由于 i 是特征方程的单根，故设特解具有形式

$$\tilde{y}=x(A\cos x+B\sin x).$$

将上式代入原方程，确定系数 A,B. 由于

$$\tilde{y}=x(A\cos x+B\sin x),$$
$$\tilde{y}'=(A+Bx)\cos x+(B-Ax)\sin x,$$
$$\tilde{y}''=(2B-Ax)\cos x-(2A+Bx)\sin x,$$

所以

$$\tilde{y}''+\tilde{y}=2B\cos x-2A\sin x=2\sin x,$$

可求得 $A=-1$,$B=0$. 于是

$$\tilde{y}=-x\cos x.$$

因而，所求通解为

$$y=-x\cos x+c_1\cos x+c_2\sin x,$$

其中 c_1,c_2 是任意常数.

习 题 4.3

1. 求解下列常系数非齐次线性微分方程：

(1) $\frac{d^2y}{dx^2}-7\frac{dy}{dx}+12y=5$；

(2) $\frac{d^2y}{dx^2}+4y=8$；

(3) $\frac{d^2y}{dx^2}+6\frac{dy}{dx}+5y=e^{2x}$；

(4) $\frac{d^2y}{dx^2}-6\frac{dy}{dx}+9y=4e^{3x}$；

(5) $\frac{d^2y}{dx^2}-8\frac{dy}{dx}+7y=3x^2+7x+8$；

(6) $\frac{d^2y}{dx^2}-2\frac{dy}{dx}+4y=(x+2)e^{3x}$；

(7) $\frac{d^2y}{dx^2}+\frac{dy}{dx}-2y=8\sin 2x$；

(8) $\frac{d^2y}{dx^2}-2\frac{dy}{dx}+3y=e^{-x}\cos x$；

(9) $\frac{d^2y}{dx^2}+9y=x\sin 3x$；

(10) $\frac{d^2y}{dx^2}-2\frac{dy}{dx}+2y=xe^x\cos x$；

(11) $\frac{d^2y}{dx^2}-4\frac{dy}{dx}+4y=e^x+e^{2x}+1$；

(12) $\frac{d^2y}{dx^2}+2\frac{dy}{dx}+5y=4e^{-x}+17\sin 2x$.

2. 设 $\varphi(x)$是方程 $\frac{d^2y}{dx^2}+k^2y=f(x)$的解，其中 k 为常数. 当 $0\leqslant x<+\infty$时，函数 $f(x)$连续，证明：

(1) 当 $k\neq 0$ 时，能够选择常数 c_1, c_2，使得

$$\varphi(x)=c_1\cos kx+\frac{c_2}{k}\sin kx+\frac{1}{k}\int_0^x \sin k(x-s)\cdot f(s)ds,\quad 0\leqslant t<+\infty;$$

(2) 当 $k=0$ 时，方程的通解可表示为

$$\varphi(x)=c_1+c_2x+\int_0^x (x-s)f(s)ds,\quad 0\leqslant t<+\infty,$$

其中 c_1，c_2 为任意常数.

3. 给定方程 $\frac{d^3y}{dx^3}+5\frac{d^2y}{dx^2}+6\frac{dy}{dx}=f(x)$，其中 $f(x)$在$-\infty<x<+\infty$上连续. 设 $\varphi_1(x)$，$\varphi_2(x)$是上述方程的两个解，证明：极限 $\lim\limits_{x\to+\infty}[\varphi_1(x)-\varphi_2(x)]$存在.

4. 在方程$\frac{d^2y}{dx^2}+3\frac{dy}{dx}+2y=f(x)$中，$f(x)$在$[0,+\infty)$上连续，证明：

(1) 如果 $f(x)$在$[0,+\infty)$上有界，则方程的任一个解 $y(x)$在$[0,+\infty)$上有界；

(2) 如果 $\lim\limits_{x\to+\infty}f(x)=0$，则对方程的任一解 $y(x)$，均有 $\lim\limits_{x\to+\infty}y(x)=0$.

5. 求解下列欧拉方程：

(1) $x^2\frac{d^2y}{dx^2}-3x\frac{dy}{dx}-8y=x\ln x$；　(2) $x^2\frac{d^2y}{dx^2}-4x\frac{dy}{dx}+6y=x$.

§4.4 拉普拉斯变换法

前面已经介绍了 n 阶常系数线性微分方程(4.43)的通解结构和求解方法. 但是，在实

际问题中往往还要求方程(4.43)满足初值条件的解. 为此，当然可以先求出方程(4.43)的通解，然后再用初值条件来确定其中的任意常数. 本节介绍另一种求解常系数线性微分方程初值问题解的方法，即拉普拉斯(Laplace)变换法，它无须先求出已知方程的通解，而是直接求出它的特解，因而在运算上得到很大简化.

4.4.1 拉普拉斯变换的定义和性质

拉普拉斯变换法应用很广，它也可以用来求解某些偏微分方程和积分方程问题. 下面对拉普拉斯变换的基本概念、基本性质以及如何用来求解线性常微分方程初值问题进行简单介绍.

定义 4.4 设函数 $f(x)$ 在区间 $[0,+\infty)$ 上有定义，如果含参变量 s 的无穷积分 $\int_0^{+\infty} e^{-sx} f(x)dx$ 对复变数 s 的某一取值范围是收敛的，则称

$$F(s)=\int_0^{+\infty} e^{-sx} f(x)dx \tag{4.53}$$

为函数 $f(x)$ 的**拉普拉斯变换**，$f(x)$ 称为**原函数**，$F(s)$ 称为**像函数**，并记为

$$\mathcal{L}[f(x)]=F(s).$$

在拉普拉斯变换的一般理论中，式(4.53)的参变量 s 是复数. 为方便起见，在以下讨论中假设 s 是实数. 因为这对于解决实际问题已经足够了.

定理 4.12 如果函数 $f(x)$ 在区间 $[0,+\infty)$ 上逐段连续，且存在 $M>0$，$\sigma\geqslant 0$，使得对于一切 $x\geqslant 0$ 有定义，以及不等式 $|f(x)|<Me^{\sigma x}$ 成立，则当 $s>\sigma$ 时，$F(s)$ 存在.

证明 当 $s>\sigma$ 时，有

$$\left|\int_0^{+\infty} e^{-sx} f(x)dx\right| \leqslant \int_0^{+\infty} e^{-sx} \, |f(x)| \, dx \leqslant M\int_0^{+\infty} e^{-(s-\sigma)x}dx = \frac{M}{s-\sigma}.$$

证毕.

例 4.21 求函数 $f(x)=1$ 的拉普拉斯变换.

解 由式(4.53)有

$$\mathcal{L}[1]=\int_0^{+\infty} e^{-sx}dx=\begin{cases}\dfrac{1}{s}, & s>0,\\ \infty, & s\leqslant 0.\end{cases}$$

例 4.22 求函数 $f(x)=x$ 的拉普拉斯变换.

解 由式(4.53)有

$$\mathcal{L}[x]=\int_0^{+\infty} e^{-sx}x\,dx=\begin{cases}\dfrac{1}{s^2}, & s>0,\\ \infty, & s\leqslant 0.\end{cases}$$

例 4.23 求函数 $f(x)=x^n$ 的拉普拉斯变换，其中 n 为实正整数.

解 由式(4.53)有

$$\mathcal{L}[x^n]=\int_0^{+\infty} e^{-sx}x^n\,dx=\begin{cases}\dfrac{n!}{s^{n+1}}, & s>0,\\ \infty, & s\leqslant 0.\end{cases}$$

例 4.24 求函数 $f(x)=e^{ax}$ 的拉普拉斯变换.

解 由式(4.53)有

$$\mathcal{L}[e^{\alpha x}]=\int_0^{+\infty} e^{-sx}\cdot e^{\alpha x}\,dx=\int_0^{+\infty} e^{-(s-\alpha)x}\,dx=\begin{cases}\dfrac{1}{s-\alpha}, & s>\alpha,\\ \infty, & s\leqslant\alpha.\end{cases}$$

以上例题可以看出 $F(s)$ 的定义域是随 $f(x)$ 的不同而改变的．为了使用拉普拉斯变换求解初值问题，还需要证明它的如下几个性质.

定理 4.13(线性性质) 设函数 $f(x)$ 和 $g(x)$ 满足定理 4.12 的条件，则在它们像函数定义域的共同部分上有

$$\mathcal{L}[\alpha f(x)+\beta g(x)]=\alpha\,\mathcal{L}[f(x)]+\beta\,\mathcal{L}[g(x)],$$

其中 α,β 是常数.

例 4.25 求函数 $\sin\omega x,\cos\omega x$ 的拉普拉斯变换.

解 由欧拉公式 $e^{i\omega x}=\cos\omega x+i\sin\omega x$ 及定理 4.13 有，

$$\begin{aligned}\mathcal{L}[\cos\omega x+i\sin\omega x]&=\mathcal{L}[\cos\omega x]+i\,\mathcal{L}[\sin\omega x]\\&=\mathcal{L}[e^{i\omega x}]=\begin{cases}\dfrac{1}{s-i\omega}=\dfrac{s+i\omega}{s^2+\omega^2}, & s>0,\\ \text{没有定义}, & s\leqslant 0.\end{cases}\end{aligned}$$

令上式两端的实部与虚部对应相等，得到

$$\mathcal{L}[\cos\omega x]=\frac{s}{s^2+\omega^2},\quad \mathcal{L}[\sin\omega x]=\frac{\omega}{s^2+\omega^2},\quad s>0.$$

定理 4.14(原函数的微分性质) 如果 $f(x),f'(x),f'(x),\cdots,f^{(n)}(x)$ 均满足定理 4.12 的条件，记 $F(s)=\mathcal{L}[f(x)]$，则

$$\mathcal{L}[f'(x)]=sF(s)-f(0),$$

更一般地，有

$$\mathcal{L}[f^{(n)}(x)]=s^nF(s)-s^{n-1}f(0)-s^{n-2}f'(0)-\cdots-f^{(n-1)}(0).$$

证明 利用数学归纳法来证明. 当 $n=1$ 时，

$$\begin{aligned}\mathcal{L}[f'(x)]&=\int_0^{+\infty} e^{-sx}f'(x)\,dx\\&=\int_0^{+\infty} e^{-sx}\,df(x)=e^{-sx}f(x)\Big|_0^{+\infty}+s\int_0^{+\infty} e^{-sx}f(x)\,dx\\&=s\mathcal{L}[f(x)]-f(0)=sF(s)-f(0).\end{aligned}$$

假设当 $n=k$ 时有

$$\mathcal{L}[f^{(k)}(x)]=s^kF(s)-s^{k-1}f(0)-s^{k-2}f'(0)-\cdots-f^{(k-1)}(0),$$

当 $n=k+1$ 时，

$$\begin{aligned}\mathcal{L}[f^{(k+1)}(x)]&=\mathcal{L}[(f^{(k)}(x))']=s\,\mathcal{L}[f^{(k)}(x)]-f^{(k)}(0)\\&=s[s^kF(s)-s^{k-1}f(0)-s^{k-2}f'(0)-\cdots-f^{(k-1)}(0)]-f^{(k)}(0)\\&=s^{k+1}F(s)-s^kf(0)-s^{k-1}f'(0)-\cdots-f^{(k)}(0).\end{aligned}$$

故由数学归纳法可知定理结论成立.

拉普拉斯变换法的基本思想是，借助拉普拉斯变换将已知常系数线性微分转换成代数方程，求出代数方程的解，再通过拉普拉斯逆变换表，便可得到所求初值问题的解. 方法十

分简单方便，但是有一定的局限性，它要求所求的微分方程的右端函数必须是原函数，否则方法不适用.

表 4.1 拉普拉斯变换表

序号	原函数 $f(x)$	像函数 $F(s)$	序号	原函数 $f(x)$	像函数 $F(s)$
1	1	$\dfrac{1}{s}$	10	$x^n e^{ax}\ (n>-1)$	$\dfrac{n!}{(s-a)^{n+1}}$
2	e^{ax}	$\dfrac{1}{s-a}$	11	$x\sin\omega x$	$\dfrac{2\omega s}{(s^2+\omega^2)^2}$
3	$\sin\omega x$	$\dfrac{\omega}{s^2+\omega^2}$	12	$x\cos\omega x$	$\dfrac{s^2-\omega^2}{(s^2+\omega^2)^2}$
4	$\cos\omega x$	$\dfrac{s}{s^2+\omega^2}$	13	$e^{ax}f(x)$	$F(s-a)$
5	$\mathrm{sh}\,\omega x$	$\dfrac{\omega}{s^2-\omega^2}$	14	$f(ax)$	$\dfrac{1}{a}F\left(\dfrac{s}{a}\right)$
6	$\mathrm{ch}\,\omega x$	$\dfrac{s}{s^2-\omega^2}$	15	$(-x)^n f(x)$	$F^{(n)}(s)$
7	$e^{ax}\sin\omega x$	$\dfrac{\omega}{(s-a)^2+\omega^2}$	16	$\int_0^x f(x)\,dx$	$\dfrac{F(s)}{s}$
8	$e^{ax}\cos\omega x$	$\dfrac{s-a}{(s-a)^2+\omega^2}$	17	$\dfrac{f(x)}{x}$	$\int_s^{+\infty}F(s)\,ds$
9	$x^n\ (n>-1)$	$\dfrac{n!}{s^{n+1}}$	18	$f(x-a)$	$e^{-as}F(s)$

4.4.2 用拉普拉斯变换求解初值问题

考虑常系数线性微分方程

$$\frac{d^n y}{dx^n}+a_1\frac{d^{n-1}y}{dx^{n-1}}+\cdots+a_{n-1}\frac{dy}{dx}+a_n y=f(x) \tag{4.54}$$

及初值条件

$$y(0)=y_0,\ y'(0)=y_0',\cdots,y^{(n-1)}(0)=y_0^{(n-1)}, \tag{4.55}$$

其中 $a_1,a_2,\cdots,a_n$ 是常数，而 $f(x)$ 连续且满足原函数的条件.

设 $y(x)$ 是方程(4.54)的任意解，则 $y(x)$ 及其各阶导数 $y^{(k)}(x)(k=1,2,\cdots,n)$ 均是原函数. 记

$$F(s)=\mathcal{L}[f(x)],\qquad Y(s)=\mathcal{L}[y(x)].$$

那么，由定理 4.14，有

$$\mathcal{L}[y'(x)]=sY(s)-y_0,$$
$$\mathcal{L}[y^{(n)}(x)]=s^nY(s)-s^{n-1}y_0-s^{n-2}y_0'-\cdots-y_0^{(n-1)},$$

于是，对方程(4.54)两端施行拉普拉斯变换，并利用线性性质就得到

$$\begin{aligned}&s^nY(s)-s^{n-1}y_0-s^{n-2}y_0'-\cdots-sy_0^{(n-2)}-y_0^{(n-1)}\\&+a_1[s^{n-1}Y(s)-s^{n-2}y_0-s^{n-3}y_0'-\cdots-y_0^{(n-2)}]\\&+\cdots+a_{n-1}[sY(s)-y_0]+a_nY(s)=F(s),\end{aligned}$$

即

$$(s^n+a_1s^{n-1}y_0+\cdots+a_{n-1}s+a_n)Y(s)$$
$$=F(s)+(s^{n-1}+a_1s^{n-2}+\cdots+a_{n-1})y_0+$$
$$(s^{n-2}+a_1s^{n-3}+\cdots+a_{n-2})y_0'+\cdots+y_0^{(n-1)},$$

或写成

$$A(s)Y(s)=F(s)+B(s),$$

其中 $A(s)$,$B(s)$和 $F(s)$都是已知多项式. 由此,

$$Y(s)=\frac{F(s)+B(s)}{A(s)},$$

这就是方程(4.54)满足所给初值条件(4.55)的解 $y(x)$的像函数. 直接查拉普拉斯变换表,从像函数 $Y(s)$就可以求得原函数 $y(x)$.

例 4.26 求方程$\frac{dy}{dx}-y=e^{2x}$ 满足初值条件 $y(0)=0$ 的解.

解 对方程两端施行拉普拉斯变换,得到方程的解的像函数所应满足的方程:

$$sY(s)-y(0)-Y(s)=\frac{1}{s-2},$$

注意到 $y(0)=0$,得

$$Y(s)=\frac{1}{(s-1)(s-2)}=\frac{1}{s-2}-\frac{1}{s-1}.$$

根据拉普拉斯变换表,可得$\frac{1}{s-2}$和$\frac{1}{s-1}$的原函数分别为 e^{2x} 和 e^x. 因此,由定理 4.13 拉普拉斯变换的线性性质,就求得 $Y(s)$的原函数为

$$y(x)=e^{2x}-e^x,$$

这就是所求方程满足初值条件的解.

例 4.27 求方程$\frac{d^2y}{dx^2}+2\frac{dy}{dx}+y=e^{-x}$ 满足初值条件 $y(1)=y'(1)=0$ 的解.

解 先令 $\tau=x-1$,将问题化为

$$\frac{d^2y}{d\tau^2}+2\frac{dy}{d\tau}+y=e^{-(\tau+1)},\quad y(0)=y'(0)=0,$$

再对新方程两边作拉普拉斯变换,得到

$$s^2Y(s)+2sY(s)+Y(s)=\frac{1}{s+1}\cdot\frac{1}{e},$$

因此

$$Y(s)=\frac{1}{(s+1)^3}\cdot\frac{1}{e}.$$

根据拉普拉斯变换表可得

$$y(\tau)=\frac{1}{2}\tau^2e^{-\tau-1},$$

从而

$$y(x)=\frac{1}{2}(x-1)^2e^{-x},$$

这就是所要求的解.

例 4.28 求方程$\frac{d^3y}{dx^3}+3\frac{d^2y}{dx^2}+3\frac{dy}{dx}+y=1$满足初值条件 $y(0)=y'(0)=y''(0)=0$ 的解.

解 对方程两边施行拉普拉斯变换得

$$(s^3+3s^2+3s+1)Y(s)=\frac{1}{s},$$

由此得

$$Y(s)=\frac{1}{s(s+1)^3}.$$

把上式右端分解，可得

$$\frac{1}{s(s+1)^3}=\frac{1}{s}-\frac{1}{s+1}-\frac{1}{(s+1)^2}-\frac{1}{(s+1)^3},$$

根据拉普拉斯变换表,上式右端变为

$$y(x)=1-e^{-x}-xe^{-x}-\frac{1}{2}x^2e^{-x}=1-\frac{1}{2}(x^2+2x+2)e^{-x},$$

这就是所要求的解.

习 题 4.4

应用拉普拉斯变换求解下列方程的初值问题：

(1) $\frac{d^2y}{dx^2}+9y=6e^{3x}$, $y(0)=y'(0)=0$;

(2) $\frac{d^2y}{dx^2}-3\frac{dy}{dx}+2y=2e^{-x}$, $y(0)=y'(0)=0$;

(3) $\frac{d^2y}{dx^2}-2\frac{dy}{dx}+y=xe^{x}$, $y(0)=y'(0)=0$;

(4) $\frac{d^4y}{dx^4}+y=2e^{x}$, $y(0)=y'(0)=y''(0)=y'''(0)=1$.

§4.5 高阶微分方程的降阶解法

一般的高阶微分方程没有普遍的解法，通常是利用变量变换把高阶方程的求解问题转化为较低阶的方程来求解. 因为一般来说，求解低阶方程比求解高阶方程方便些. 本节介绍几种可降阶的方程类型及求解方法.

n 阶微分方程的一般形式为

$$F(x,y,y',\cdots,y^{(n)})=0. \tag{4.56}$$

当 $n\geqslant2$ 时，统称为高阶微分方程. 一般地，n 阶微分方程的通解中含有 n 个任意独立的常数.

4.5.1 方程不显含未知函数 y

方程不显含未知函数 y，或更一般地，设方程不含 $y, y', \cdots, y^{(k-1)}$，即方程形如：

$$F(x, y^{(k)}, y^{(k+1)}, \cdots, y^{(n)})=0, \quad 1 \leqslant k \leqslant n. \tag{4.57}$$

令 $y^{(k)}=z$，则方程可降为关于 z 的 $n-k$ 阶方程

$$F(x, z, z', \cdots, z^{(n-k)})=0. \tag{4.58}$$

如果能够求得方程(4.58)的通解

$$z=\varphi(x, c_1, c_2, \cdots, c_{n-k}),$$

即

$$y^{(k)}=\varphi(x, c_1, c_2, \cdots, c_{n-k}),$$

再积分 k 次得到

$$y=\psi(x, c_1, c_2, \cdots, c_n),$$

其中 $c_1, c_2, \cdots, c_n$ 为任意常数. 可以验证，这就是方程(4.57)的通解.

例 4.29 求方程$\dfrac{d^5 y}{dx^5}-\dfrac{1}{x}\dfrac{d^4 y}{dx^4}=0$ 的解.

解 令$\dfrac{d^4 y}{dx^4}=z$，则方程化为

$$\frac{dz}{dx}-\frac{1}{x}z=0,$$

这是一阶方程，积分后得 $z=cx$，即$\dfrac{d^4 y}{dx^4}=cx$，积分四次得到所求方程的通解

$$y=c_1x^5+c_2x^3+c_3x^2+c_4x+c_5,$$

其中 $c_1, c_2, \cdots, c_5$ 为任意常数.

4.5.2 不显含自变量 x 的方程

不显含自变量 x 的方程的一般形式是

$$F\left(y, \frac{dy}{dx}, \cdots, \frac{d^n y}{dx^n}\right)=0. \tag{4.59}$$

可以采取如下方法将方程降低一阶：

令$\dfrac{dy}{dx}=z$，则

$$\frac{d^2 y}{dx^2}=\frac{dz}{dx}=\frac{dz}{dy}\frac{dy}{dx}=z\frac{dz}{dy}, \quad \frac{d^3 y}{dx^3}=\frac{d}{dx}\left(z\frac{dz}{dy}\right)=z\left(\frac{dz}{dy}\right)^2+z^2\frac{d^2 z}{dy^2},$$

采用数学归纳法不难证明，$\dfrac{d^k y}{dx^k}$可用 $z, \dfrac{dz}{dy}, \dfrac{d^2 z}{dy^2}, \cdots, \dfrac{d^{(k-1)} z}{dy^{(k-1)}}$ $(k \leqslant n)$的函数表示. 将这些表达式代入方程(4.59)就得到

$$G\left(y, z, \frac{dz}{dy}, \cdots, \frac{d^{n-1} z}{dy^{n-1}}\right)=0,$$

这是关于 y, z 的 $n-1$ 阶方程，y 为新的自变量，z 为新的未知函数，它比原方程(4.59)降低一阶.

例 4.30 求方程 $y\dfrac{d^2y}{dx^2}+\left(\dfrac{dy}{dx}\right)^2=0$ 的解.

解 令$\dfrac{dy}{dx}=z$，以 y 作为新的自变量，则有$\dfrac{d^2y}{dx^2}=z\dfrac{dz}{dy}$,代入原方程可得 $yz\dfrac{dz}{dy}+z^2=0$，从而有 $z=0$ 或 $y\dfrac{dz}{dy}+z=0$. 积分后得 $z=\dfrac{c}{y}$，即$\dfrac{dy}{dx}=\dfrac{c}{y}$，所以 $y^2=c_1x+c_2(c_1=2c)$，这就是所求方程的通解.

4.5.3 恰当微分方程和积分因子

若方程

$$F\left(x,y,\frac{dy}{dx},\cdots,\frac{d^ny}{dx^n}\right)=0 \tag{4.60}$$

的左端是某个 $n-1$ 阶微分表达式 $G\left(x,y,\dfrac{dy}{dx},\cdots,\dfrac{d^{n-1}y}{dx^{n-1}}\right)$对 x 的全导数，即

$$F\left(x,y,\frac{dy}{dx},\cdots,\frac{d^ny}{dx^n}\right)=\frac{d}{dx}G\left(x,y,\frac{dy}{dx},\cdots,\frac{d^{n-1}y}{dx^{n-1}}\right), \tag{4.61}$$

则称方程(4.60)是恰当微分方程. 此时，显然有

$$G\left(x,y,\frac{dy}{dx},\cdots,\frac{d^{n-1}y}{dx^{n-1}}\right)=c. \tag{4.62}$$

方程(4.62)是 $n-1$ 阶的，若能求出方程(4.62)的全部解 $y=\varphi(x,c_1,c_2,\cdots,c_n)$，则它一定也是原方程(4.60)的全部解. 有时方程(4.60)本身不是恰当微分方程，但乘以一个适当的因子 $\mu\left(x,y,\dfrac{dy}{dx},\cdots,\dfrac{d^{n-1}y}{dx^{n-1}}\right)$后能成为恰当微分方程，则称 $\mu\left(x,y,\dfrac{dy}{dx},\cdots,\dfrac{d^{n-1}y}{dx^{n-1}}\right)$为方程(4.60)的积分因子.

例 4.31 利用恰当微分方程法求例 4.30 中方程的解.

解 可将原方程写成$\dfrac{d(yy')}{dx}=0$，故有 $yy'=c$，即

$$y\,dy=c\,dx,$$

积分后得原方程的通解为 $y^2=c_1x+c_2$,其中 c_1,c_2 为任意常数.

例 4.32 求方程 $y\dfrac{d^2y}{dx^2}-\left(\dfrac{dy}{dx}\right)^2=0$ 的解.

解 此方程不是恰当微分方程，但是乘上因子 $\mu=\dfrac{1}{y^2}(y\neq0)$后，方程化为

$$\frac{y\dfrac{d^2y}{dx^2}-\left(\dfrac{dy}{dx}\right)^2}{y^2}=\frac{d\left(\dfrac{1}{y}\dfrac{dy}{dx}\right)}{dx}=0.$$

故有$\dfrac{1}{y}\dfrac{dy}{dx}=c_1$，可解得 $y=c_2e^{c_1x}(c_2\neq0)$. 此外，$y=0$ 也是方程的解，故可去掉 $c_2\neq0$ 的限制，因此原方程的通解为 $y=c_2e^{c_1x}$，其中 c_1,c_2 为任意常数.

4.5.4 齐次线性微分方程

考虑齐次线性微分方程(4.2)：

$$\frac{d^n y}{dx^n}+a_1(x)\frac{d^{n-1}y}{dx^{n-1}}+\cdots+a_{n-1}(x)\frac{dy}{dx}+a_n(x)y=0.$$

由齐次线性微分方程解的结构知，方程(4.2)的求解问题归结为寻求方程的 n 个线性无关的特解，但如何求这些特解呢？没有普通的方法可循，这是与常系数线性方程的极大差异之处. 但是，如果已知方程的一个非零特解，则利用变换，可将方程降低一阶；或者更一般地，若知道方程的 k 个线性无关的特解，则可通过一系列同类型的变换，使方程降低 k 阶，并且新得到的 $n-k$ 阶方程也是齐次线性的. 下面具体介绍这种方法.

设 $y_1,y_2,\cdots,y_k$ 是方程(4.2)的 k 个线性无关解，显然 $y_i(i=1,2,\cdots,k)$ 不恒等于 0. 令 $y=y_kz$，直接计算可得

$$y'=y_kz'+y_k'z,$$
$$y''=y_kz''+2y_k'z'+y_k''z,$$
$$\cdots\cdots$$
$$y^{(n)}=y_kz^{(n)}+ny_k'z^{(n-1)}+\frac{n(n-1)}{2}y_k'z^{(n-2)}+\cdots+y_k^{(n)}z.$$

将这些关系式代入方程(4.2)，得到

$$y_kz^{(n)}+[ny_k'+a_1(x)y_k]z^{(n-1)}+\cdots+[y_k^{(n)}+a_1^{(x)}y_k^{(n-1)}+\cdots+a_n^{(x)}y_k]z=0,$$

这是关于 z 的 n 阶方程，且各项系数是 x 的已知函数. 因为 y_k 是(4.2)的解，所以 z 的系数恒等于零. 因此，如果引入新未知函数 $u=z'$，并在 $y_k\neq0$ 的区间上用 y_k 除方程的各项，便得到形如

$$u^{(n-1)}+b_1(x)u^{(n-2)}+\cdots+b_{n-1}(x)u=0 \tag{4.63}$$

的 $n-1$ 阶齐次线性微分方程.

由以上变换知道 $u=z'=\left(\frac{y}{y_k}\right)'$，或 $y=y_k\int u\,dx$. 因此，对于方程(4.63)，可以知道它的 $k-1$ 个解 $u_i=\left(\frac{y_i}{y_k}\right)'(i=1,2,\cdots,k-1)$. 接下来证明 $u_1,u_2,\cdots,u_{k-1}$ 是线性无关的.

令

$$\alpha_1u_1+\alpha_2u_2+\cdots+\alpha_{k-1}u_{k-1}\equiv0,$$

即

$$\alpha_1\left(\frac{y_1}{y_k}\right)'+\alpha_2\left(\frac{y_2}{y_k}\right)'+\cdots+\alpha_{k-1}\left(\frac{y_{k-1}}{y_k}\right)'\equiv0,$$

其中 $\alpha_1,\alpha_2,\cdots,\alpha_{k-1}$ 是常数. 那么，就有

$$\alpha_1\left(\frac{y_1}{y_k}\right)+\alpha_2\left(\frac{y_2}{y_k}\right)+\cdots+\alpha_{k-1}\left(\frac{y_{k-1}}{y_k}\right)\equiv-\alpha_k,$$

或写成

$$\alpha_1y_1+\alpha_2y_2+\cdots+\alpha_{k-1}y_{k-1}+\alpha_ky_k\equiv0,$$

由于 $y_1,y_2,\cdots,y_k$ 线性无关，故必有 $\alpha_1=\alpha_2=\cdots=\alpha_k=0$. 因此，$u_1,u_2,\cdots,u_{k-1}$ 是线性无

关的.

因此，若对方程(4.63)仿照以上做法，令 $u=u_{k-1}\int v\mathrm{d}x$，则可将方程化为关于 v 的 $n-2$ 阶齐次线性微分方程

$$v^{(n-2)}+c_1(x)v^{(n-3)}+\cdots+c_{n-2}(x)v=0, \tag{4.64}$$

并且还可以知道方程(4.64)的 $k-2$ 个线性无关解：

$$v_i=\left(\frac{u_i}{u_{k-1}}\right)',\quad i=1,2,\cdots,k-2.$$

由上面的讨论可知，利用 k 个线性无关特解当中的一个解 y_k，可以把方程(4.2)降低一阶，成为 $n-1$ 阶齐次线性微分方程(4.63)，并且知道它的 $k-1$ 个线性无关解；而利用两个线性无关解 y_{k-1},y_k，则可以把方程(4.2)降低两阶，成为 $n-2$ 阶齐次线性微分方程(4.64)，同时知道它的 $k-2$ 个线性无关解. 依此类推，继续上面的做法，利用方程的 k 个线性无关解 $y_1,y_2,\cdots,y_k$，最后就得到一个 $n-k$ 阶齐次线性微分方程. 这样就把方程(4.2)降低了 k 阶.

特别地，对于二阶齐次线性微分方程，如果知道它的一个非零解，则方程可以降为一阶齐次线性微分方程，它的求解问题就可以解决了.

事实上，设 $y=y_1\neq 0$ 是二阶齐次线性微分方程

$$\frac{\mathrm{d}^2y}{\mathrm{d}x^2}+p(x)\frac{\mathrm{d}y}{\mathrm{d}x}+q(x)y=0 \tag{4.65}$$

的解，则由上面的讨论知道，经变换 $y=y_1\int u\mathrm{d}x$ 后，方程就化为

$$y_1\frac{\mathrm{d}u}{\mathrm{d}x}+[2y_1'+p(x)y_1]u=0,$$

这是一阶线性微分方程，解得

$$u=c\frac{1}{y_1^2}\exp\left(-\int p(x)\mathrm{d}x\right),$$

因而

$$y=y_1\left[c_1+c\int\frac{1}{y_1^2}\exp\left(-\int p(x)\mathrm{d}x\right)\mathrm{d}x\right], \tag{4.66}$$

其中 c,c_1 是任意常数.

取 $c_1=0$，$c=1$，得到方程(4.65)的一个特解

$$y=y_1\int\frac{1}{y_1^2}\mathrm{e}^{-\int p(x)\mathrm{d}x}\mathrm{d}x,$$

因为它与 y_1 之比不等于常数，由注 4.2 知它们是线性无关的. 因此，式(4.66)是方程(4.65)的通解，这与前面利用刘维尔公式得到的通解(4.16)是一致的.

例 4.33 已知 $y_1=\dfrac{\sin x}{x}$ 是方程 $\dfrac{\mathrm{d}^2y}{\mathrm{d}x^2}+\dfrac{2}{x}\dfrac{\mathrm{d}y}{\mathrm{d}x}+y=0$ 的解，试求方程的通解.

解 这里 $p(x)=\dfrac{2}{x}$，由式(4.66)得到

$$y=\frac{\sin x}{x}\left(c_1+c\int\frac{x^2}{\sin^2 x}\cdot\frac{1}{x^2}\mathrm{d}x\right)$$

$$=\frac{\sin x}{x}(c_1-c\cot x)=\frac{1}{x}(c_1\sin x-c\cos x),$$

其中 c,c_1 是任意常数，这就是所求方程的通解.

习　题　4.5

1. 求解下列方程：

(1) $y''=\frac{1}{2y'}$；

(2) $yy''-(y')^2+(y')^3=0$；

(3) $y''+\sqrt{1-(y')^2}=0$；

(4) $y''+(y')^2=2e^{-y}$；

(5) $yy''+(y')^2+1=0$；

(6) $y''-\frac{1}{x}y'+(y')^2=0$(提示：方程两端同除以 y').

2. 求解方程 $xy''-2(1+x)y'+(2+x)y=0(x\neq 0)$.

*§4.6　幂级数解法大意

二阶线性微分方程

$$p_0(x)\frac{\mathrm{d}^2y}{\mathrm{d}x^2}+p_1(x)\frac{\mathrm{d}y}{\mathrm{d}x}+p_2(x)y=0 \tag{4.67}$$

在近代物理学以及工程技术中有着很广泛的应用，可当它的系数 $p_0(x),p_1(x),p_2(x)$不为常数时，就不能像§4.2那样利用代数方程求解. 但是，从微积分学知道，在满足某些条件下，可以用一个幂级数来表示一个函数. 因此，自然想到，可以利用幂级数来表示某些微分方程的解. 幂级数解法不但对于求解方程有意义，而且还由此引出很多新的超越函数，在理论上是很重要的.

这一节属于常微分方程解析理论的范围，这里只做初步的介绍. 下面不加证地给出如下两个主要定理.

定理 4.15　如果 $p_0(x)$，$p_1(x)$，$p_2(x)$在某点 x_0 的邻域内解析，即它们可展成 $x-x_0$ 的幂级数，且 $p_0(x_0)\neq 0$，则方程(4.67)在 x_0 的邻域内具有形如

$$y=\sum_{n=0}^{\infty}a_n(x-x_0)^n \tag{4.68}$$

的幂级数解.

定理 4.16　如果 $p_0(x)$，$p_1(x)$，$p_2(x)$在某点 x_0 的邻域内解析，而 x_0 为 $p_0(x)$的 s 重零点，是 $p_1(x)$的不低于 $s-1$ 重零点(若 $s>1$)，是 $p_2(x)$的不低于 $s-2$ 重零点(若 $s>2$)，则方程(4.68)在 x_0 的邻域内至少有一个形如

$$y=(x-x_0)^r\sum_{n=0}^{\infty}a_n(x-x_0)^n \tag{4.69}$$

的广义幂级数解，其中 r 为某一实数.

例 4.34 求方程 $\frac{d^2y}{dx^2}-xy=0$ 的通解.

解 由于 $p_0(x)=1$，$p_2(x)=-x$ 在 $x=0$ 点解析，且 $p_0(0)\neq 0$，依据定理 4.15 可假设它有如下形式的幂级数解：

$$y=a_0+a_1x+\cdots+a_nx^n+\cdots, \tag{4.70}$$

将它对 x 微分两次，得

$$\frac{d^2y}{dx^2}=2\cdot 1a_2+3\cdot 2a_3x+\cdots+n(n-1)a_nx^{n-2}+(n+1)na_{n+1}x^{n-1}$$
$$+(n+2)(n+1)a_{n+2}x^n+\cdots,$$

将 y，$\frac{d^2y}{dx^2}$代入原方程中，得

$$[2\cdot 1a_2+3\cdot 2a_3x+\cdots+n(n-1)a_nx^{n-2}+(n+1)na_{n+1}x^{n-1}$$
$$+(n+2)(n+1)a_{n+2}x^n+\cdots]-x[a_0+a_1x+\cdots+a_nx^n+\cdots]=0.$$

比较上式两端 x 的同次幂项系数，得

$$2\cdot 1a_2=0,\quad 3\cdot 2a_3-a_0=0,\quad 4\cdot 3a_4-a_1=0,\quad 5\cdot 4a_5-a_2=0,\quad \cdots,$$

从而，

$$a_2=0,\quad a_3=\frac{a_0}{3\cdot 2},\quad a_4=\frac{a_1}{4\cdot 3},\quad a_5=\frac{a_2}{5\cdot 4},\quad \cdots.$$

由此可推得

$$a_{3k}=\frac{a_0}{2\cdot 3\cdot 5\cdot 6\cdot \cdots\cdot (3k-1)\cdot 3k},$$

$$a_{3k+1}=\frac{a_1}{3\cdot 4\cdot 6\cdot 7\cdot \cdots\cdot 3k\cdot (3k+1)},$$

$$a_{3k+2}=0,$$

其中 a_0，a_1 是任意常数，因此

$$y=a_0\left[1+\frac{x^3}{2\cdot 3}+\frac{x^6}{2\cdot 3\cdot 5\cdot 6}+\cdots+\frac{x^{3n}}{2\cdot 3\cdot 5\cdot 6\cdot \cdots\cdot (3n-1)\cdot 3n}\right]$$
$$+a_1\left[x+\frac{x^4}{3\cdot 4}+\frac{x^7}{3\cdot 4\cdot 6\cdot 7}+\cdots+\frac{x^{3n+1}}{3\cdot 4\cdot 6\cdot 7\cdot \cdots\cdot 3n\cdot (3n+1)}\right].$$

这个幂级数的收敛半径为无穷大，因而级数的和便是所求的解，其中包含 a_0，a_1 两个任意常数.

例 4.35 求方程$\frac{d^2y}{dx^2}-2x\frac{dy}{dx}-4y=0$ 的满足初值条件 $y(0)=0$ 及 $y'(0)=1$ 的解.

解 由于 $p_0(x)=1$，$p_1(x)=-2x$，$p_2(x)=-4$ 在 $x=0$ 点解析，且 $p_0(0)\neq 0$，依据定理 4.15 可假设它有如下形式的幂级数解

$$y=a_0+a_1x+\cdots+a_nx^n+\cdots.$$

利用初值条件，可以得到

$$a_0=0,\quad a_1=1,$$

因而有

$$y=x+a_2x^2+a_3x^3+\cdots+a_nx^n+\cdots,$$

$$\frac{dy}{dx}=1+2a_2x+3a_3x^2+\cdots+na_nx^{n-1}+\cdots,$$

$$\frac{d^2y}{dx^2}=2a_2+3\cdot 2a_3x+\cdots+n(n-1)a_nx^{n-2}+\cdots,$$

将 y，$\frac{dy}{dx}$，$\frac{d^2y}{dx^2}$的表达式代入原方程，比较上式两端 x 的同次幂项系数，得

$$\begin{aligned}&2a_2=0,\\&3\cdot 2a_3-2-4=0,\\&4\cdot 3a_4-4a_2-4a_2=0,\\&\cdots\cdots\cdots\cdots\\&n(n-1)a_n-2(n-2)a_{n-2}-4a_{n-2}=0,\\&\cdots\cdots\cdots\cdots\end{aligned}$$

即

$$a_2=0,\quad a_3=1,\quad a_4=0,\quad \cdots,\quad a_n=\frac{2}{n-1}a_{n-2},\quad \cdots,$$

因此

$$a_5=\frac{1}{2!},\quad a_6=0,\quad a_7=\frac{1}{6}=\frac{1}{3!},\quad a_8=0,\quad a_9=\frac{1}{4!},\quad \cdots.$$

最后得

$$a_{2k+1}=\frac{1}{k}\cdot\frac{1}{(k-1)!}=\frac{1}{k!},\quad a_{2k}=0$$

对一切正整数 k 成立.

将 $a_i(i=0,1,2,\cdots)$的值代回式(4.70)就得到

$$y=x+x^3+\frac{x^5}{2!}+\cdots+\frac{x^{2k+1}}{k!}+\cdots=x\left(1+x^2+\frac{x^4}{2!}+\cdots+\frac{x^{2k}}{k!}+\cdots\right)=xe^{x^2},$$

这就是方程满足所给初值条件的解.

例 4.36 求贝塞尔方程

$$x^2\frac{d^2y}{dx^2}+x\frac{dy}{dx}+(x^2-n^2)y=0 \tag{4.71}$$

在 $x=0$ 的邻域内的幂级数解，这里 n 为非负常数.

解 由于 $p_0(0)=0$，方程满足定理 4.16 的条件，因此存在形如

$$y=\sum_{k=0}^{\infty}a_kx^{\alpha+k} \tag{4.72}$$

的解，这里 $a_0\neq 0$，而 a_k 和 α 是待定常数. 将式(4.72)代入方程(4.71)中，得

$$x^2\sum_{k=0}^{\infty}(\alpha+k)(\alpha+k-1)a_kx^{\alpha+k-2}+x\sum_{k=0}^{\infty}(\alpha+k)a_kx^{\alpha+k-1}$$
$$+(x^2-n^2)\sum_{k=0}^{\infty}a_kx^{\alpha+k}=0.$$

比较 x 的同次幂项系数，可得

$$\begin{cases}a_0(\alpha^2-n^2)=0,\\ a_1[(\alpha+1)^2-n^2]=0,\\ \cdots\cdots\cdots\cdots\\ a_k[(\alpha+k)^2-n^2]+a_{k-2}=0, \quad k=2,3,\cdots,\\ \cdots\cdots\cdots\cdots\end{cases} \tag{4.73}$$

因为 $a_0\neq0$，故从方程组(4.73)的第一个方程解得 α 的两个值为

$$\alpha=n \quad 或 \quad \alpha=-n.$$

先考虑 $\alpha=n$ 时方程(4.71)的一个特解. 把 $\alpha=n$ 代入方程组(4.73)，逐个确定所有系数 a_k，得

$$a_1=0, \quad a_k=-\frac{a_{k-2}}{k(2n+k)}, \quad k=2,3,\cdots,$$

按下标为奇数或偶数，分别有

$$\begin{cases}a_{2k-1}=0,\\ a_{2k}=\dfrac{-a_{2k-2}}{2k(2n+2k)},\end{cases} \quad k=1,2,\cdots,$$

从而可得

$$a_{2k-1}=0,$$
$$a_2=-\frac{a_0}{2^2\cdot1(n+1)},$$
$$a_4=(-1)^2\frac{a_0}{2^4\cdot2!(n+1)(n+2)},$$
$$a_6=(-1)^3\frac{a_0}{2^6\cdot3!(n+1)(n+2)(n+3)}.$$

一般地

$$a_{2k}=(-1)^k\frac{a_0}{2^{2k}k!(n+1)(n+2)\cdots(n+k)}, \quad k=1,2,\cdots.$$

将 a_k 代入式(4.72)得到方程(4.71)的一个解

$$y_1=a_0x^n+\sum_{k=1}^{\infty}\frac{(-1)^ka_0}{2^{2k}k!(n+1)(n+2)\cdots(n+k)}x^{2k+n}. \tag{4.74}$$

若将任意常数 a_0 取为

$$a_0=\frac{1}{2^n\Gamma(n+1)},$$

其中函数 $\Gamma(s)$定义为：当 $s>0$ 时，

$$\Gamma(s)=\int_0^{+\infty}\mathrm{e}^{-x}x^{s-1}\mathrm{d}x;$$

当 $s<0$ 且为非负整数时，由递推公式 $\Gamma(s)=\frac{1}{s}\Gamma(s+1)$定义.

$\Gamma(s)$具有性质

$$\Gamma(s+1)=s\Gamma(s),\quad \Gamma(n+1)=n!,\quad n \text{ 为整数}.$$

此时，解(4.74)变为

$$y_1=\sum_{k=0}^{\infty}\frac{(-1)^k}{k!(n+k)\cdots(n+1)\Gamma(n+1)}\left(\frac{x}{2}\right)^{2k+n}$$

$$=\sum_{k=0}^{\infty}\frac{(-1)^k}{k!\Gamma(n+k+1)}\left(\frac{x}{2}\right)^{2k+n}\equiv \mathrm{J}_n(x),$$

$\mathrm{J}_n(x)$是由贝塞尔方程(4.71)定义的特殊函数，称为 n 阶贝塞尔函数.

因此，对于 n 阶贝塞尔方程，它总有一个特解 $\mathrm{J}_n(x)$. 为了求得另一个与 $\mathrm{J}_n(x)$线性无关的特解，我们自然想到，求 $\alpha=-n$ 时,方程(4.71)形如

$$y_2=\sum_{k=0}^{\infty}a_kx^{-n+k}$$

的解. 注意,只要 n 不为非负整数，像以上对于 $\alpha=n$ 时的求解过程一样，总可以求得

$$a_{2k-1}=0,\quad a_{2k}=(-1)^k\frac{a_0}{2^{2k}k!(-n+1)(-n+2)\cdots(-n+k)},\quad k=1,2,\cdots,$$

使之满足方程组(4.73)中的一系列方程，因而

$$y_2=a_0x^{-n}+\sum_{k=1}^{\infty}\frac{(-1)^ka_0}{2^{2k}k!(-n+1)(-n+2)\cdots(-n+k)}x^{2k-n}\tag{4.75}$$

是方程(4.71)的一个特解. 此时，若令

$$a_0=\frac{1}{2^{-n}\Gamma(-n+1)},$$

则(4.75)变为

$$y_2=\sum_{k=0}^{\infty}\frac{(-1)^k}{k!\Gamma(-n+k+1)}\left(\frac{x}{2}\right)^{2k-n}\equiv \mathrm{J}_{-n}(x),$$

$\mathrm{J}_{-n}(x)$称为 $-n$ 阶贝塞尔函数.

利用达朗贝尔判别法不难验证级数(4.74)和(4.75)对于任何 x 值($x\neq 0$)都是收敛的，因此,当 n 不为非负整数时，$\mathrm{J}_n(x)$和 $\mathrm{J}_{-n}(x)$都是方程(4.71)的解，而且是线性无关的，因为它们可展为由 x 的不同幂次开始的级数，从而它们的比不可能是常数. 于是方程(4.71)的通解可写为

$$y=c_1\mathrm{J}_n(x)+c_2\mathrm{J}_{-n}(x),$$

其中 c_1,c_2 是任意常数. 此情形的 $\mathrm{J}_n(x)$和 $\mathrm{J}_{-n}(x)$称为第一类贝塞尔函数.

当 n 为自然数时，虽然仍可求出 $a_{2k}(k=n+1,n+2,\cdots)$，a_{2n} 任意，但容易验证，由此得到的 $\mathrm{J}_{-n}(x)$与 $\mathrm{J}_n(x)$线性相关，为了求出与 $\mathrm{J}_n(x)$线性无关的另一个特解，要用其他方法，所得的特解称为第二类贝塞尔函数. 对此不做深入介绍.

例 4.37 求方程 $x^2\frac{\mathrm{d}^2y}{\mathrm{d}x^2}+x\frac{\mathrm{d}y}{\mathrm{d}x}+\left(4x^2-\frac{9}{25}\right)y=0$ 的通解.

解 引入新变量 $t=2x$，我们有

$$\frac{dy}{dx}=\frac{dy}{dt}\frac{dt}{dx}=2\frac{dy}{dt},$$

$$\frac{d^2y}{dx^2}=\frac{d}{dt}\left(2\frac{dy}{dt}\right)\cdot\frac{dt}{dx}=4\frac{d^2y}{dt^2},$$

将上述关系式代入原方程，得到

$$t^2\frac{d^2y}{dt^2}+t\frac{dy}{dt}+\left(t^2-\frac{9}{25}\right)y=0, \tag{4.76}$$

这是 $n=\frac{3}{5}$ 的贝塞尔方程. 由例 4.36 可知，方程(4.76)的通解可表示为

$$y=c_1 J_{\frac{3}{5}}(t)+c_2 J_{-\frac{3}{5}}(t),$$

代回原来变量，就得到原方程的通解为

$$y=c_1 J_{\frac{3}{5}}(2x)+c_2 J_{-\frac{3}{5}}(2x),$$

其中 c_1, c_2 是任意常数.

习 题 4.6

试用幂级数解法求解下列方程：

(1) $\frac{d^2y}{dx^2}+x\frac{dy}{dx}+y=0$；

(2) $\frac{d^2y}{dx^2}+x^2\frac{dy}{dx}=0$；

(3) $(1-x)\frac{d^2y}{dx^2}+y=0$；

(4) $\frac{d^2y}{dx^2}-x\frac{dy}{dx}-y=0$.

* §4.7 高阶微分方程的应用

前面几节介绍了高阶线性微分方程的基本理论和一些特殊类型方程的求解方法. 本节介绍高阶微分方程的一些应用，包括数学摆运动和质点振动问题.

4.7.1 数学摆运动

数学摆是一个质量为 m 的质点 M，系在一根长度为 l 的线上，在垂直于地面的平面上摆动，如图 4.1 所示. 下面求摆的运动方程.

设取逆时针运动的方向作为计算摆与铅垂线所成的角 φ 的正方向，质点 M 沿圆周的切向速度 v 可以表示为 $v=l\frac{d\varphi}{dt}$，作用于质点 M 的重力 mg 分解为两个分量 $\overrightarrow{MQ}$ 和 $\overrightarrow{MP}$，第一个分量 $\overrightarrow{MQ}$ 沿半径 OM 方向，与线的拉力相抵消，不会引起质点 M 的切向速度 v 的数值变化；第二个分量 $\overrightarrow{MP}$ 沿圆周的切线方向，会引起质点 M 的切向速度 v 的数值的改变. 因为 $\overrightarrow{MP}$ 总是使质点 M 向着平衡位置 A 的方向运动，当角 φ 为正时，向减少 φ 的方向运动；当角 φ 为负时，向增加 φ 的方向运动，故 $\overrightarrow{MP}$ 的数值等于 $-mg\sin\varphi$. 因此，摆的运动方程为

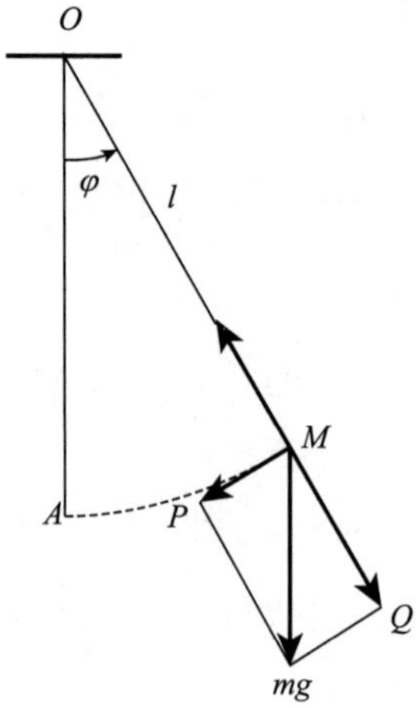

图 4.1

$$m\frac{\mathrm{d}v}{\mathrm{d}t}=-mg\sin\varphi,$$

即

$$\frac{\mathrm{d}^2\varphi}{\mathrm{d}t^2}=-\frac{g}{l}\sin\varphi. \tag{4.77}$$

摆的初始状态:当 $t=0$ 时，$\varphi=\varphi_0>0$，$\frac{\mathrm{d}\varphi}{\mathrm{d}t}=\omega_0$，其中 φ_0 为摆的初始位置，ω_0 代表摆的初始状态，这里取 $\omega_0=0$.

令$\frac{\mathrm{d}\varphi}{\mathrm{d}t}=p$,则$\frac{\mathrm{d}^2\varphi}{\mathrm{d}t^2}=p\frac{\mathrm{d}p}{\mathrm{d}\varphi}$，这时方程(4.77)变为

$$p\frac{\mathrm{d}p}{\mathrm{d}\varphi}=-\frac{g}{l}\sin\varphi,$$

积分可得

$$\frac{1}{2}p^2=\frac{g}{l}(\cos\varphi+c_1),$$

从而有

$$\frac{1}{2}\left(\frac{\mathrm{d}\varphi}{\mathrm{d}t}\right)^2=\frac{g}{l}(\cos\varphi+c_1), \tag{4.78}$$

其中 c_1 是任意常数.将初值条件代入(4.78)，得到 $c_1=-\cos\varphi_0$. 于是,式(4.78)变为

$$\left(\frac{\mathrm{d}\varphi}{\mathrm{d}t}\right)^2=\frac{2g}{l}(\cos\varphi-\cos\varphi_0),$$

将上式开方得

$$\frac{\mathrm{d}\varphi}{\mathrm{d}t}=\pm\sqrt{\frac{2g}{l}}\sqrt{\cos\varphi-\cos\varphi_0}. \tag{4.79}$$

首先讨论摆从最大的正偏离角 $\varphi=\varphi_0$ 到最大的负偏离角 $\varphi=-\varphi_0$ 之间的第一次摆动的情况，这时$\frac{\mathrm{d}\varphi}{\mathrm{d}t}<0$，式(4.79)的右端取负号，得

$$\frac{\mathrm{d}\varphi}{\mathrm{d}t}=-\sqrt{\frac{2g}{l}}\sqrt{\cos\varphi-\cos\varphi_0}. \tag{4.80}$$

将方程(4.80)分离变量，然后积分，并代入初值条件得

$$\int_{\varphi_0}^{\varphi}\frac{\mathrm{d}\varphi}{\sqrt{\cos\varphi-\cos\varphi_0}}=-\int_0^t\sqrt{\frac{2g}{l}}\,\mathrm{d}t=-t\sqrt{\frac{2g}{l}}. \tag{4.81}$$

令

$$t_0=\sqrt{\frac{l}{2g}}\int_0^{\varphi_0}\frac{\mathrm{d}\varphi}{\sqrt{\cos\varphi-\cos\varphi_0}},$$

则式(4.81)可写为

$$t_0-t=\sqrt{\frac{l}{2g}}\int_0^{\varphi}\frac{\mathrm{d}\varphi}{\sqrt{\cos\varphi-\cos\varphi_0}}, \tag{4.82}$$

其中 t_0 是代表摆从最大正偏离角 $\varphi=\varphi_0$ 第一次到达 $\varphi=0$ 所需的时间. 经过 $2t_0$ 的时间，摆到达最大负偏离角的位置 $\varphi=-\varphi_0$，然后，摆又开始向右端运动，这时$\frac{\mathrm{d}\varphi}{\mathrm{d}t}>0$，式(4.80)已不能描述摆的运动了. 故所得的解(4.82)只适用于 $0\leqslant t\leqslant 2t_0$. 对于 $t=2t_0$ 之后的一段时间,式(4.79)的右端取正号，得到方程

$$\frac{\mathrm{d}\varphi}{\mathrm{d}t}=\sqrt{\frac{2g}{l}}\sqrt{\cos\varphi-\cos\varphi_0},$$

积分之，并注意到此时初值条件为：当 $t=2t_0$ 时，$\varphi=-\varphi_0$，得

$$\int_{-\varphi_0}^{\varphi}\frac{\mathrm{d}\varphi}{\sqrt{\cos\varphi-\cos\varphi_0}}=\int_{2t_0}^{t}\sqrt{\frac{2g}{l}}\,\mathrm{d}t=(t-2t_0)\sqrt{\frac{2g}{l}}, \tag{4.83}$$

再注意到

$$\int_{-\varphi_0}^{0}\frac{\mathrm{d}\varphi}{\sqrt{\cos\varphi-\cos\varphi_0}}=\int_0^{\varphi_0}\frac{\mathrm{d}\varphi}{\sqrt{\cos\varphi-\cos\varphi_0}}=t_0,$$

可将式(4.83)写作

$$t-3t_0=\sqrt{\frac{l}{2g}}\int_0^{\varphi}\frac{\mathrm{d}\varphi}{\sqrt{\cos\varphi-\cos\varphi_0}}. \tag{4.84}$$

当 $t=4t_0$ 时，摆又回复到 $\varphi=\varphi_0$ 处，然后继续向左端运动，式(4.84)在 $2t_0\leqslant t\leqslant 4t_0$ 上适用. 摆在 $\varphi=\varphi_0$ 和 $\varphi=-\varphi_0$ 之间做周期性的摆动，所以，只需在区间 $0\leqslant t\leqslant 4t_0$ 上讨论摆的运动. 摆从 $\varphi=\varphi_0$ 到 $\varphi=-\varphi_0$ 的摆动情况由方程(4.82)描述；而摆从 $\varphi=-\varphi_0$ 再到 $\varphi=\varphi_0$ 的摆动情况由方程(4.84)描述. 积分 $\int_0^{\varphi}\frac{\mathrm{d}\varphi}{\sqrt{\cos\varphi-\cos\varphi_0}}$ 是不能用初等函数表示出来的，这是一个椭圆积分.

如果只研究摆的微小振动，即 φ 较小时，可用 φ 近似代替 $\sin\varphi$，摆的运动方程为

$$\frac{\mathrm{d}^2\varphi}{\mathrm{d}t^2}+\frac{g}{l}\varphi=0. \tag{4.85}$$

如果摆在黏性介质中摆动，即存在与速度 v 成比例的阻力，设阻力系数为 μ，则摆的运动方程为

$$\frac{d^2\varphi}{dt^2}+\frac{\mu}{m}\frac{d\varphi}{dt}+\frac{g}{l}\varphi=0. \tag{4.86}$$

如果沿着摆的运动方向恒有一个外力 $F(t)$作用，即摆的运动为强迫微小振动，这时摆的运动方程为

$$\frac{d^2\varphi}{dt^2}+\frac{\mu}{m}\frac{d\varphi}{dt}+\frac{g}{l}\varphi=\frac{1}{ml}F(t). \tag{4.87}$$

4.7.2 质点振动

振动是日常生活和工程技术中常见的一种运动形式. 例如钟摆的往复摆动、弹簧的振动、乐器中弦线的振动、机床主轴的振动，电流电路中的电磁振荡等. 振动问题的研究，在一定条件下可以归结为二阶常系数线性微分方程的问题来讨论. 下面以 4.7.1 小节中的数学摆作为具体的物理模型，利用常系数线性微分方程的理论，讨论有关自由振动和强迫振动的问题.

1. 无阻尼自由振动

考察数学摆的无阻尼微小自由振动方程

$$\frac{d^2\varphi}{dt^2}+\frac{g}{l}\varphi=0, \tag{4.88}$$

记$\frac{g}{l}=\omega^2$，这里 $\omega>0$ 是常数，方程变为

$$\frac{d^2\varphi}{dt^2}+\omega^2\varphi=0. \tag{4.89}$$

这是二阶常系数齐次线性微分方程，它的特征方程为

$$\lambda^2+\omega^2=0,$$

特征根为共轭复根

$$\lambda_1=\omega i,\quad \lambda_2=-\omega i.$$

因此，方程(4.89)的通解为

$$\varphi=c_1\cos\omega t+c_2\sin\omega t, \tag{4.90}$$

其中 c_1, c_2 为任意常数. 为了获得明显的物理意义，令

$$\sin\theta=\frac{c_1}{\sqrt{c_1^2+c_2^2}},\qquad \cos\theta=\frac{c_2}{\sqrt{c_1^2+c_2^2}},$$

若取

$$A=\sqrt{c_1^2+c_2^2},\quad \theta=\arctan\frac{c_1}{c_2},$$

则通解(4.90)可以写成

$$\varphi=\sqrt{c_1^2+c_2^2}\left(\frac{c_1}{\sqrt{c_1^2+c_2^2}}\cos\omega t+\frac{c_2}{\sqrt{c_1^2+c_2^2}}\sin\omega t\right)=A(\sin\theta\cos\omega t+\cos\theta\sin\omega t),$$

即

$$\varphi=A\sin(\omega t+\theta), \tag{4.91}$$

这里 A, θ 代替了 c_1, c_2 作为通解中所含的两个任意常数.

从通解(4.91)可以看出，无论反映摆的初始状态的 A 与 θ 为何值，摆的运动总是一个正弦函数，是 t 的周期函数(如图 4.2 所示). 这种运动称为**简谐振动**. 振动往返一次所需的时间称为**周期**，记为 T，这里 $T=\frac{2\pi}{\omega}$；单位时间内振动的次数称为频率，记作 ν，这里 $\nu=\frac{1}{T}=\frac{\omega}{2\pi}$；而 $\omega=2\pi\nu$ 称为角频率. 从而得出结论：数学摆的周期只依赖于摆长 l，与初值无关.

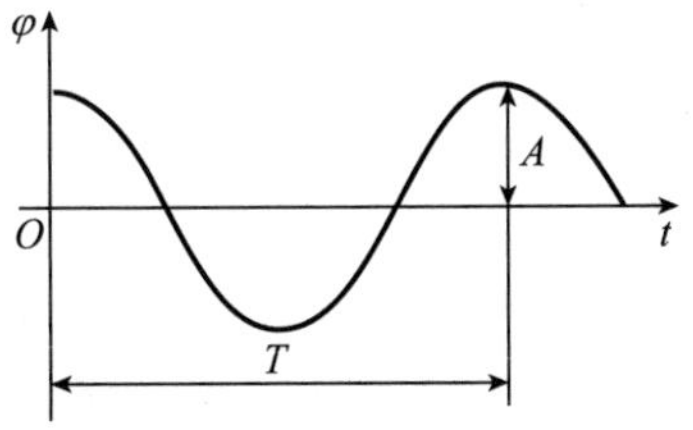

图 4.2

此外，摆离开平衡位置的最大偏离称为振幅. 数学摆的振幅为 A，而 θ 称为初位相. 这里，振幅和初位相都依赖于初值条件.

如果把数学摆移至位置 $\varphi=\varphi_0$ 处，然后突然松开，使其自由摆动，这就相当于给定如下的初值条件：

当 $t=0$ 时，

$$\varphi=\varphi_0,\quad \frac{d\varphi}{dt}=0. \tag{4.92}$$

把初值条件(4.92)代入通解(4.91)，得到

$$\varphi\Big|_{t=0}=A\sin\theta=\varphi_0,\ \frac{d\varphi}{dt}\Big|_{t=0}=A\omega\cos\theta=0.$$

于是得初位相 $\theta=\frac{\pi}{2}$，振幅 $A=\varphi_0$，因此，所求的特解为

$$\varphi=\varphi_0\sin\left(\omega t+\frac{\pi}{2}\right)=\varphi_0\cos\omega t.$$

2. *有阻尼自由振动*

从通解(4.91)可以看出，无阻尼的自由振动是按正弦规律做周期运动，摆动似乎可以无限期地进行下去. 但是，实际情况并不是如此，摆总是经过一段时间的摆动后就会停下来，这说明所得的方程并没有完全反映物体运动的规律. 因为空气阻力在实际上总是难免的，因此必须把运动阻力这一因素考虑进去，从而得到有阻尼的自由振动方程

$$\frac{d^2\varphi}{dt^2}+\frac{\mu}{m}\frac{d\varphi}{dt}+\frac{g}{l}\varphi=0. \tag{4.93}$$

记 $\frac{\mu}{m}=2n$，$\frac{g}{l}=\omega^2$，其中 n，ω 是正常数，方程(4.93)可以写成

$$\frac{d^2\varphi}{dt^2}+2n\frac{d\varphi}{dt}+\omega^2\varphi=0, \tag{4.94}$$

其特征方程为

$$\lambda^2+2n\lambda+\omega^2=0, \tag{4.95}$$

特征根为

$$\lambda_1=-n+\sqrt{n^2-\omega^2},\quad \lambda_2=-n-\sqrt{n^2-\omega^2}.$$

对于不同的阻尼值 n，微分方程有不同形式的解，它表示不同的运动形式，现分下面三种情形进行讨论：

(1) 小阻尼的情形，即 $n<\omega$ 的情形. 这时，λ_1,λ_2 为一对共轭复根，记 $\omega_1=\sqrt{\omega^2-n^2}$，则

$$\lambda_1=-n+\omega_1\mathrm{i},\quad \lambda_2=-n-\omega_1\mathrm{i},$$

而方程(4.93)的通解为

$$\varphi=\mathrm{e}^{-nt}(c_1\cos\omega_1 t+c_2\sin\omega_1 t).$$

和前面无阻尼的情形一样，可以把上述通解改写成如下形式：

$$\varphi=A\mathrm{e}^{-nt}\sin(\omega_1 t+\theta), \tag{4.96}$$

这里 A，θ 为任意常数.

从式(4.96)可见，摆的运动已不是周期的，振动的最大偏离随着时间增加而不断减小，而摆从一个最大偏离到达同侧下一个最大偏离所需时间为 $T=\dfrac{2\pi}{\omega_1}$，图 4.3 表示函数(4.96)的图形，图中虚线是 $\varphi=A\mathrm{e}^{-nt}$ 的图形；而实线表示摆运动的偏离随时间变化的规律，它夹在两条虚线中间振动. 因为阻尼的存在，摆的最大偏离随时间增大而不断减小，最后摆趋于平衡位置 $\varphi=0$.

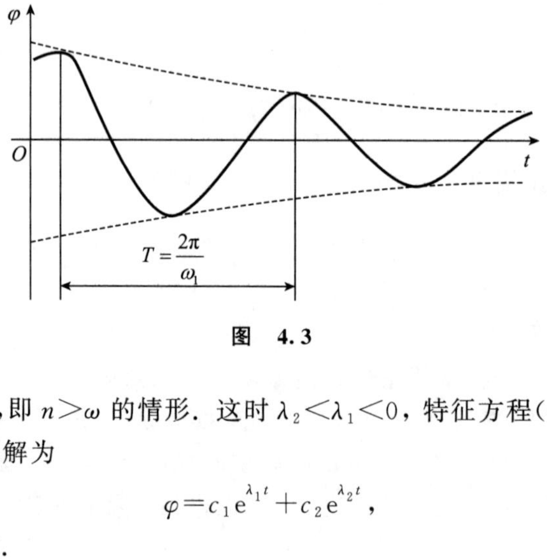

图 4.3

(2) 大阻尼的情形，即 $n>\omega$ 的情形. 这时 $\lambda_2<\lambda_1<0$，特征方程(4.95)有两个不同的负实根，方程(4.94)的通解为

$$\varphi=c_1\mathrm{e}^{\lambda_1 t}+c_2\mathrm{e}^{\lambda_2 t}, \tag{4.97}$$

其中 c_1,c_2 是任意常数.

从式(4.97)可以看出，摆的运动也不是周期的，因为方程

$$0=c_1\mathrm{e}^{\lambda_1 t}+c_2\mathrm{e}^{\lambda_2 t}$$

对于 t 最多只有一个解，因此摆最多只通过平衡位置一次，又因为

$$\frac{\mathrm{d}\varphi}{\mathrm{d}t}=c_1\lambda_1\mathrm{e}^{\lambda_1 t}+c_2\lambda_2\mathrm{e}^{\lambda_2 t}=\mathrm{e}^{\lambda_1 t}[c_1\lambda_1+c_2\lambda_2\mathrm{e}^{(\lambda_2-\lambda_1)t}],$$

从而当 t 足够大时，$\dfrac{\mathrm{d}\varphi}{\mathrm{d}t}$的符号与 c_1 的符号相反. 因此，经过一段时间后，摆就单调地趋于平衡位置，因而在大阻尼的情形，运动不是周期的，且不再具有振动的性质. 摆的运动规律(4.97)的图形如图 4.4(a)所示.

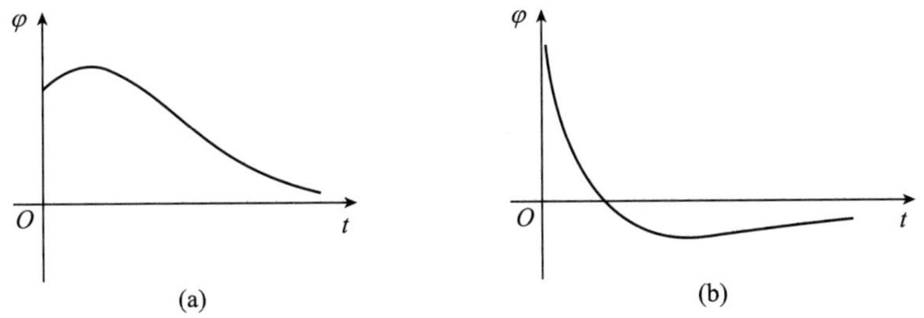

图 4.4

(3)临界阻尼的情形，即 $n=\omega$ 的情形. 这时特征方程(4.95)有重根 $\lambda_1=\lambda_2=-n$，方程(4.94)的通解为

$$\varphi=\mathrm{e}^{-nt}(c_1+c_2t), \tag{4.98}$$

其中 c_1,c_2 是任意常数.

从式(4.98)可以看出，摆的运动也不是周期的，它的运动规律(4.98)的图形与图 4.4(b)类似，且摆也不具有振动的性质. 数值 $n=\omega$ 称为阻尼的临界值，这一数值正好足够抑制振动. 这里临界值的意思是指：摆处于振动状态或不振动状态的阻尼分界值，即当 $n\geqslant\omega$ 时，摆不具有振动性质，运动规律如图 4.4 所示；而当 $n<\omega$ 时，摆具有振动性质，运动规律如图 4.3 所示.

3. 无阻尼强迫振动

前面讨论的无阻尼自由振动和有阻尼自由振动都属于自由振动，它对应于一个二阶常系数齐次线性微分方程. 当一个振动系统经常受到一个外力作用时，这种振动称为强迫振动. 最常见的外力往往是按周期变化的，这里考察周期外力按正弦变化的作用下的强迫振动. 我们仍以数学摆为例.

数学摆的微小强迫振动方程可写为式(4.87)的形式，即

$$\frac{\mathrm{d}^2\varphi}{\mathrm{d}t^2}+\frac{\mu}{m}\frac{\mathrm{d}\varphi}{\mathrm{d}t}+\frac{g}{l}\varphi=\frac{1}{ml}F(t).$$

考察无阻尼强迫振动，即 $\mu=0$ 的情形. 令$\dfrac{g}{l}=\omega^2$，设$\dfrac{F(t)}{ml}=H\sin pt$，$H$ 为已知常数，p 为外力角频率. 这时方程变为

$$\frac{\mathrm{d}^2\varphi}{\mathrm{d}t^2}+\omega^2\varphi=H\sin pt. \tag{4.99}$$

方程(4.99)对应的齐次线性微分方程的通解为 $\varphi=A\sin(\omega t+\theta)$，其中 A，θ 是任意常数. 现求方程(4.99)的一个特解. 如果 $\omega\neq p$，则方程(4.99)有形如

$$\tilde{\varphi}=M\cos pt+N\sin pt \tag{4.100}$$

的解，其中 M，N 是待定常数. 将式(4.100)代入式(4.99)，比较同类项系数，得到

$$M=0,\quad N=\frac{H}{\omega^2-p^2}.$$

因此，方程(4.99)的通解为

$$\varphi=A\sin(\omega t+\theta)+\frac{H}{\omega^2-p^2}\sin pt. \tag{4.101}$$

这个通解(4.101)由两部分组成，第一部分是无阻尼自由振动的解 $A\sin(\omega t+\theta)$，它代表固有振动；第二部分是振动频率与外力频率相同，而振幅不同的项$\frac{H}{\omega^2-p^2}\sin pt$，它代表由外力引起的强迫振动. 从式(4.101)还可以看出，如果外力的角频率 p 愈接近固有圆频率 ω，则强迫振动项的振幅就愈大.

如果 $p=\omega$，则方程(4.99)有形如 $\tilde{\varphi}=t(M\cos\omega t+N\sin\omega t)$ 的解，将它代入方程(4.99)，比较同类项系数得到

$$M=-\frac{H}{2\omega},\quad N=0.$$

因而，方程(4.99)的通解为

$$\varphi=A\sin(\omega t+\theta)-\frac{H}{2\omega}t\cos\omega t. \tag{4.102}$$

式(4.102)表示随着时间的增大，摆的偏离将无限增加，这种现象称为共振现象. 但是，实际上，随着摆的偏离增加到一定程度，方程(4.99)就不能描述摆的运动状态了.

4. *有阻尼强迫振动*

这时摆的运动方程(4.99)变为

$$\frac{d^2\varphi}{dt^2}+2n\frac{d\varphi}{dt}+\omega^2\varphi=H\sin pt. \tag{4.103}$$

根据实际的需要，只讨论小阻尼的情形，即 $n<\omega$ 的情形. 这时方程(4.103)对应的齐次线性方程的通解为

$$\varphi=Ae^{-nt}\sin(\omega_1 t+\theta), \tag{4.104}$$

其中 A,θ 是任意常数，$\omega_1=\sqrt{\omega^2-n^2}$.

现求方程(4.103)的一个特解，这时可以寻求形如

$$\tilde{\varphi}=M\cos pt+N\sin pt \tag{4.105}$$

的特解，这里 M，N 是待定常数. 将式(4.105)代入方程(4.103)，比较同类项系数，得到

$$M=\frac{-2npH}{(\omega^2-p^2)^2+4n^2p^2},\quad N=\frac{(\omega^2-p^2)H}{(\omega^2-p^2)^2+4n^2p^2}.$$

为了获得更明显的物理意义，令

$$M=H^*\sin\theta^*,\quad N=H^*\cos\theta^*,$$

即

$$H^*=\sqrt{M^2+N^2}=\frac{H}{\sqrt{(\omega^2-p^2)^2+4n^2p^2}}, \tag{4.106}$$

$$\tan\theta^*=-\frac{2np}{\omega^2-p^2},$$

这时式(4.105)可以写成

$$\tilde{\varphi}=H^{*}\sin\theta^{*}\cos pt+H^{*}\cos\theta^{*}\sin pt=H^{*}\sin(pt+\theta^{*}).$$

因此，方程(4.103)的通解为

$$\varphi=A\mathrm{e}^{-nt}\sin(\omega_1 t+\theta)+\frac{H}{\sqrt{(\omega^2-p^2)^2+4n^2p^2}}\sin(pt+\theta^{*}). \tag{4.107}$$

从通解(4.107)可以看出，摆的运动由两部分叠加而成，第一部分是有阻尼的自由振动，它是系统本身的固有振动，它随时间的增长而衰减；第二部分是由外力而引起的强迫振动项，它的振幅不随时间的增长而衰减.因此，考虑强迫振动时主要考虑后一项

$$\frac{H}{\sqrt{(\omega^2-p^2)^2+4n^2p^2}}\sin(pt+\theta^{*}),$$

它与外力的频率一样，但相位和振幅都不同了.

现在来研究外力的角频率 p 取什么值时所引起的强迫振动项的振幅 H^{*} 达到最大值.从式(4.106)看出，只需讨论当 p 取何值时 $(\omega^2-p^2)^2+4n^2p^2$ 达到最小值即可.为此，记 $G(p)=(\omega^2-p^2)^2+4n^2p^2$，将它对 p 求导数，并令导数等于零，得到

$$G'(p)=-4p(\omega^2-p^2)+8n^2p=0.$$

因此，只要 $2n^2<\omega^2$，即只要阻尼很小时，就解得

$$p=\sqrt{\omega^2-2n^2}, \tag{4.108}$$

而当 p 取此值时，有 $G'(p)=8p^2>0$,因而 $G(p)$在 $p=\sqrt{\omega^2-2n^2}$ 时达到最小值.

把式(4.108)代入式(4.106)，得到相应的最大振幅值为

$$H_{\max}^{*}=\frac{H}{\sqrt{4n^4+4n^2(\omega^2-2n^2)}}=\frac{H}{2n\sqrt{\omega^2-n^2}},$$

也就是说，当外力的角频率 $p=\sqrt{\omega^2-2n^2}$ 时，强迫振动项的振幅达到最大值，这时的角频率称为共振频率，所产生的现象称为共振现象.

在发生共振时，一个振动系统在不太大的外力作用下，会产生很大振幅的振动，以致引起破坏性的效果.因此，在工程技术中要尽量避免共振现象的发生.当然，只要掌握共振的规律，也可以利用共振为民服务.例如,收音机的调频就是利用共振的作用，乐器的制造也是利用共振的原理.

习　题　4.7

1. 一质量为 $p=4$ kg 的物体挂在弹簧下端，它使弹簧的长度增长 1 cm，假定弹簧的上端有一转动机产生铅直调和振动 $y=2\sin 30t$ cm ,并在初始时刻 $t=0$ 时，重物处于静止状态，试求该重物的运动规律.

2. 一质量为 m 的质点由静止开始沉入液体中，当下沉时，液体的阻力与下沉的速度成正比，求此质点的运动规律.

本章学习要点

本章主要介绍二阶及二阶以上微分方程的理论和求解方法. 重点讲述线性微分方程的

基本理论和常系数线性微分方程的解法，并简单介绍了某些高阶微分方程的降阶法和二阶线性微分方程的幂级数法．学习本章时应注意如下几点：

1．了解 n 阶线性方程的解存在唯一性定理的条件和结论．

2．掌握函数线性相关、线性无关、朗斯基行列式、基本解组的概念，并熟练掌握利用朗斯基行列式判定齐次线性方程解的线性关系．

3．掌握线性微分方程解的性质：(1)齐次线性微分方程解的叠加原理；(2)非齐次线性微分方程解的叠加原理；(3)n 阶齐次线性微分方程的所有解构成一个 n 维线性空间；(4)基本解组以任意常数为系数的线性组合构成齐次线性微分方程的通解；(5)非齐次线性微分方程的通解可表示为它的一个特解与对应齐次线性微分方程通解之和；(6)n 阶非齐次线性微分方程的所有解构成一个 $n+1$ 维线性空间．

4．熟练掌握线性微分方程五种较常用的方法：(1)微分方程基本解组的欧拉待定指数函数法(又称特征根法)；(2)求常系数非齐次线性微分方程特解的待定系数法；(3)求一般非齐次线性微分方程特解的常数变易法；(4)求常系数线性微分方程满足初值条件的拉普拉斯变换法．

5．掌握欧拉方程的求解方法．

6．掌握高阶方程中可降阶的一些方程的解法．

7．了解幂级数思想来表示某些微分方程的解．

8．了解高阶微分方程在某些实际问题中的建模思想，进一步了解通过模型求解分析，发现事物的发展变化规律．

本章自测题

1．求解下列方程：

(1) $\dfrac{\mathrm{d}^2 y}{\mathrm{d}x^2}+\dfrac{\mathrm{d}y}{\mathrm{d}x}+y=0$；

(2) $\dfrac{\mathrm{d}^5 y}{\mathrm{d}x^5}-5\dfrac{\mathrm{d}^4 y}{\mathrm{d}x^4}+6\dfrac{\mathrm{d}^3 y}{\mathrm{d}x^3}=0$；

(3) $\dfrac{\mathrm{d}^2 y}{\mathrm{d}x^2}+2\dfrac{\mathrm{d}y}{\mathrm{d}x}-3y=2\sin 2x$；

(4) $\dfrac{\mathrm{d}^3 y}{\mathrm{d}x^3}-4\dfrac{\mathrm{d}^2 y}{\mathrm{d}x^2}+5\dfrac{\mathrm{d}y}{\mathrm{d}x}-2y=2x+3$；

(5) $\dfrac{\mathrm{d}^2 y}{\mathrm{d}x^2}+2\dfrac{\mathrm{d}y}{\mathrm{d}x}+2y=\mathrm{e}^x+2\mathrm{e}^{-x}\sin x$；

(6) $y\dfrac{\mathrm{d}^2 y}{\mathrm{d}x^2}+\left(\dfrac{\mathrm{d}y}{\mathrm{d}x}\right)^2=0$．

2．证明：$y_1=x$ 是方程 $x^3\dfrac{\mathrm{d}^2 y}{\mathrm{d}x^2}+x\dfrac{\mathrm{d}y}{\mathrm{d}x}-y=0$ 的一个解，并求方程的通解．

3．已知某一三阶常系数齐次线性微分方程有两个特解 $5\mathrm{e}^x$，$\cos x$，试求其通解及对应的微分方程．

4．已知二阶线性非齐次微分方程的三个特解为 $y_1=1$，$y_2=x$，$y_3=x^3$，试求其通解及对应的微分方程．

5．试用待定系数法与拉普拉斯变换法分别求初值问题

$$\frac{\mathrm{d}^2 y}{\mathrm{d}x^2}-3\frac{\mathrm{d}y}{\mathrm{d}x}+2y=2\mathrm{e}^{3x},\quad y(0)=y'(0)=0$$

的解．

第五章 微分方程组

本章数字资源

前面四章研究了含有一个未知函数的微分方程的解法及它们的性质. 但是，在很多实际问题与理论问题中，还需要求解含有多个未知函数的微分方程组，并研究它们的解的性质. 本章在简述微分方程组的概念及解的存在唯一性定理的基础上，重点讲述线性微分方程组的基本理论和常系数线性方程组的解法. 此外，针对非线性微分方程组，本章介绍了消元法和首次积分法等常用求解方法.

§5.1 微分方程组的概念及解的存在唯一性定理

对于高阶微分方程 $y^{(n)}=f(x,y,y',\cdots,y^{(n-1)})$，令

$$y_1=y,\quad y_2=\frac{\mathrm{d}y}{\mathrm{d}x},\quad \cdots,\quad y_n=\frac{\mathrm{d}^{n-1}y}{\mathrm{d}x^{n-1}},$$

它就可以化为一阶微分方程组

$$\begin{cases}\dfrac{\mathrm{d}y_1}{\mathrm{d}x}=y_2,\\ \dfrac{\mathrm{d}y_2}{\mathrm{d}x}=y_3,\\ \cdots\cdots\cdots\cdots\\ \dfrac{\mathrm{d}y_n}{\mathrm{d}x}=f(x,y_1,\cdots,y_n).\end{cases}\tag{5.1}$$

由此可见，高阶微分方程(组)通过某些适当的变换，可化为一阶微分方程组. 所以，只需讨论一阶微分方程组.

含有 n 个未知函数 $y_1,y_2,\cdots,y_n$ 的一阶微分方程组的一般形式为

$$\begin{cases}\dfrac{\mathrm{d}y_1}{\mathrm{d}x}=f_1(x,y_1,\cdots,y_n),\\ \dfrac{\mathrm{d}y_2}{\mathrm{d}x}=f_2(x,y_1,\cdots,y_n),\\ \cdots\cdots\cdots\cdots\\ \dfrac{\mathrm{d}y_{n-1}}{\mathrm{d}x}=f_{n-1}(x,y_1,\cdots,y_n),\\ \dfrac{\mathrm{d}y_n}{\mathrm{d}x}=f_n(x,y_1,\cdots,y_n).\end{cases}\tag{5.2}$$

所谓方程组(5.2)在 $a\leqslant x\leqslant b$ 上的一个**解**，是这样的一组函数

$$y_1(x),\quad y_2(x),\quad \cdots,\quad y_n(x),$$

使得在$[a,b]$上有恒等式

$$\frac{\mathrm{d}y_i(x)}{\mathrm{d}x}=f_i(x,y_1(x),y_2(x),\cdots,y_n(x)),\quad i=1,2,\cdots,n.$$

含有 n 个任意独立常数 $c_1,c_2,\cdots,c_n$ 的解

$$\begin{cases}y_1=\varphi_1(x,c_1,c_2,\cdots,c_n),\\ y_2=\varphi_2(x,c_1,c_2,\cdots,c_n),\\ \cdots\cdots\cdots\cdots\\ y_n=\varphi_n(x,c_1,c_2,\cdots,c_n),\end{cases}\tag{5.3}$$

称为方程组(5.2)的**通解**. 如果通解满足 n 个隐式方程构成的方程组

$$\begin{cases}\Phi_1(x;y_1,y_2,\cdots,y_n;c_1,c_2,\cdots,c_n)=0,\\ \Phi_2(x;y_1,y_2,\cdots,y_n;c_1,c_2,\cdots,c_n)=0,\\ \cdots\cdots\cdots\cdots\\ \Phi_n(x;y_1,y_2,\cdots,y_n;c_1,c_2,\cdots,c_n)=0,\end{cases}\tag{5.4}$$

则称方程组(5.4)为(5.2)的**通积分**. 与 n 阶方程情况类似，为简单起见，不把通解和通积分加以区别，统称为通解.

如果已经求得方程组(5.2)的通解，要求满足初值条件

$$y_1(x_0)=y_{10},\quad y_2(x_0)=y_{20},\quad \cdots,\quad y_n(x_0)=y_{n0}\tag{5.5}$$

的解，则可以将初值条件代入已求得方程组(5.2)的通解(5.3)或(5.4)之中，得到关于 c_1，$c_2,\cdots,c_n$ 的 n 个方程式，如果能从中解得 $c_1,c_2,\cdots,c_n$，再代回通解(5.3)或(5.4)，就得到所求的解.

为了简洁方便，经常采用向量与矩阵来研究一阶微分方程组(5.2). 令 n 维向量函数

$$\boldsymbol{y}=\begin{bmatrix}y_1\\ y_2\\ \vdots\\ y_n\end{bmatrix},\quad \boldsymbol{f}(x,\boldsymbol{y})=\begin{bmatrix}f_1(x,y_1,\cdots,y_n)\\ f_2(x,y_1,\cdots,y_n)\\ \vdots\\ f_n(x,y_1,\cdots,y_n)\end{bmatrix},$$

并定义

$$\frac{\mathrm{d}\boldsymbol{y}}{\mathrm{d}x}=\begin{bmatrix}\dfrac{\mathrm{d}y_1}{\mathrm{d}x}\\ \dfrac{\mathrm{d}y_2}{\mathrm{d}x}\\ \vdots\\ \dfrac{\mathrm{d}y_n}{\mathrm{d}x}\end{bmatrix},\quad \int_{x_0}^{x}\boldsymbol{f}(x)\mathrm{d}x=\begin{bmatrix}\displaystyle\int_{x_0}^{x}f_1(x)\mathrm{d}x\\ \displaystyle\int_{x_0}^{x}f_2(x)\mathrm{d}x\\ \vdots\\ \displaystyle\int_{x_0}^{x}f_n(x)\mathrm{d}x\end{bmatrix},$$

则方程组(5.2)可记成向量形式

$$\frac{\mathrm{d}\boldsymbol{y}}{\mathrm{d}x}=\boldsymbol{f}(x,\boldsymbol{y}),\tag{5.6}$$

初值条件(5.5)可记为

$$\boldsymbol{y}(x_0)=\boldsymbol{y}_0,\quad 其中\quad \boldsymbol{y}_0=\begin{bmatrix} y_{10}\\ y_{20}\\ \vdots \\ y_{n0}\end{bmatrix}. \tag{5.7}$$

于是，微分方程组(5.2)满足初值条件(5.5)的初值问题可记为

$$\begin{cases}\dfrac{\mathrm{d}\boldsymbol{y}(x)}{\mathrm{d}x}=\boldsymbol{f}(x,\boldsymbol{y}),\\ \boldsymbol{y}(x_0)=\boldsymbol{y}_0.\end{cases} \tag{5.8}$$

这样，从形式上看，微分方程组就与一阶微分方程完全一样了. 此外，把 n 维向量

$$\boldsymbol{y}=\begin{bmatrix} y_1\\ y_2\\ \vdots \\ y_n\end{bmatrix}$$

的**范数** $\|\boldsymbol{y}\|$ 定义为

$$\|\boldsymbol{y}\|=\sum_{i=1}^{n}|y_i|.$$

易于证明它有如下性质：

(1) $\|\boldsymbol{y}\|\geqslant 0$ 且 $\|\boldsymbol{y}\|=0$ 当且仅当 $\boldsymbol{y}=\boldsymbol{0}$($\boldsymbol{0}$ 表示零向量)；

(2) $\|\boldsymbol{y}_1+\boldsymbol{y}_2\|\leqslant\|\boldsymbol{y}_1\|+\|\boldsymbol{y}_2\|$；

(3) 对任意常数 α，有 $\|\alpha\boldsymbol{y}\|=|\alpha|\cdot\|\boldsymbol{y}\|$；

(4) $\left\|\int_{x_0}^{x}\boldsymbol{f}(x)\mathrm{d}x\right\|\leqslant\left|\int_{x_0}^{x}\|\boldsymbol{f}(x)\|\mathrm{d}x\right|$.

在如上定义了 n 维空间的范数之后，可以定义**按范数收敛**的概念. 如果对于任意的 $a\leqslant x\leqslant b$，有

$$\lim_{n\to+\infty}\|\boldsymbol{y}_n(x)-\boldsymbol{y}(x)\|=0,$$

则称 $\boldsymbol{y}_n(x)$在 $a\leqslant x\leqslant b$ 上按范数收敛于 $\boldsymbol{y}(x)$；如果上式对$[a,b]$上的 x 为一致的，则称 $\boldsymbol{y}_n(x)$在 $a\leqslant x\leqslant b$ 上**按范数一致收敛**于 $\boldsymbol{y}(x)$.

易于看出，按范数收敛相当于各分量的收敛.

另外，如果对 n 维向量函数 $\boldsymbol{f}(x)$有

$$\lim_{x\to x_0}\|\boldsymbol{f}(x)-\boldsymbol{f}(x_0)\|=0,$$

则称 $\boldsymbol{f}(x)$在 x_0 **连续**.

$\boldsymbol{f}(x)$在 x_0 的连续性相当于各分量在 x_0 的连续性.

完全类似于第三章定理 3.1，有如下的关于初值问题(5.8)的解的存在与唯一性定理.

定理 5.1 如果函数 $\boldsymbol{f}(x,\boldsymbol{y})$在 $n+1$ 维空间的闭区域 $R(|x-x_0|\leqslant a,\ \|\boldsymbol{y}-\boldsymbol{y}_0\|\leqslant b)$ 上满足：

(1) 连续；

(2) 关于 $\boldsymbol{y}$ 满足利普希茨条件，

则存在 $h>0$，使初值问题(5.8)的解在 $|x-x_0|\leqslant h$ 上存在且唯一，其中 $h=\min\left(a,\dfrac{b}{M}\right)$，

$M=\max\limits_{(x,\boldsymbol{y})\in R}\|\boldsymbol{f}(x,\boldsymbol{y})\|$.

定理的证明方法与定理 3.1 完全类似，首先证明微分方程组(5.8)的解与积分方程组

$$\boldsymbol{y}(x)=\boldsymbol{y}_0+\int_{x_0}^{x}\boldsymbol{f}(x,\boldsymbol{y}(x))\mathrm{d}x \tag{5.9}$$

同解.为证方程组(5.9)解的存在性，同样用逐步逼近法，其步骤可以逐字逐句重复定理 3.1 的证明．至于唯一性的证明，可以利用命题 3.5 的方法或者习题 3.1 中第 7 题格朗沃尔不等式证明.

定理 5.1 的条件(1)相当于方程组(5.2)的各个右端函数

$$f_i(x,y_1,y_2,\cdots,y_n)\quad(i=1,2,\cdots,n)$$

的连续性.条件(2)相当于函数 $f_i(x,y_1,y_2,\cdots,y_n)$关于 $y_1,y_2,\cdots,y_n$ 满足利普希茨条件.而保证条件(2)成立的一个充分条件是 $f_i(x,y_1,y_2,\cdots,y_n)$对 $y_1,y_2,\cdots,y_n$ 的一阶偏导数在R 上存在且连续.

对于微分方程组(5.8)也有类似于第三章关于方程(3.1)的解的延拓定理和解对初值的连续性定理，这只要在第三章相应定理中把纯量 y 换成向量 $\boldsymbol{y}$ 即可.

习　题　5.1

1. 给定方程组

$$\frac{\mathrm{d}\boldsymbol{y}}{\mathrm{d}x}=\begin{bmatrix}0&1\\-1&0\end{bmatrix}\boldsymbol{y},\quad \boldsymbol{y}=\begin{bmatrix}y_1\\y_2\end{bmatrix}.$$

(1) 试证

$$\boldsymbol{u}(x)=\begin{bmatrix}\cos x\\-\sin x\end{bmatrix},\quad \boldsymbol{v}(x)=\begin{bmatrix}\sin x\\\cos x\end{bmatrix}$$

分别是方程组满足初值条件

$$\boldsymbol{u}(0)=\begin{bmatrix}1\\0\end{bmatrix},\quad \boldsymbol{v}(0)=\begin{bmatrix}0\\1\end{bmatrix}$$

的解.

(2) 试证 $\boldsymbol{w}(x)=c_1\boldsymbol{u}(x)+c_2\boldsymbol{v}(x)$是方程组的满足初值条件

$$\boldsymbol{w}(0)=\begin{bmatrix}c_1\\c_2\end{bmatrix}$$

的解，其中 c_1，c_2 是任意常数.

2. 将下面的初值问题化为与之等价的一阶方程组的初值问题：

(1) $y''+2y'+7xy=\mathrm{e}^{-x},y(1)=7,\ y'(1)=-2$；

(2) $y^{(4)}+y=x\mathrm{e}^{x},y(0)=1,\ y'(0)=-1,y''(0)=2,y'''(0)=0$；

(3) $\begin{cases}x''+5y'-7x+6y=\mathrm{e}^{t},\\y''-2y+13y'-15x=\cos t,\end{cases}\quad x(0)=1,x'(0)=0,y(0)=0,y'(0)=1.$

(提示：令 $\omega_1=x$，$\omega_2=x'$，$\omega_3=y$，$\omega_4=y'$.)

3. 试用逐步逼近法求方程组

$$\frac{\mathrm{d}\boldsymbol{y}}{\mathrm{d}x}=\begin{bmatrix}0 & 1\\ -1 & 1\end{bmatrix}\boldsymbol{y}$$

满足初始条件

$$\boldsymbol{y}(0)=\begin{bmatrix}0\\ 1\end{bmatrix}$$

的第三次近似解.

§5.2 线性微分方程组的一般理论

线性微分方程组不仅是研究非线性方程组(5.2)的有力工具，而且和第四章讲过的 n 阶线性微分方程之间有着密切的联系，是常微分方程理论中相当完整的部分.

如果在方程组(5.2)中，函数 $f_i(x,y_1,y_2,\cdots,y_n)(i=1,2,\cdots,n)$关于 $y_1,y_2,\cdots,y_n$ 是线性的，即方程组(5.2)可以写成

$$\begin{cases}\dfrac{\mathrm{d}y_1}{\mathrm{d}x}=a_{11}(x)y_1+a_{12}(x)y_2+\cdots+a_{1n}(x)y_n+f_1(x),\\ \dfrac{\mathrm{d}y_2}{\mathrm{d}x}=a_{21}(x)y_1+a_{22}(x)y_2+\cdots+a_{2n}(x)y_n+f_2(x),\\ \cdots\cdots\cdots\cdots\\ \dfrac{\mathrm{d}y_n}{\mathrm{d}x}=a_{n1}(x)y_1+a_{n2}(x)y_2+\cdots+a_{nn}(x)y_n+f_n(x),\end{cases}\tag{5.10}$$

其中函数 $a_{ij}(x)(i,j=1,2,\cdots,n)$和 $f_i(x)(i=1,2,\cdots,n)$在区间 $a\leqslant x\leqslant b$ 上是连续的，方程组(5.10)为**线性微分方程组**.

为了方便，将方程组(5.10)写成向量的形式.为此，引进下面的记号：

$$\boldsymbol{A}(x)=\begin{bmatrix}a_{11}(x) & a_{12}(x) & \cdots & a_{1n}(x)\\ a_{21}(x) & a_{22}(x) & \cdots & a_{2n}(x)\\ \vdots & \vdots & & \vdots\\ a_{n1}(x) & a_{n2}(x) & \cdots & a_{nn}(x)\end{bmatrix},\quad \boldsymbol{f}(x)=\begin{bmatrix}f_1(x)\\ f_2(x)\\ \vdots\\ f_n(x)\end{bmatrix},$$

其中 $\boldsymbol{A}(x)$是 $n\times n$ 矩阵，它的元素是 n^2 个函数 $a_{ij}(x)(i,j=1,2,\cdots,n)$；$\boldsymbol{f}(x)$是 n 维列向量.

注意，矩阵相加、相乘、与纯量相乘等性质对于以函数作为元素的矩阵同样成立.根据§5.1 的记号，方程组(5.10)可以写成下面的形式

$$\frac{\mathrm{d}\boldsymbol{y}}{\mathrm{d}x}=\boldsymbol{A}(x)\boldsymbol{y}+\boldsymbol{f}(x).\tag{5.11}$$

由方程组(5.2)解的定义可知，方程组(5.11)在某区间 $\alpha\leqslant x\leqslant\beta$(这里$[\alpha,\beta]\subset[a,b]$)上的解就是向量函数 $\boldsymbol{u}(x)$，它的导数$\dfrac{\mathrm{d}\boldsymbol{u}(x)}{\mathrm{d}x}$在区间 $\alpha\leqslant x\leqslant\beta$ 上连续且满足

$$\frac{\mathrm{d}\boldsymbol{u}(x)}{\mathrm{d}x}=\boldsymbol{A}(x)\boldsymbol{u}(x)+\boldsymbol{f}(x),\quad \alpha\leqslant x\leqslant\beta.$$

现在考虑方程组(5.11)满足初值条件 $\boldsymbol{y}(x_0)=\boldsymbol{y}_0$ 的解，其中 x_0 是区间$[a,b]$上的已知数，$\boldsymbol{y}_0$ 是 n 维欧几里得空间的已知向量，因此，相应的初值问题

$$\begin{cases}\dfrac{\mathrm{d}\boldsymbol{y}}{\mathrm{d}x}=\boldsymbol{A}(x)\boldsymbol{y}+\boldsymbol{f}(x),\\ \boldsymbol{y}(x_0)=\boldsymbol{y}_0\end{cases}\tag{5.12}$$

的解就是方程组(5.11)在包含 x_0 的区间 $\alpha\leqslant x\leqslant\beta$ 上的解 $\boldsymbol{y}(x)$，使得 $\boldsymbol{y}(x_0)=\boldsymbol{y}_0$.

由定理 5.1，方程组(5.12)解的存在唯一性定理变为：

定理 5.2 如果 $\boldsymbol{A}(x)$ 及 $\boldsymbol{f}(x)$ 在 $a\leqslant x\leqslant b$ 上连续，则对于任意给定的 $a\leqslant x_0\leqslant b$，方程组(5.11)满足初值条件 $\boldsymbol{y}(x_0)=\boldsymbol{y}_0$ 的解在 $a\leqslant x\leqslant b$ 上存在且唯一.

对于 n 阶线性微分方程

$$\frac{\mathrm{d}^n y}{\mathrm{d}x^n}+a_1(x)\frac{\mathrm{d}^{n-1}y}{\mathrm{d}x^{n-1}}+\cdots+a_{n-1}(x)\frac{\mathrm{d}y}{\mathrm{d}x}+a_n(x)y=f(x),$$

满足初值条件

$$y(x_0)=y_0,\quad y'(x_0)=y_0^{(1)},\quad \cdots,\quad y^{(n-1)}(x_0)=y_0^{(n-1)}$$

的初值问题，通过变量代换 $y_1=y$，$y_2=\dfrac{\mathrm{d}y}{\mathrm{d}x}$，$y_3=\dfrac{\mathrm{d}^2y}{\mathrm{d}x^2}$，…，$y_n=\dfrac{\mathrm{d}^{n-1}y}{\mathrm{d}x^{n-1}}$可化为如下一阶线性微分方程组的初值问题：

$$\frac{\mathrm{d}\boldsymbol{y}}{\mathrm{d}x}=\begin{bmatrix}0 & 1 & 0 & \cdots & 0\\ 0 & 0 & 1 & \cdots & 0\\ \vdots & \vdots & \vdots & & \vdots\\ 0 & 0 & 0 & \cdots & 1\\ -a_n(x) & -a_{n-1}(x) & -a_{n-2}(x) & \cdots & -a_1(x)\end{bmatrix}\boldsymbol{y}+\begin{bmatrix}0\\0\\ \vdots\\0\\f(x)\end{bmatrix},\tag{5.13}$$

满足

$$\boldsymbol{y}(x_0)=\boldsymbol{y}_0,$$

其中

$$\boldsymbol{y}=\begin{bmatrix}y_1\\y_2\\ \vdots\\y_n\end{bmatrix},\quad \frac{\mathrm{d}\boldsymbol{y}}{\mathrm{d}x}=\begin{bmatrix}\dfrac{\mathrm{d}y_1}{\mathrm{d}x}\\ \dfrac{\mathrm{d}y_2}{\mathrm{d}x}\\ \vdots\\ \dfrac{\mathrm{d}y_n}{\mathrm{d}x}\end{bmatrix},\quad \boldsymbol{y}_0=\begin{bmatrix}y_0\\y_0^{(1)}\\ \vdots\\y_0^{(n-1)}\end{bmatrix}.$$

因此，由定理 5.2 可以得到定理 4.1 解的存在唯一性定理.

值得指出的是：每一个 n 阶线性微分方程可化为 n 个一阶线性微分方程构成的方程组,但反之却不一定成立. 例如方程组

$$\begin{cases}\dfrac{\mathrm{d}y_1}{\mathrm{d}x}=y_1,\\ \dfrac{\mathrm{d}y_2}{\mathrm{d}x}=y_2\end{cases}$$

不能化为一个二阶微分方程.

在许多理论问题的证明中，由于线性微分方程组的形式相对容易处理，往往先讨论线性微分方程组，再利用其结果来说明相应的高阶线性微分方程.

现在讨论线性微分方程组(5.11)的一般理论，主要是研究它的解的结构问题.

如果 $\boldsymbol{f}(x)\neq\mathbf{0}$，则方程组(5.11)称为**非齐次线性微分方程组**.

如果 $\boldsymbol{f}(x)\equiv\mathbf{0}$，则方程组(5.11)的形式为

$$\frac{\mathrm{d}\boldsymbol{y}}{\mathrm{d}x}=\boldsymbol{A}(x)\boldsymbol{y}, \tag{5.14}$$

称其为**齐次线性微分方程组**.

如果(5.14)与(5.11)中 $\boldsymbol{A}(x)$ 相同，称(5.14)为对应于(5.11)的**齐次线性方程组**.

5.2.1 齐次线性微分方程组解的结构

本小节主要研究齐次线性方程组(5.14)的所有解的集合的代数结构问题. 假设矩阵 $\boldsymbol{A}(x)$ 在区间 $a\leqslant x\leqslant b$ 上是连续的.

根据向量函数的微分运算法则，可以得到齐次线性方程组解的叠加原理.

定理 5.3(叠加原理) 如果 $\boldsymbol{y}_1(x),\boldsymbol{y}_2(x),\cdots,\boldsymbol{y}_k(x)$ 是方程组(5.14)的 k 个解，则它们的线性组合 $c_1\boldsymbol{y}_1(x)+c_2\boldsymbol{y}_2(x)+\cdots+c_k\boldsymbol{y}_k(x)$ 也是方程组(5.14)的解，其中 $c_1,c_2,\cdots,c_k$ 是任意常数.

定理 5.3 说明方程组(5.14)的所有解的集合构成一个线性空间. 自然要问：此空间的维数是多少？为此，引进向量函数 $\boldsymbol{y}_1(x)$，$\boldsymbol{y}_2(x),\cdots,\boldsymbol{y}_k(x)$ 线性相关与线性无关的概念.

定义 5.1 设 $\boldsymbol{y}_1(x)$，$\boldsymbol{y}_2(x),\cdots,\boldsymbol{y}_k(x)$ 是定义在区间 $a\leqslant x\leqslant b$ 上的 k 个 m 维向量函数，如果存在不全为零的常数 $c_1,c_2,\cdots,c_k$，使得恒等式

$$c_1\boldsymbol{y}_1(x)+c_2\boldsymbol{y}_2(x)+\cdots+c_k\boldsymbol{y}_k(x)\equiv\mathbf{0},\quad a\leqslant x\leqslant b \tag{5.15}$$

成立，则称向量函数 $\boldsymbol{y}_1(x)$，$\boldsymbol{y}_2(x),\cdots,\boldsymbol{y}_k(x)$ 在区间 $a\leqslant x\leqslant b$ 上线性相关；否则，称它们在区间 $a\leqslant x\leqslant b$ 上线性无关.

例 5.1 向量函数

$$\boldsymbol{y}_1(x)=\begin{bmatrix}\cos^2 x\\ 1\\ x\end{bmatrix},\quad \boldsymbol{y}_2(x)=\begin{bmatrix}\sin^2 x-1\\ -1\\ -x\end{bmatrix}$$

在任何区间 (a,b) 上线性相关.

事实上，取 $c_1=c_2=1$，有

$$c_1\boldsymbol{y}_1(x)+c_2\boldsymbol{y}_2(x)=\mathbf{0}.$$

例 5.2 向量函数

$$\boldsymbol{y}_1(x)=\begin{bmatrix}1\\0\\0\\\vdots\\0\end{bmatrix},\quad \boldsymbol{y}_2(x)=\begin{bmatrix}x\\1\\0\\\vdots\\0\end{bmatrix},\quad \boldsymbol{y}_3(x)=\begin{bmatrix}x^2\\x\\0\\\vdots\\0\end{bmatrix},\quad\cdots,\quad \boldsymbol{y}_n(x)=\begin{bmatrix}x^{n-1}\\x^{n-2}\\0\\\vdots\\0\end{bmatrix}$$

在 $(-\infty,+\infty)$ 内线性无关.

事实上，

$$c_1\boldsymbol{y}_1(x)+c_2\boldsymbol{y}_2(x)+\cdots+c_n\boldsymbol{y}_n(x)=\boldsymbol{0},\quad x\in(-\infty,+\infty)$$

成立，即

$$\begin{cases}c_1+c_2x+\cdots+c_nx^{n-1}=0,\\ c_2+c_3x+\cdots+c_nx^{n-2}=0,\\ 0=0,\\ \cdots\cdots\cdots\cdots\\ 0=0\end{cases}$$

在区间$(-\infty,+\infty)$上成立，当且仅当 $c_1=c_2=\cdots=c_n=0$. 因此，所给的向量组在$(-\infty,+\infty)$内线性无关.

例 5.3 向量函数

$$\boldsymbol{y}_1(x)=\begin{bmatrix}\mathrm{e}^{-2x}\\ 0\\ -\mathrm{e}^{-2x}\end{bmatrix},\quad \boldsymbol{y}_2(x)=\begin{bmatrix}0\\ \mathrm{e}^{-2x}\\ -\mathrm{e}^{-2x}\end{bmatrix}$$

在$(-\infty,+\infty)$内线性无关.

事实上，将

$$c_1\boldsymbol{y}_1(x)+c_2\boldsymbol{y}_2(x)=\boldsymbol{0},\quad x\in(-\infty,+\infty)$$

写成纯量形式，

$$\begin{cases}c_1\mathrm{e}^{-2x}\qquad\qquad\quad =0,\\ \qquad\qquad c_2\mathrm{e}^{-2x}=0,\quad x\in(-\infty,+\infty),\\ -c_1\mathrm{e}^{-2x}-c_2\mathrm{e}^{-2x}=0,\end{cases}$$

由此可以看出，当且仅当 $c_1=c_2=0$ 时，上面三个等式才能同时成立，即所给向量组在$(-\infty,+\infty)$内线性无关.

例 5.3 中两个向量函数的各个对应分量都构成线性相关函数组，这说明，向量函数组的线性相关性和由它们对应分量构成的函数组的线性相关性并不等价.

下面介绍 n 维向量函数组

$$\boldsymbol{y}_1(x),\ \boldsymbol{y}_2(x),\ \cdots,\ \boldsymbol{y}_n(x) \tag{5.16}$$

在其定义区间 $a\leqslant x\leqslant b$ 上线性相关与线性无关的判别准则.

设有定义在区间 $a\leqslant x\leqslant b$ 上的向量函数组

$$\boldsymbol{y}_1(x)=\begin{bmatrix}y_{11}(x)\\ y_{21}(x)\\ \vdots\\ y_{n1}(x)\end{bmatrix},\ \boldsymbol{y}_2(x)=\begin{bmatrix}y_{12}(x)\\ y_{22}(x)\\ \vdots\\ y_{n2}(x)\end{bmatrix},\ \cdots,\ \boldsymbol{y}_n(x)=\begin{bmatrix}y_{1n}(x)\\ y_{2n}(x)\\ \vdots\\ y_{nn}(x)\end{bmatrix},$$

由这 n 个向量函数构成的行列式

$$W[\boldsymbol{y}_1(x),\boldsymbol{y}_2(x),\cdots,\boldsymbol{y}_k(x)]=W(x)=\begin{vmatrix}y_{11}(x) & y_{12}(x) & \cdots & y_{1n}(x)\\ y_{21}(x) & y_{22}(x) & \cdots & y_{2n}(x)\\ \vdots & \vdots & \cdots & \vdots\\ y_{n1}(x) & y_{n2}(x) & \cdots & y_{nn}(x)\end{vmatrix}$$

称为向量函数组(5.16)的**朗斯基行列式**.

定理 5.4 如果向量函数组(5.16)在区间 $a\leqslant x\leqslant b$ 上线性相关，则它们的朗斯基行列式 $W(x)$ 在区间 $a\leqslant x\leqslant b$ 上恒等于零.

证明 由假设可知存在不全为零的常数 $c_1,c_2,\cdots,c_n$，使得

$$c_1\boldsymbol{y}_1(x)+c_2\boldsymbol{y}_2(x)+\cdots+c_n\boldsymbol{y}_n(x)=\boldsymbol{0},\quad a\leqslant x\leqslant b, \tag{5.17}$$

这是以 $c_1,c_2,\cdots,c_n$ 为未知量的齐次线性代数方程组，这个方程组的系数行列式就是 $\boldsymbol{y}_1(x),\boldsymbol{y}_2(x),\cdots,\boldsymbol{y}_n(x)$ 的朗斯基行列式 $W(x)$. 由齐次线性代数方程组的理论知道，此方程组有非零解，则它的系数行列式应为零，即

$$W(x)\equiv 0,\quad a\leqslant x\leqslant b.$$

证毕.

由定理 5.4 可得如下推论.

推论 5.1 如果向量函数组(5.16)的朗斯基行列式 $W(x)$ 在区间 $a\leqslant x\leqslant b$ 上某一点 x_0 处不等于零，即 $W(x_0)\neq 0$，则该向量函数组在区间 $a\leqslant x\leqslant b$ 上线性无关.

对于一般的向量函数组，定理 5.4 的逆定理未必成立. 例如，向量函数组

$$\boldsymbol{y}_1(x)=\begin{pmatrix}x\\0\end{pmatrix},\quad \boldsymbol{y}_2(x)=\begin{pmatrix}x^2\\0\end{pmatrix}$$

的朗斯基行列式恒等于零，但它们却是线性无关的.

然而，当所讨论的向量函数组是方程组(5.14)的解时，我们有如下结论：

定理 5.5 如果齐次线性微分方程组(5.14)的 n 个解 $\boldsymbol{y}_1(x)$，$\boldsymbol{y}_2(x),\cdots,\boldsymbol{y}_n(x)$ 线性无关，那么它们的朗斯基行列式 $W(x)$ 在区间 $a\leqslant x\leqslant b$ 上恒不等于零.

证明 (反证法)设有某一个 x_0，$a\leqslant x_0\leqslant b$，使得 $W(x_0)=0$. 考虑下面的齐次线性代数方程组

$$c_1\boldsymbol{y}_1(x_0)+c_2\boldsymbol{y}_2(x_0)+\cdots+c_n\boldsymbol{y}_n(x_0)=\boldsymbol{0}, \tag{5.18}$$

它的系数行列式就是 $W(x_0)$. 因为 $W(x_0)=0$，所以方程组(5.18)有非零解 $\tilde{c}_1,\tilde{c}_2,\cdots,\tilde{c}_n$. 构造如下向量函数：

$$\boldsymbol{y}(x)=\tilde{c}_1\boldsymbol{y}_1(x)+\tilde{c}_2\boldsymbol{y}_2(x)+\cdots+\tilde{c}_n\boldsymbol{y}_n(x),$$

根据定理 5.3，易知 $\boldsymbol{y}(x)$ 是(5.14)的解. 由(5.18)可知，解 $\boldsymbol{y}(x)$ 满足初值条件

$$\boldsymbol{y}(x_0)=\boldsymbol{0}. \tag{5.19}$$

但是，在 $a\leqslant x\leqslant b$ 上恒等于零的向量函数 $\boldsymbol{0}$ 也是方程组(5.14)的满足初值条件(5.19)的解. 由解的存在唯一性定理 5.2，得 $\boldsymbol{y}(x)=\boldsymbol{0}$，即

$$\tilde{c}_1\boldsymbol{y}_1(x)+\tilde{c}_2\boldsymbol{y}_2(x)+\cdots+\tilde{c}_n\boldsymbol{y}_n(x)=\boldsymbol{0},\quad a\leqslant x\leqslant b.$$

因为 $\tilde{c}_1,\tilde{c}_2,\cdots,\tilde{c}_n$ 不全为零，这就与 $\boldsymbol{y}_1(x),\boldsymbol{y}_2(x),\cdots,\boldsymbol{y}_n(x)$ 线性无关的假设矛盾，所以它们的朗斯基行列式 $W(x)$ 在区间 $a\leqslant x\leqslant b$ 上恒不等于零. 证毕.

由定理 5.5 可以得到如下推论.

推论 5.2 如果齐次线性微分方程组(5.14)的 n 个解 $\boldsymbol{y}_1(x),\boldsymbol{y}_2(x),\cdots,\boldsymbol{y}_n(x)$ 的朗斯基行列式 $W(x)$ 在区间 $a\leqslant x\leqslant b$ 上某一点 x_0 处等于零，即 $W(x_0)=0$，则该解组在 $a\leqslant x\leqslant b$ 上线性相关.

由此可以得到：

定理 5.6 齐次线性微分方程组(5.14)的 n 个解 $\boldsymbol{y}_1(x),\boldsymbol{y}_2(x),\cdots,\boldsymbol{y}_n(x)$ 线性无关的充要条件是它们的朗斯基行列式 $W(x)$ 在区间 $a\leqslant x\leqslant b$ 上任一点处不等于零.

实际上，关于方程组(5.14)的 n 个解的朗斯基行列式与系数矩阵的关系，有下面结论：

定理 5.7 设 $\boldsymbol{y}_1(x)$，$\boldsymbol{y}_2(x),\cdots,\boldsymbol{y}_n(x)$ 是齐次线性微分方程组(5.14)定义在区间 $a\leqslant x\leqslant b$ 上的任意 n 个解，则它们的朗斯基行列式 $W(x)$ 可表示为

$$W(x)=W(x_0)\exp\left(\int_{x_0}^{x}\sum_{i=1}^{n}a_{ii}(s)\mathrm{d}s\right), \tag{5.20}$$

其中 $a\leqslant x_0\leqslant b$，$a_{ii}(x)$ 为方程组(5.14)对应的系数矩阵 $\boldsymbol{A}(x)$ 的对角线元素，称式(5.20)为刘维尔公式.

这个定理是习题 5.2 中的第 7 题，请读者自行证明.

由定理 5.7 易得下面的推论：

推论 5.3 齐次线性微分方程组(5.14)的任一解组 $\boldsymbol{y}_1(x),\boldsymbol{y}_2(x),\cdots,\boldsymbol{y}_n(x)$ 的朗斯基行列式 $W(x)$ 在 $a\leqslant x\leqslant b$ 上或者恒不为零，或者恒为零.

齐次线性微分方程组(5.14)的 n 个线性无关的解 $\boldsymbol{y}_1(x),\boldsymbol{y}_2(x),\cdots,\boldsymbol{y}_n(x)$ 称为该方程组的一个基本解组.

定理 5.8 齐次线性微分方程组(5.14)一定存在基本解组.

证明 任取 $a\leqslant x_0\leqslant b$，根据解的存在唯一性定理，方程组(5.14)一定存在分别满足初值条件

$$\boldsymbol{y}_1(x_0)=\begin{bmatrix}1\\0\\0\\\vdots\\0\end{bmatrix},\quad \boldsymbol{y}_2(x_0)=\begin{bmatrix}0\\1\\0\\\vdots\\0\end{bmatrix},\quad \cdots,\quad \boldsymbol{y}_n(x_0)=\begin{bmatrix}0\\0\\0\\\vdots\\1\end{bmatrix} \tag{5.21}$$

的 n 个解 $\boldsymbol{y}_1(x)$，$\boldsymbol{y}_2(x),\cdots,\boldsymbol{y}_n(x)$. 又因为这 n 个解的朗斯基行列式

$$W(x_0)=\begin{vmatrix}1&0&\cdots&0\\0&1&\cdots&0\\\vdots&\vdots&\vdots&\vdots\\0&0&\cdots&1\end{vmatrix}=1\neq0,$$

故根据定理 5.6，$\boldsymbol{y}_1(x)$，$\boldsymbol{y}_2(x),\cdots,\boldsymbol{y}_n(x)$ 是线性无关的，因此，它们构成了方程组(5.14)的一个基本解组. 证毕.

定理 5.9 如果 $\boldsymbol{y}_1(x),\boldsymbol{y}_2(x),\cdots,\boldsymbol{y}_n(x)$ 是齐次线性微分方程组(5.14)的一个基本解组，则方程组(5.14)的通解可表为

$$\boldsymbol{y}(x)=c_1\boldsymbol{y}_1(x)+c_2\boldsymbol{y}_2(x)+\cdots+c_n\boldsymbol{y}_n(x),$$

其中 $c_1,c_2,\cdots,c_n$ 是相应的确定常数，且对(5.14)的任一解 $\boldsymbol{y}(x)$ 均可表示为 $\boldsymbol{y}_i(x)$ 的线性组合.

证明 由解的叠加原理可知 $\boldsymbol{y}(x)=c_1\boldsymbol{y}_1(x)+c_2\boldsymbol{y}_2(x)+\cdots+c_n\boldsymbol{y}_n(x)$ 是方程组(5.14)的解，它包含任意 n 个常数，又因为

$$\frac{\partial(\boldsymbol{y}_1,\boldsymbol{y}_2,\cdots,\boldsymbol{y}_n)}{\partial(c_1,c_2,\cdots c_n)}=\begin{vmatrix} y_{11}(x) & y_{12}(x) & \cdots & y_{1n}(x) \\ y_{21}(x) & y_{22}(x) & \cdots & y_{2n}(x) \\ \vdots & \vdots & \vdots & \vdots \\ y_{n1}(x) & y_{n2}(x) & \cdots & y_{nn}(x) \end{vmatrix}=W(x)\neq 0，其中\ \boldsymbol{y}=\begin{bmatrix} y_1 \\ y_2 \\ \vdots \\ y_n \end{bmatrix},$$

因此，$c_1,c_2,\cdots,c_n$ 相互独立，$\boldsymbol{y}(x)=c_1\boldsymbol{y}_1(x)+c_2\boldsymbol{y}_2(x)+\cdots+c_n\boldsymbol{y}_n(x)$是方程组(5.14)的通解.

下证,对方程组(5.14)的任一解 $\boldsymbol{y}(x)$均可表示为 $\boldsymbol{y}_i(x)$的线性组合.

任取 $a\leqslant x_0\leqslant b$，令

$$\boldsymbol{y}(x_0)=c_1\boldsymbol{y}_1(x_0)+c_2\boldsymbol{y}_2(x_0)+\cdots+c_n\boldsymbol{y}_n(x_0), \tag{5.22}$$

把方程组(5.22)看作以 $c_1,c_2,\cdots,c_n$ 为未知量的线性代数方程组,其系数行列式就是 $W(x_0)$. 因为 $\boldsymbol{y}_1(x),\boldsymbol{y}_2(x),\cdots,\boldsymbol{y}_n(x)$是线性无关的，由定理 5.6 知 $W(x_0)\neq 0$. 由线性代数方程组的理论知，方程组(5.22)有唯一解 $c_1,c_2,\cdots,c_n$. 根据解的叠加原理可得

$$\bar{\boldsymbol{y}}(x)=c_1\boldsymbol{y}_1(x)+c_2\boldsymbol{y}_2(x)+\cdots+c_n\boldsymbol{y}_n(x)$$

是方程组(5.14)的解且与解 $\boldsymbol{y}(x)$具有相同的初值条件. 由解的唯一性知 $\boldsymbol{y}(x)=\bar{\boldsymbol{y}}(x)$，即有

$$\boldsymbol{y}(x)=c_1\boldsymbol{y}_1(x)+c_2\boldsymbol{y}_2(x)+\cdots+c_n\boldsymbol{y}_n(x).$$

证毕.

推论 5.4 齐次线性微分方程组(5.14)的线性无关解的最大个数等于 n.

由定理 5.9 和推论 5.4 可知,方程组(5.14)所有解构成了一个 n 维线性空间.

现在，将本节的定理写成矩阵的形式.

如果一个 $n\times n$ 矩阵的每一列都是方程组(5.14)的解，称这个矩阵为方程组(5.14)的**解矩阵**. 进一步，如果它的列构成区间 $a\leqslant x\leqslant b$ 上线性无关的 n 个解，称它为方程组(5.14)在 $a\leqslant x\leqslant b$ 上的**基解矩阵**. 用 $\boldsymbol{\Phi}(x)$表示由方程组(5.14)的 n 个线性无关的解 $\boldsymbol{y}_1(x),\boldsymbol{y}_2(x),\cdots,\boldsymbol{y}_n(x)$作为列构成的基解矩阵. 当 $\boldsymbol{\Phi}(x_0)=\boldsymbol{E}$($\boldsymbol{E}$ 为单位矩阵)时称其为**标准基解矩阵**. 定理 5.8 和定理 5.9 即可以表述为如下的定理 5.10.

定理 5.10 齐次线性微分方程组(5.14)一定存在一个基解矩阵 $\boldsymbol{\Phi}(x)$. 如果 $\boldsymbol{\varphi}(x)$是方程组(5.14)的任一解，那么

$$\boldsymbol{\varphi}(x)=\boldsymbol{\Phi}(x)\boldsymbol{c}, \tag{5.23}$$

其中 $\boldsymbol{c}$ 是确定的 n 维常数列向量.

由定理 5.6 和推论 5.3 可得如下结论：

定理 5.11 齐次线性微分方程组(5.14)的一个解矩阵 $\boldsymbol{\Phi}(x)$是基解矩阵的充要条件是 $\det\boldsymbol{\Phi}(x)\neq 0(a\leqslant x\leqslant b)$. 而且，如果对某一个 $a\leqslant x_0\leqslant b$，$\det\boldsymbol{\Phi}(x_0)\neq 0$，则 $\det\boldsymbol{\Phi}(x)\neq 0$,这里 $\det\boldsymbol{\Phi}(x)$表示矩阵 $\boldsymbol{\Phi}(x)$的行列式.

例 5.4 验证

$$\boldsymbol{\Phi}(x)=\begin{bmatrix} \mathrm{e}^x & x\mathrm{e}^x \\ 0 & \mathrm{e}^x \end{bmatrix}$$

是方程组

$$\frac{\mathrm{d}\boldsymbol{y}}{\mathrm{d}x}=\begin{bmatrix} 1 & 1 \\ 0 & 1 \end{bmatrix}\boldsymbol{y}$$

的基解矩阵，其中 $\boldsymbol{y}=\begin{bmatrix}y_1\\y_2\end{bmatrix}$.

解 首先，证明 $\boldsymbol{\Phi}(x)$是解矩阵. 令 $\boldsymbol{\varphi}_1(x)$表示 $\boldsymbol{\Phi}(x)$的第一列，这时

$$\frac{\mathrm{d}\boldsymbol{\varphi}_1(x)}{\mathrm{d}x}=\begin{bmatrix}\mathrm{e}^x\\0\end{bmatrix},$$

$$\begin{bmatrix}1&1\\0&1\end{bmatrix}\boldsymbol{\varphi}_1(x)=\begin{bmatrix}1&1\\0&1\end{bmatrix}\begin{bmatrix}\mathrm{e}^x\\0\end{bmatrix}=\begin{bmatrix}\mathrm{e}^x\\0\end{bmatrix},$$

所以

$$\frac{\mathrm{d}\boldsymbol{\varphi}_1(x)}{\mathrm{d}x}=\begin{bmatrix}1&1\\0&1\end{bmatrix}\boldsymbol{\varphi}_1(x),$$

这表示 $\boldsymbol{\varphi}_1(x)$是方程组的一个解. 同样，如果以 $\boldsymbol{\varphi}_2(x)$表示 $\boldsymbol{\Phi}(x)$的第二列，我们有

$$\frac{\mathrm{d}\boldsymbol{\varphi}_2(x)}{\mathrm{d}x}=\begin{bmatrix}(x+1)\mathrm{e}^x\\\mathrm{e}^x\end{bmatrix},$$

$$\begin{bmatrix}1&1\\0&1\end{bmatrix}\boldsymbol{\varphi}_2(x)=\begin{bmatrix}1&1\\0&1\end{bmatrix}\begin{bmatrix}x\mathrm{e}^x\\\mathrm{e}^x\end{bmatrix}=\begin{bmatrix}(x+1)\mathrm{e}^x\\\mathrm{e}^x\end{bmatrix},$$

所以

$$\frac{\mathrm{d}\boldsymbol{\varphi}_2(x)}{\mathrm{d}x}=\begin{bmatrix}1&1\\0&1\end{bmatrix}\boldsymbol{\varphi}_2(x),$$

这表示 $\boldsymbol{\varphi}_2(x)$也是方程组的一个解. 因此，$\boldsymbol{\Phi}(x)=[\boldsymbol{\varphi}_1(x),\boldsymbol{\varphi}_2(x)]$是解矩阵.

其次，根据定理 5.11，因为 $\det\boldsymbol{\Phi}(x)=\mathrm{e}^{2x}\neq 0$，所以 $\boldsymbol{\Phi}(x)$是基解矩阵.

从定理 5.11 可以得到下面的推论：

推论 5.5 如果 $\boldsymbol{\Phi}(x)$是方程组(5.14)在区间 $a\leqslant x\leqslant b$ 上的基解矩阵，$\boldsymbol{C}$ 是非奇异 $n\times n$ 常数矩阵，那么，$\boldsymbol{\Phi}(x)\boldsymbol{C}$ 也是方程组(5.14)在区间 $a\leqslant x\leqslant b$ 上的基解矩阵.

证明 首先，根据解矩阵的定义易知，方程组(5.14)的任一解矩阵 $\boldsymbol{Y}(x)$必满足关系

$$\frac{\mathrm{d}\boldsymbol{Y}(x)}{\mathrm{d}x}=\boldsymbol{A}(x)\boldsymbol{Y}(x),\quad a\leqslant x\leqslant b,$$

反之亦然. 现令

$$\boldsymbol{\Psi}(x)=\boldsymbol{\Phi}(x)\boldsymbol{C},\quad a\leqslant x\leqslant b,$$

对其微分，并注意到 $\boldsymbol{\Phi}(x)$为方程的基解矩阵，$\boldsymbol{C}$ 为常数矩阵，得到

$$\frac{\mathrm{d}\boldsymbol{\Psi}(x)}{\mathrm{d}x}=\frac{\mathrm{d}\boldsymbol{\Phi}(x)}{\mathrm{d}x}\boldsymbol{C}=\boldsymbol{A}(x)\boldsymbol{\Phi}(x)\boldsymbol{C}=\boldsymbol{A}(x)\boldsymbol{\Psi}(x),$$

即 $\boldsymbol{\Psi}(x)$是方程组(5.14)的解矩阵. 又由 $\boldsymbol{C}$ 的非奇异性，有

$$\det\boldsymbol{\Psi}(x)=\det\boldsymbol{\Phi}(x)\cdot\det\boldsymbol{C}\neq 0,\quad a\leqslant x\leqslant b.$$

因此由定理 5.11 知，$\boldsymbol{\Psi}(x)$即 $\boldsymbol{\Phi}(x)\boldsymbol{C}$ 是方程组(5.14)的基解矩阵. 证毕.

推论 5.6 如果 $\boldsymbol{\Phi}(x)$，$\boldsymbol{\Psi}(x)$在区间 $a\leqslant x\leqslant b$ 上是 $\frac{\mathrm{d}\boldsymbol{y}}{\mathrm{d}x}=\boldsymbol{A}(x)\boldsymbol{y}$ 的两个基解矩阵，那么，存在一个非奇异 $n\times n$ 常数矩阵 $\boldsymbol{C}$，使得在区间 $a\leqslant x\leqslant b$ 上有 $\boldsymbol{\Psi}(x)=\boldsymbol{\Phi}(x)\boldsymbol{C}$.

证明 因为 $\boldsymbol{\Phi}(x)$为基解矩阵，故其逆矩阵 $\boldsymbol{\Phi}^{-1}(x)$一定存在. 令

$$\boldsymbol{\Phi}^{-1}(x)\boldsymbol{\Psi}(x)=\boldsymbol{Y}(x),\quad a\leqslant x\leqslant b$$

或

$$\boldsymbol{\Psi}(x)=\boldsymbol{\Phi}(x)\boldsymbol{Y}(x),\quad a\leqslant x\leqslant b.$$

易知 $\boldsymbol{Y}(x)$ 是 $n\times n$ 可微矩阵，且

$$\det\boldsymbol{Y}(x)\neq 0,\quad a\leqslant x\leqslant b,$$

于是

$$\begin{aligned}\boldsymbol{A}(x)\boldsymbol{\Psi}(x)&=\boldsymbol{\Psi}'(x)=\boldsymbol{\Phi}'(x)\boldsymbol{Y}(x)+\boldsymbol{\Phi}(x)\boldsymbol{Y}'(x)\\&=\boldsymbol{A}(x)\boldsymbol{\Phi}(x)\boldsymbol{Y}(x)+\boldsymbol{\Phi}(x)\boldsymbol{Y}'(x)\\&=\boldsymbol{A}(x)\boldsymbol{\Psi}(x)+\boldsymbol{\Phi}(x)\boldsymbol{Y}'(x),\quad a\leqslant x\leqslant b.\end{aligned}$$

由此推知 $\boldsymbol{\Phi}(x)\boldsymbol{Y}'(x)=\mathbf{0}$，故 $\boldsymbol{Y}'(x)=0$，$a\leqslant x\leqslant b$，即 $\boldsymbol{Y}(x)$ 为常数矩阵，记为 $\boldsymbol{C}$. 因此

$$\boldsymbol{\Psi}(x)=\boldsymbol{\Phi}(x)\boldsymbol{C},\quad a\leqslant x\leqslant b,$$

其中 $\boldsymbol{C}=\boldsymbol{\Phi}^{-1}(x)\boldsymbol{\Psi}(x)$ 为非奇异的 $n\times n$ 常数矩阵. 证毕.

5.2.2 非齐次线性微分方程组解的结构和常数变易法

本小节讨论非齐次线性微分方程组(5.11)：

$$\frac{\mathrm{d}\boldsymbol{y}}{\mathrm{d}x}=\boldsymbol{A}(x)\boldsymbol{y}+\boldsymbol{f}(x)$$

的通解结构问题，其中 $\boldsymbol{A}(x)$ 是区间 $a\leqslant x\leqslant b$ 上已知的 $n\times n$ 连续矩阵，$\boldsymbol{f}(x)$ 是区间 $a\leqslant x\leqslant b$ 上已知的连续 n 维列向量.

下面给出方程组(5.11)解的两个简单性质：

性质 5.1 如果 $\bar{\boldsymbol{y}}(x)$ 是方程组(5.11)的解，$\boldsymbol{y}(x)$ 是方程组(5.11)对应的齐次线性方程组(5.14)的解，则 $\bar{\boldsymbol{y}}(x)+\boldsymbol{y}(x)$ 是方程组(5.11)的解.

这个性质只要直接代入即可证明.

性质 5.2 方程组(5.11)的任意两个解之差必为方程组(5.14)的解.

证明 设 $\boldsymbol{y}(x)$ 和 $\bar{\boldsymbol{y}}(x)$ 是方程组(5.11)的两个解，于是有

$$\frac{\mathrm{d}\boldsymbol{y}(x)}{\mathrm{d}x}=\boldsymbol{A}(x)\boldsymbol{y}(x)+\boldsymbol{f}(x)\text{和}\ \frac{\mathrm{d}\bar{\boldsymbol{y}}(x)}{\mathrm{d}x}=\boldsymbol{A}(x)\bar{\boldsymbol{y}}(x)+\boldsymbol{f}(x)$$

成立. 因此有

$$\begin{aligned}\frac{\mathrm{d}(\boldsymbol{y}(x)-\bar{\boldsymbol{y}}(x))}{\mathrm{d}x}&=(\boldsymbol{A}(x)\boldsymbol{y}(x)+\boldsymbol{f}(x))-(\boldsymbol{A}(x)\bar{\boldsymbol{y}}(x)+\boldsymbol{f}(x))\\&=\boldsymbol{A}(x)(\boldsymbol{y}(x)-\bar{\boldsymbol{y}}(x)),\end{aligned}$$

上式说明 $\boldsymbol{y}(x)-\bar{\boldsymbol{y}}(x)$ 是方程组(5.14)的解.

下面的定理 5.12 给出方程组(5.11)的通解结构.

定理 5.12 设 $\boldsymbol{\Phi}(x)$ 是方程组(5.14)的基解矩阵，$\bar{\boldsymbol{y}}(x)$ 是方程组(5.11)的某一特解，则(5.11)的任一解 $\boldsymbol{y}(x)$ 都可表为

$$\boldsymbol{y}(x)=\boldsymbol{\Phi}(x)\boldsymbol{c}+\bar{\boldsymbol{y}}(x),\tag{5.24}$$

其中 $\boldsymbol{c}$ 是确定的常数列向量.

证明 由性质 5.2 可知 $\boldsymbol{y}(x)-\bar{\boldsymbol{y}}(x)$ 是方程组(5.14)的解，再由定理 5.10，得到

$$\boldsymbol{y}(x)-\bar{\boldsymbol{y}}(x)=\boldsymbol{\Phi}(x)\boldsymbol{c},$$

其中 $\boldsymbol{c}$ 是确定的常数列向量. 由此即得

$$\boldsymbol{y}(x)=\boldsymbol{\Phi}(x)\boldsymbol{c}+\bar{\boldsymbol{y}}(x).$$

证毕.

由定理 5.12 可知，为了寻求方程组(5.11)的任一解，只要知道方程组(5.11)的一个特解和它对应的齐次线性方程组(5.14)的基解矩阵. 前面介绍了一阶非齐次线性微分方程和 n 阶非齐次线性微分方程的常数变易法，对于一阶非齐次线性微分方程组(5.11)，只要能求出其对应的齐次线性微分方程组的基解矩阵 $\boldsymbol{\Phi}(x)$，类似地，也可以利用**常数变易法**求出(5.11)的一个特解，进而得到方程组(5.11)的通解.

由定理 5.10 可知，如果 $\boldsymbol{c}$ 是常数列向量，则 $\boldsymbol{y}(x)=\boldsymbol{\Phi}(x)\boldsymbol{c}$ 是方程组(5.14)的解，它不可能是方程组(5.11)的解. 因此，将 $\boldsymbol{c}$ 变易为 x 的列向量函数，寻求方程组(5.11)形如

$$\bar{\boldsymbol{y}}(x)=\boldsymbol{\Phi}(x)\boldsymbol{c}(x) \tag{5.25}$$

的特解，这里 $\boldsymbol{c}(x)$ 是待定的列向量函数.

假设方程组(5.11)存在形如式(5.25)的解，这时，将式(5.25)代入方程组(5.11)得到

$$\frac{\mathrm{d}\boldsymbol{\Phi}(x)}{\mathrm{d}x}\boldsymbol{c}(x)+\boldsymbol{\Phi}(x)\frac{\mathrm{d}\boldsymbol{c}(x)}{\mathrm{d}x}=\boldsymbol{A}(x)\boldsymbol{\Phi}(x)\boldsymbol{c}(x)+\boldsymbol{f}(x).$$

因为 $\boldsymbol{\Phi}(x)$ 是方程组(5.14)的基解矩阵，所以 $\dfrac{\mathrm{d}\boldsymbol{\Phi}(x)}{\mathrm{d}x}=\boldsymbol{A}(x)\boldsymbol{\Phi}(x)$，代入上式，可得 $\boldsymbol{c}(x)$ 满足

$$\boldsymbol{\Phi}(x)\frac{\mathrm{d}\boldsymbol{c}(x)}{\mathrm{d}x}=\boldsymbol{f}(x). \tag{5.26}$$

因为在区间 $a\leqslant x\leqslant b$ 上 $\boldsymbol{\Phi}(x)$ 是非奇异的，所以 $\boldsymbol{\Phi}^{-1}(x)$ 存在. 用 $\boldsymbol{\Phi}^{-1}(x)$ 左乘式(5.26)两边，并积分得到

$$\boldsymbol{c}(x)=\int_{x_0}^{x}\boldsymbol{\Phi}^{-1}(s)\boldsymbol{f}(s)\mathrm{d}s,$$

其中 $\boldsymbol{c}(x_0)=\boldsymbol{0}$，$x_0$，$x\in[a,b]$. 这样式(5.25)变为

$$\bar{\boldsymbol{y}}(x)=\boldsymbol{\Phi}(x)\int_{x_0}^{x}\boldsymbol{\Phi}^{-1}(s)\boldsymbol{f}(s)\mathrm{d}s. \tag{5.27}$$

$\bar{\boldsymbol{y}}(x)$ 是方程组(5.11)的特解，且有 $\bar{\boldsymbol{y}}(x_0)=\boldsymbol{0}$，由经得到下面的定理 5.13.

定理 5.13 如果 $\boldsymbol{\Phi}(x)$ 是方程组(5.14)的基解矩阵，则向量函数

$$\bar{\boldsymbol{y}}(x)=\boldsymbol{\Phi}(x)\int_{x_0}^{x}\boldsymbol{\Phi}^{-1}(s)\boldsymbol{f}(s)\mathrm{d}s$$

是方程组(5.11)的解，且满足初值条件 $\bar{\boldsymbol{y}}(x_0)=\boldsymbol{0}$.

于是方程组(5.11)的通解为

$$\boldsymbol{y}(x)=\boldsymbol{\Phi}(x)\boldsymbol{c}+\boldsymbol{\Phi}(x)\int_{x_0}^{x}\boldsymbol{\Phi}^{-1}(s)\boldsymbol{f}(s)\mathrm{d}s.$$

因此，方程组(5.11)的满足初值条件 $y(x_0)=\boldsymbol{\eta}$ 的解 $\boldsymbol{y}(x)$ 可以由下面公式给出

$$\boldsymbol{y}(x)=\boldsymbol{\Phi}(x)\boldsymbol{\Phi}^{-1}(x_0)\boldsymbol{\eta}+\boldsymbol{\Phi}(x)\int_{x_0}^{x}\boldsymbol{\Phi}^{-1}(s)\boldsymbol{f}(s)\mathrm{d}s. \tag{5.28}$$

式(5.27)或式(5.28)称为非齐次线性微分方程组(5.11)的**常数变易公式**.

例 5.5 求初值问题

$$\frac{\mathrm{d}\boldsymbol{y}}{\mathrm{d}x}=\begin{bmatrix}1 & 1\\0 & 1\end{bmatrix}\boldsymbol{y}+\begin{bmatrix}\mathrm{e}^{-x}\\0\end{bmatrix},\quad \boldsymbol{y}=\begin{bmatrix}y_1\\y_2\end{bmatrix},\quad \boldsymbol{y}(0)=\begin{bmatrix}-1\\1\end{bmatrix}$$

的解.

解 在例 5.2 中已经知道

$$\boldsymbol{\Phi}(x)=\begin{bmatrix}\mathrm{e}^x & x\mathrm{e}^x\\0 & \mathrm{e}^x\end{bmatrix}$$

是对应的齐次线性方程组的基解矩阵. 取矩阵 $\boldsymbol{\Phi}(x)$ 的逆，得

$$\boldsymbol{\Phi}^{-1}(x)=\frac{\begin{bmatrix}\mathrm{e}^x & -x\mathrm{e}^x\\0 & \mathrm{e}^x\end{bmatrix}}{\mathrm{e}^{2x}}=\begin{bmatrix}1 & -x\\0 & 1\end{bmatrix}\mathrm{e}^{-x}.$$

这样满足初值条件

$$\boldsymbol{y}(0)=\begin{bmatrix}-1\\1\end{bmatrix}$$

的解就是

$$\begin{aligned}\boldsymbol{y}(x)&=\boldsymbol{\Phi}(x)\boldsymbol{\Phi}^{-1}(0)\boldsymbol{\eta}+\boldsymbol{\Phi}(x)\int_0^x\boldsymbol{\Phi}^{-1}(s)\boldsymbol{f}(s)\mathrm{d}s\\
&=\begin{bmatrix}\mathrm{e}^x & x\mathrm{e}^x\\0 & \mathrm{e}^x\end{bmatrix}\begin{bmatrix}1 & 0\\0 & 1\end{bmatrix}\begin{bmatrix}-1\\1\end{bmatrix}+\begin{bmatrix}\mathrm{e}^x & x\mathrm{e}^x\\0 & \mathrm{e}^x\end{bmatrix}\int_0^x\mathrm{e}^{-s}\begin{bmatrix}1 & -s\\0 & 1\end{bmatrix}\begin{bmatrix}\mathrm{e}^{-s}\\0\end{bmatrix}\mathrm{d}s\\
&=\begin{bmatrix}(x-1)\mathrm{e}^x\\\mathrm{e}^x\end{bmatrix}+\begin{bmatrix}\mathrm{e}^x & x\mathrm{e}^x\\0 & \mathrm{e}^x\end{bmatrix}\int_0^x\begin{bmatrix}\mathrm{e}^{-2s}\\0\end{bmatrix}\mathrm{d}s\\
&=\begin{bmatrix}(x-1)\mathrm{e}^x\\\mathrm{e}^x\end{bmatrix}+\begin{bmatrix}\mathrm{e}^x & x\mathrm{e}^x\\0 & \mathrm{e}^x\end{bmatrix}\begin{bmatrix}\frac{1}{2}(1-\mathrm{e}^{-2x})\\0\end{bmatrix}\\
&=\begin{bmatrix}(x-1)\mathrm{e}^x\\\mathrm{e}^x\end{bmatrix}+\begin{bmatrix}\frac{1}{2}(\mathrm{e}^x-\mathrm{e}^{-x})\\0\end{bmatrix}\\
&=\begin{bmatrix}x\mathrm{e}^x-\frac{1}{2}(\mathrm{e}^x+\mathrm{e}^{-x})\\\mathrm{e}^x\end{bmatrix}.\end{aligned}$$

习 题 5.2

1. 证明：方程组

$$\frac{\mathrm{d}\boldsymbol{y}}{\mathrm{d}x}=\begin{bmatrix}0 & 1\\-\frac{2}{x^2} & \frac{2}{x}\end{bmatrix}\boldsymbol{y},\quad \boldsymbol{y}=\begin{bmatrix}y_1\\y_2\end{bmatrix}$$

在任何不包含原点的区间 $a\leqslant x\leqslant b$ 上的基解矩阵为

$$\boldsymbol{\Phi}(x)=\begin{bmatrix}x^2 & x\\ 2x & 1\end{bmatrix}.$$

2. 设 $\boldsymbol{\Phi}(x)$ 为方程 $\frac{\mathrm{d}\boldsymbol{y}}{\mathrm{d}x}=\boldsymbol{A}\boldsymbol{y}$（$\boldsymbol{A}$ 为 $n\times n$ 常数矩阵）的标准基解矩阵（即 $\boldsymbol{\Phi}(0)=\boldsymbol{E}$），证明：

$$\boldsymbol{\Phi}(x)\boldsymbol{\Phi}^{-1}(x_0)=\boldsymbol{\Phi}(x-x_0),$$

其中 x_0 为某一值.

3. 设 $\boldsymbol{A}(x)$ 和 $\boldsymbol{f}(x)$ 分别区间 $a\leqslant x\leqslant b$ 上的连续 $n\times n$ 矩阵和 n 维列向量，证明：方程组 $\frac{\mathrm{d}\boldsymbol{y}}{\mathrm{d}x}=\boldsymbol{A}(x)\boldsymbol{y}+\boldsymbol{f}(x)$ 存在且最多存在 $n+1$ 个线性无关解.

4. 试证非齐线性微分方程组的叠加原理：

设 $\boldsymbol{y}_1(x)$ 和 $\boldsymbol{y}_2(x)$ 分别是方程组

$$\frac{\mathrm{d}\boldsymbol{y}}{\mathrm{d}x}=\boldsymbol{A}(x)\boldsymbol{y}+\boldsymbol{f}_1(x),$$

$$\frac{\mathrm{d}\boldsymbol{y}}{\mathrm{d}x}=\boldsymbol{A}(x)\boldsymbol{y}+\boldsymbol{f}_2(x)$$

的解，则 $\boldsymbol{y}_1(x)+\boldsymbol{y}_2(x)$ 是方程组 $\frac{\mathrm{d}\boldsymbol{y}}{\mathrm{d}x}=\boldsymbol{A}(x)\boldsymbol{y}+\boldsymbol{f}_1(x)+\boldsymbol{f}_2(x)$ 的解.

5. 考虑非齐次线性方程组 $\frac{\mathrm{d}\boldsymbol{y}}{\mathrm{d}x}=\boldsymbol{A}\boldsymbol{y}+\boldsymbol{f}(x)$，其中

$$\boldsymbol{A}=\begin{bmatrix}1 & 3\\ 2 & 2\end{bmatrix},$$

(1) 试验证 $\boldsymbol{\Phi}(x)=\begin{bmatrix}3\mathrm{e}^{-x} & \mathrm{e}^{4x}\\ -2\mathrm{e}^{-x} & \mathrm{e}^{4x}\end{bmatrix}$ 是对应齐次线性方程组 $\frac{\mathrm{d}\boldsymbol{y}}{\mathrm{d}x}=\boldsymbol{A}\boldsymbol{y}$ 的基解矩阵；

(2) 如果 $\boldsymbol{f}(x)=\begin{bmatrix}\sin x\\ \cos x\end{bmatrix}$，试求方程组满足初值条件 $\boldsymbol{y}_1(0)=\begin{bmatrix}1\\ -1\end{bmatrix}$ 的解 $\boldsymbol{y}_1(x)$；

(3) 如果 $\boldsymbol{f}(x)=\begin{bmatrix}\mathrm{e}^x\\ 1\end{bmatrix}$，试求方程组满足初值条件 $\boldsymbol{y}_2(0)=\begin{bmatrix}-1\\ 1\end{bmatrix}$ 的解 $\boldsymbol{y}_2(x)$.

6. 设齐次线性方程组 $\frac{\mathrm{d}\boldsymbol{y}}{\mathrm{d}x}=\boldsymbol{A}(x)\boldsymbol{y}$ 的系数矩阵 $\boldsymbol{A}(x)$ 是以 T 为周期的，即 $\boldsymbol{A}(x+T)=\boldsymbol{A}(x)$，证明：

(1) 若 $\boldsymbol{\Phi}(x)$ 为其基解矩阵，则 $\boldsymbol{\Phi}(x+kT)$ 也是基解矩阵，其中 k 为整数；

(2) 存在非奇异的 $n\times n$ 常数矩阵 $\boldsymbol{C}$，使得 $\boldsymbol{\Phi}(x+kT)=\boldsymbol{\Phi}(x)\boldsymbol{C}^k$.

7. 证明定理 5.7.

8. 给定方程组

$$\frac{\mathrm{d}\boldsymbol{y}}{\mathrm{d}x}=\boldsymbol{A}(x)\boldsymbol{y},$$

其中 $\boldsymbol{A}(x)$ 是区间 $a\leqslant x\leqslant b$ 上的连续 $n\times n$ 矩阵，设 $\boldsymbol{\Phi}(x)$ 是(5.14)的一个基解矩阵，n 维向量函数 $\boldsymbol{F}(x,\boldsymbol{y})$ 在 $a\leqslant x\leqslant b$，$\|\boldsymbol{y}\|<\infty$ 上连续，$x_0\in[a,b]$. 证明：初值问题

$$\begin{cases}\dfrac{\mathrm{d}\boldsymbol{y}}{\mathrm{d}x}=\boldsymbol{A}(x)\boldsymbol{y}+\boldsymbol{f}(x,\boldsymbol{y}),\\ \boldsymbol{y}(x_0)=\boldsymbol{\eta}\end{cases} \tag{*}$$

的唯一解 $\boldsymbol{y}(x)$是积分方程组

$$\boldsymbol{y}(x)=\boldsymbol{\Phi}(x)\boldsymbol{\Phi}^{-1}(x_0)\boldsymbol{\eta}+\int_{x_0}^{x}\boldsymbol{\Phi}(x)\boldsymbol{\Phi}^{-1}(s)\boldsymbol{f}(s,y(s))\mathrm{d}s \tag{**}$$

的连续解. 反之,(* *)的连续解也是初值问题(*)的解.

§5.3 常系数线性微分方程组的解法

本节，我们来研究常系数线性微分方程组的求解问题，主要讨论齐次线性微分方程组

$$\frac{\mathrm{d}\boldsymbol{y}}{\mathrm{d}x}=\boldsymbol{A}\boldsymbol{y} \tag{5.29}$$

的基解矩阵的结构，这里 $\boldsymbol{A}$ 是 $n\times n$ 常数矩阵．我们将通过代数的方法，寻求方程组(5.29)的一个基解矩阵.

5.3.1 矩阵指数函数的定义和性质

为了寻求方程组(5.29)的一个基解矩阵，需要定义矩阵指数 $\mathrm{e}^{\boldsymbol{A}}$，并给出相应的性质.

首先给出矩阵的范数定义．如果

$$\boldsymbol{A}=\begin{bmatrix}a_{11} & a_{12} & \cdots & a_{1n}\\ a_{21} & a_{22} & \cdots & a_{2n}\\ \vdots & \vdots & & \vdots\\ a_{n1} & a_{n2} & \cdots & a_{nn}\end{bmatrix}$$

是一个 $n\times n$ 常数矩阵，定义

$$\|\boldsymbol{A}\|=\sum_{i,j=1}^{n}|a_{ij}|$$

为矩阵 $\boldsymbol{A}$ 的范数，易于证明它有如下性质：

(1) $\|\boldsymbol{A}\|\geqslant 0$ 且 $\|\boldsymbol{A}\|=0$ 当且仅当 $\boldsymbol{A}=\boldsymbol{O}$ 表($\boldsymbol{O}$ 示零矩阵)；

(2) $\|\boldsymbol{A}+\boldsymbol{B}\|\leqslant\|\boldsymbol{A}\|+\|\boldsymbol{B}\|$；

(3) 对任意常数 α，有 $\|\alpha\boldsymbol{y}\|=|\alpha|\cdot\|\boldsymbol{y}\|$；

(4) $\|\boldsymbol{AB}\|\leqslant\|\boldsymbol{A}\|\cdot\|\boldsymbol{B}\|$，$\|\boldsymbol{A}\boldsymbol{y}\|\leqslant\|\boldsymbol{A}\|\cdot\|\boldsymbol{y}\|$，

其中 $\boldsymbol{A},\boldsymbol{B}$ 是 $n\times n$ 矩阵，$\boldsymbol{y}$ 是 n 维列向量.

引理 5.1 矩阵 $\boldsymbol{A}$ 的幂级数

$$\boldsymbol{E}+\boldsymbol{A}+\frac{\boldsymbol{A}^2}{2!}+\cdots+\frac{\boldsymbol{A}^k}{k!}+\cdots \tag{5.30}$$

是绝对收敛的.

这是因为对一切正整数 k，有

$$\left\|\frac{\boldsymbol{A}^k}{k!}\right\|\leqslant\frac{\|\boldsymbol{A}\|^k}{k!},$$

而数项级数

$$\|\boldsymbol{E}\|+\|\boldsymbol{A}\|+\frac{\|\boldsymbol{A}\|^2}{2!}+\cdots+\frac{\|\boldsymbol{A}\|^k}{k!}+\cdots$$

是收敛的.如果一个矩阵级数的每一项的范数都小于一个收敛的数项级数，则这个矩阵级数是绝对收敛的，因此，矩阵级数(5.30)对一切矩阵 $\boldsymbol{A}$ 都是绝对收敛的.

既然矩阵级数(5.30)是收敛的，则可以定义它的和.

定义 5.2 称

$$e^{\boldsymbol{A}}=\sum_{k=0}^{\infty}\frac{\boldsymbol{A}^k}{k!}=\boldsymbol{E}+\boldsymbol{A}+\frac{\boldsymbol{A}^2}{2!}+\cdots+\frac{\boldsymbol{A}^k}{k!}+\cdots$$

为矩阵 $\boldsymbol{A}$ 的指数函数，其中 $\boldsymbol{E}$ 为 n 阶单位矩阵，$\boldsymbol{A}^m$ 是矩阵 $\boldsymbol{A}$ 的 m 次幂．这里我们规定 $\boldsymbol{A}^0=\boldsymbol{E}$，$0!=1$. 特别地，对所有元均为 0 的零矩阵 $\boldsymbol{O}$，有 $\exp\boldsymbol{O}=\boldsymbol{E}$.

矩阵 $\boldsymbol{A}$ 的指数函数 $e^{\boldsymbol{A}}$ 仍是 $n\times n$ 矩阵，且有如下性质：

性质 5.3 矩阵指数函数有如下性质：

(1) 若矩阵 $\boldsymbol{A}$ 和 $\boldsymbol{B}$ 是可交换的，则

$$e^{\boldsymbol{A}+\boldsymbol{B}}=e^{\boldsymbol{A}}\cdot e^{\boldsymbol{B}};$$

(2) 对任何矩阵 $\boldsymbol{A}$，指数函数 $e^{\boldsymbol{A}}$ 是可逆的，且有

$$(e^{\boldsymbol{A}})^{-1}=e^{-\boldsymbol{A}};$$

(3) 若 $\boldsymbol{P}$ 是一个非奇异的 $n\times n$ 矩阵，则有

$$e^{\boldsymbol{P}\boldsymbol{A}\boldsymbol{P}^{-1}}=\boldsymbol{P}e^{\boldsymbol{A}}\boldsymbol{P}^{-1}.$$

5.3.2 常系数齐次线性微分方程组的基解矩阵

首先指出，级数

$$e^{\boldsymbol{A}x}=\sum_{k=0}^{\infty}\frac{\boldsymbol{A}^k x^k}{k!}=\boldsymbol{E}+\boldsymbol{A}x+\frac{\boldsymbol{A}^2x^2}{2!}+\cdots+\frac{\boldsymbol{A}^kx^k}{k!}+\cdots \tag{5.31}$$

在 x 的任何有限区间上是一致收敛的．事实上，对于一切正整数 k，当 $|x|\leqslant c$（c 是某一正常数）时，有

$$\left\|\frac{\boldsymbol{A}^kx^k}{k!}\right\|\leqslant\frac{\|\boldsymbol{A}\|^k|x|^k}{k!}\leqslant\frac{\|\boldsymbol{A}\|^kc^k}{k!},$$

而数项级数 $\displaystyle\sum_{k=0}^{\infty}\frac{(\|\boldsymbol{A}\|c)^k}{k!}$ 是收敛的，因而级数(5.31) 是一致收敛的.

定理 5.14 矩阵

$$\boldsymbol{\Phi}(x)=e^{\boldsymbol{A}x}$$

是常系数齐次线性微分方程组(5.29)的标准基解矩阵.

证明 由定义可知 $e^{\boldsymbol{A}x}$ 逐项可导，对级数(5.31)求导，得

$$\begin{aligned}\frac{d\boldsymbol{\Phi}(x)}{dx}&=(e^{\boldsymbol{A}x})'=\boldsymbol{A}+\frac{\boldsymbol{A}^2x}{1!}+\frac{\boldsymbol{A}^3x^2}{2!}+\cdots+\frac{\boldsymbol{A}^kx^{k-1}}{(k-1)!}+\cdots\\&=\boldsymbol{A}\left(\boldsymbol{E}+\boldsymbol{A}x+\frac{\boldsymbol{A}^2x^2}{2!}+\cdots+\frac{\boldsymbol{A}^kx^k}{k!}+\cdots\right)=\boldsymbol{A}e^{\boldsymbol{A}x}=\boldsymbol{A}\boldsymbol{\Phi}(x),\end{aligned}$$

所以，$\boldsymbol{\Phi}(x)=e^{\boldsymbol{A}x}$ 是方程组(5.29)解矩阵. 又因为 $\boldsymbol{\Phi}(0)=\boldsymbol{E}$，从而 $\det\boldsymbol{\Phi}(0)=\det\boldsymbol{E}=1$，则

$\boldsymbol{\Phi}(x)$是(5.29)的标准基解矩阵. 证毕.

注 5.1 由定理 5.10 可知,方程组(5.29)的任一解 $\boldsymbol{\varphi}(x)$都具有形式

$$\boldsymbol{\varphi}(x)=\mathrm{e}^{\boldsymbol{A}x}\boldsymbol{c}, \tag{5.32}$$

其中 $\boldsymbol{c}$ 是一个确定的 n 维常数列向量.

注 5.2 求出基解矩阵 $\mathrm{e}^{\boldsymbol{A}x}$ 后，进一步可以给出如下常系数非齐次线性微分方程组

$$\frac{\mathrm{d}\boldsymbol{y}}{\mathrm{d}x}=\boldsymbol{A}\boldsymbol{y}+\boldsymbol{f}(x)$$

的通解为

$$\boldsymbol{y}(x)=\mathrm{e}^{\boldsymbol{A}x}\boldsymbol{c}+\int_{x_0}^{x}\mathrm{e}^{\boldsymbol{A}(x-s)}\boldsymbol{f}(s)\mathrm{d}s,$$

其中 $\boldsymbol{c}$ 是一个确定的 n 维常数列向量，而满足初值条件 $\boldsymbol{y}(x_0)=\boldsymbol{\eta}$ 的解 $\boldsymbol{y}(x)$可表示为

$$\boldsymbol{y}(x)=\mathrm{e}^{\boldsymbol{A}(x-x_0)}\boldsymbol{\eta}+\int_{x_0}^{x}\mathrm{e}^{\boldsymbol{A}(x-s)}\boldsymbol{f}(s)\mathrm{d}s. \tag{5.33}$$

5.3.3 基解矩阵的求法

在某些特殊情况下，容易得到方程组(5.29)的基解矩阵 $\mathrm{e}^{\boldsymbol{A}x}$ 的具体形式.

例 5.6 如果 $\boldsymbol{A}$ 是一个对角形矩阵，

$$\boldsymbol{A}=\begin{bmatrix} a_1 & 0 & \cdots & 0 \\ 0 & a_2 & \cdots & 0 \\ \vdots & \vdots & \cdots & \vdots \\ 0 & 0 & \cdots & a_n \end{bmatrix},$$

试求$\dfrac{\mathrm{d}\boldsymbol{y}}{\mathrm{d}x}=\boldsymbol{A}\boldsymbol{y}$ 的基解矩阵 $\mathrm{e}^{\boldsymbol{A}x}$.

解 由级数(5.31)可得

$$\mathrm{e}^{\boldsymbol{A}x}=\boldsymbol{E}+\begin{bmatrix} a_1 & 0 & \cdots & 0 \\ 0 & a_2 & \cdots & 0 \\ \vdots & \vdots & & \vdots \\ 0 & 0 & \cdots & a_n \end{bmatrix}x+\begin{bmatrix} a_1^2 & 0 & \cdots & 0 \\ 0 & a_2^2 & \cdots & 0 \\ \vdots & \vdots & & \vdots \\ 0 & 0 & \cdots & a_n^2 \end{bmatrix}\frac{x^2}{2!}+\cdots+\begin{bmatrix} a_1^k & 0 & \cdots & 0 \\ 0 & a_2^k & \cdots & 0 \\ \vdots & \vdots & & \vdots \\ 0 & 0 & \cdots & a_n^k \end{bmatrix}\frac{x^k}{k!}+\cdots$$

$$=\begin{bmatrix} \mathrm{e}^{a_1x} & 0 & \cdots & 0 \\ 0 & \mathrm{e}^{a_2x} & \cdots & 0 \\ \vdots & \vdots & \cdots & \vdots \\ 0 & 0 & \cdots & \mathrm{e}^{a_nx} \end{bmatrix}.$$

此为所求齐次线性微分方程组的基解矩阵. 当然，这个结果是很明显的，因为此方程组可以写成$\dfrac{\mathrm{d}y_k}{\mathrm{d}x}=a_ky_k$，$k=1,2,\cdots,n$，它可以分别进行积分.

例 5.7 试求$\dfrac{\mathrm{d}\boldsymbol{y}}{\mathrm{d}x}=\boldsymbol{A}\boldsymbol{y}$ 的基解矩阵，其中 $\boldsymbol{A}=\begin{bmatrix} 2 & 1 \\ 0 & 2 \end{bmatrix}$.

解 因为 $\boldsymbol{A}=\begin{bmatrix} 2 & 1 \\ 0 & 2 \end{bmatrix}=\begin{bmatrix} 2 & 0 \\ 0 & 2 \end{bmatrix}+\begin{bmatrix} 0 & 1 \\ 0 & 0 \end{bmatrix}$，且后面的两个矩阵是可交换的，则有

$$e^{Ax}=e^{\begin{bmatrix}2&0\\0&2\end{bmatrix}x}\cdot e^{\begin{bmatrix}0&1\\0&0\end{bmatrix}x}$$
$$=\begin{bmatrix}e^{2x}&0\\0&e^{2x}\end{bmatrix}\left(\boldsymbol{E}+\begin{bmatrix}0&1\\0&0\end{bmatrix}x+\begin{bmatrix}0&1\\0&0\end{bmatrix}^2\frac{x^2}{2!}+\cdots\right).$$

但是，

$$\begin{bmatrix}0&1\\0&0\end{bmatrix}^2=\begin{bmatrix}0&0\\0&0\end{bmatrix},$$

所以，级数只有两项.因此，基解矩阵为

$$e^{Ax}=e^{2x}\begin{bmatrix}1&x\\0&1\end{bmatrix}.$$

上面只就一些很特殊的情况，计算了齐次线性微分方程组的基解矩阵 e^{Ax}. 利用式(5.31)计算基解矩阵，计算量一般较大. 下面利用线性代数的基本知识讨论基解矩阵的计算方法，从而解决常系数线性微分方程组的解的结构问题.

类似第四章,假设微分方程组(5.29)：

$$\frac{d\boldsymbol{y}}{dx}=\boldsymbol{A}\boldsymbol{y}$$

有形如

$$\boldsymbol{\varphi}(x)=e^{\lambda x}\boldsymbol{c},\quad \boldsymbol{c}\neq\boldsymbol{0}$$

形式的解，其中常数 λ 和向量 $\boldsymbol{c}$ 是待定的.为此，将上式代入(5.29)，得到

$$\lambda e^{\lambda x}\boldsymbol{c}=\boldsymbol{A}e^{\lambda x}\boldsymbol{c}.$$

因为 $e^{\lambda x}\neq 0$，上式变为

$$\boldsymbol{A}\boldsymbol{c}=\lambda\boldsymbol{c},\tag{5.34}$$

也可以表示为

$$(\boldsymbol{A}-\lambda\boldsymbol{E})\boldsymbol{c}=\boldsymbol{0}.\tag{5.35}$$

上两式表明，$e^{\lambda x}\boldsymbol{c}$ 是方程组(5.29)的解的充要条件是常数 λ 和非零向量 $\boldsymbol{c}$ 满足方程(5.34)和(5.35).由线性代数的相关结论可知，λ 是矩阵 $\boldsymbol{A}$ 的一个**特征根**，满足如下特征方程：

$$\det(\boldsymbol{A}-\lambda\boldsymbol{E})=0;\tag{5.36}$$

$\boldsymbol{c}$ 是对应于特征根 λ 的特征向量，并且有如下结论：

引理 5.2 设常数矩阵 $\boldsymbol{A}$ 是一个 $n\times n$ 矩阵，$\lambda_1,\lambda_2,\cdots,\lambda_k$ 是 $\boldsymbol{A}$ 的不同的特征根，它们的重数分别为 $n_1,n_2,\cdots,n_k(n_1+n_2+\cdots+n_k=n)$，记 n 维常数列向量所组成的线性空间为 $\boldsymbol{U}$，则

(1) 对应于每一个 n_j 重特征根 λ_j，线性代数方程组

$$(\boldsymbol{A}-\lambda_j\boldsymbol{E})^{n_j}\boldsymbol{u}=\boldsymbol{0}$$

的解的全体构成 U 的一个 n_j 维子空间 $\boldsymbol{U}_j(j=1,2,\cdots k)$；

(2) $\boldsymbol{U}$ 有直和分解

$$\boldsymbol{U}=\boldsymbol{U}_1\oplus\boldsymbol{U}_2\oplus\cdots\oplus\boldsymbol{U}_k.$$

为了求解常系数齐次线性微分方程组(5.29)，分下面两种情形进行讨论.

1. 特征根均是单根的情形

设 $\lambda_1,\lambda_2,\cdots,\lambda_n$ 是特征方程(5.36)的 n 个彼此不相等的根，则相应的方程组(5.29)有如下 n 个不同的解：

$$\mathrm{e}^{\lambda_1 x}\boldsymbol{v}_1,\ \mathrm{e}^{\lambda_2 x}\boldsymbol{v}_2,\ \cdots,\mathrm{e}^{\lambda_n x}\boldsymbol{v}_n,$$

其中 $\boldsymbol{v}_1,\boldsymbol{v}_2,\cdots,\boldsymbol{v}_n$ 是 $\boldsymbol{A}$ 的对应于不同特征根 $\lambda_1,\lambda_2,\cdots,\lambda_n$ 的特征向量. 由此得到解矩阵

$$\boldsymbol{\Phi}(x)=[\mathrm{e}^{\lambda_1 x}\boldsymbol{v}_1,\mathrm{e}^{\lambda_2 x}\boldsymbol{v}_2,\cdots,\mathrm{e}^{\lambda_n x}\boldsymbol{v}_n].$$

由于对应于不同特征根的特征向量线性无关，所以

$$\det\boldsymbol{\Phi}(0)=\det[\boldsymbol{v}_1,\boldsymbol{v}_2,\cdots,\boldsymbol{v}_n]\neq 0.$$

由定理 5.11 知 $\boldsymbol{\Phi}(x)$是方程组(5.29)的基解矩阵，因此方程组(5.29)的通解为

$$\boldsymbol{y}(x)=c_1\mathrm{e}^{\lambda_1 x}\boldsymbol{v}_1+c_2\mathrm{e}^{\lambda_2 x}\boldsymbol{v}_2+\cdots+c_n\mathrm{e}^{\lambda_n x}\boldsymbol{v}_n.$$

注 5.3 一般来说，所求得的基解矩阵 $\boldsymbol{\Phi}(x)$不一定就是 $\mathrm{e}^{\boldsymbol{A}x}$. 因为 $\mathrm{e}^{\boldsymbol{A}x}$ 和 $\boldsymbol{\Phi}(x)$都是方程组(5.29)的基解矩阵，所以存在一个非奇异的常数矩阵 $\boldsymbol{C}$，使得

$$\mathrm{e}^{\boldsymbol{A}x}=\boldsymbol{\Phi}(x)\boldsymbol{C}.$$

在上式中，令 $x=0$，我们得到 $\boldsymbol{C}=\boldsymbol{\Phi}^{-1}(0)$. 因此

$$\mathrm{e}^{\boldsymbol{A}x}=\boldsymbol{\Phi}(x)\boldsymbol{\Phi}^{-1}(0). \tag{5.37}$$

例 5.8 求解方程组$\dfrac{\mathrm{d}\boldsymbol{y}}{\mathrm{d}x}=\boldsymbol{A}\boldsymbol{y}$，并计算 $\mathrm{e}^{\boldsymbol{A}x}$，其中 $\boldsymbol{A}=\begin{bmatrix}6 & -3\\ 2 & 1\end{bmatrix}$.

解 矩阵 $\boldsymbol{A}$ 的特征方程为

$$\det(\boldsymbol{A}-\lambda\boldsymbol{E})=\begin{bmatrix}6-\lambda & -3\\ 2 & 1-\lambda\end{bmatrix}=\lambda^2-7\lambda+12=0,$$

所以，矩阵 $\boldsymbol{A}$ 有两个互不相同的特征根：$\lambda_1=3,\lambda_2=4$.

当 $\lambda_1=3$ 时，对应的特征向量 $\boldsymbol{u}=\begin{bmatrix}u_1\\ u_2\end{bmatrix}$满足线性代数方程组

$$(\boldsymbol{A}-\lambda_1\boldsymbol{E})\boldsymbol{u}=\begin{bmatrix}3 & -3\\ 2 & -2\end{bmatrix}\begin{bmatrix}u_1\\ u_2\end{bmatrix}=\boldsymbol{0},$$

因此，向量 $\boldsymbol{u}=\begin{bmatrix}1\\ 1\end{bmatrix}$是对应于特征根 $\lambda_1=3$ 的特征向量，对应的解为 $\mathrm{e}^{3x}\begin{bmatrix}1\\ 1\end{bmatrix}$.

当 $\lambda_2=4$ 时，对应的特征向量 $\boldsymbol{v}=\begin{bmatrix}v_1\\ v_2\end{bmatrix}$满足线性代数方程组

$$(\boldsymbol{A}-\lambda_2\boldsymbol{E})\boldsymbol{v}=\begin{bmatrix}2 & -3\\ 2 & -3\end{bmatrix}\begin{bmatrix}v_1\\ v_2\end{bmatrix}=\boldsymbol{0},$$

因此，向量 $\boldsymbol{v}=\begin{bmatrix}3\\ 2\end{bmatrix}$是对应于特征根 $\lambda_2=4$ 的特征向量，对应的解为 $\mathrm{e}^{4x}\begin{bmatrix}3\\ 2\end{bmatrix}$.

所求方程组的基解矩阵为

$$\boldsymbol{\Phi}(x)=[\mathrm{e}^{\lambda_1 x}\boldsymbol{u},\mathrm{e}^{\lambda_2 x}\boldsymbol{v}]=\begin{bmatrix}\mathrm{e}^{3x} & 3\mathrm{e}^{4x}\\ \mathrm{e}^{3x} & 2\mathrm{e}^{4x}\end{bmatrix},$$

于是，方程组的通解为

$$\boldsymbol{y}(x)=c_1\mathrm{e}^{3x}\begin{bmatrix}1\\1\end{bmatrix}+c_2\mathrm{e}^{4x}\begin{bmatrix}3\\2\end{bmatrix},$$

其中 c_1，c_2 为任意常数.

下面计算 $\mathrm{e}^{\boldsymbol{A}x}$，

$$\begin{aligned}\mathrm{e}^{\boldsymbol{A}x}&=\boldsymbol{\Phi}(x)\boldsymbol{\Phi}^{-1}(0)=\begin{bmatrix}\mathrm{e}^{3x}&3\mathrm{e}^{4x}\\\mathrm{e}^{3x}&2\mathrm{e}^{4x}\end{bmatrix}\begin{bmatrix}-2&3\\1&-1\end{bmatrix}\\&=\begin{bmatrix}-2\mathrm{e}^{3x}+3\mathrm{e}^{4x}&3\mathrm{e}^{3x}-4\mathrm{e}^{4x}\\-2\mathrm{e}^{3x}+2\mathrm{e}^{4x}&3\mathrm{e}^{3x}-2\mathrm{e}^{4x}\end{bmatrix}.\end{aligned}$$

对于线性微分方程组的复值解，有下面的结论：

定理 5.15 如果实系数齐次线性方程组

$$\frac{\mathrm{d}\boldsymbol{y}}{\mathrm{d}x}=\boldsymbol{A}(x)\boldsymbol{y} \tag{5.38}$$

有复值解 $\boldsymbol{y}(x)=\boldsymbol{u}(x)+\mathrm{i}\boldsymbol{v}(x)$,其中 $\boldsymbol{u}(x)$ 与 $\boldsymbol{v}(x)$ 都是实值向量函数，则其实部和虚部

$$\boldsymbol{u}(x)=\begin{bmatrix}u_1(x)\\u_2(x)\\\vdots\\u_n(x)\end{bmatrix},\quad \boldsymbol{v}(x)=\begin{bmatrix}v_1(x)\\v_2(x)\\\vdots\\v_n(x)\end{bmatrix}$$

都是齐次线性方程组(5.38)的解.

证明 因为 $\boldsymbol{y}(x)=\boldsymbol{u}(x)+\mathrm{i}\boldsymbol{v}(x)$是方程组(5.38)的解，所以

$$\frac{\mathrm{d}}{\mathrm{d}x}[\boldsymbol{u}(x)+\mathrm{i}\boldsymbol{v}(x)]=\boldsymbol{A}(x)[\boldsymbol{u}(x)+\mathrm{i}\boldsymbol{v}(x)]=\boldsymbol{A}(x)\boldsymbol{u}(x)+\mathrm{i}\boldsymbol{A}(x)\boldsymbol{v}(x).$$

又因为

$$\frac{\mathrm{d}}{\mathrm{d}x}[\boldsymbol{u}(x)+\mathrm{i}\boldsymbol{v}(x)]=\frac{\mathrm{d}\boldsymbol{u}(x)}{\mathrm{d}x}+\mathrm{i}\,\frac{\mathrm{d}\boldsymbol{v}(x)}{\mathrm{d}x},$$

所以，有

$$\frac{\mathrm{d}\boldsymbol{u}(x)}{\mathrm{d}x}+\mathrm{i}\,\frac{\mathrm{d}\boldsymbol{v}(x)}{\mathrm{d}x}=\boldsymbol{A}(x)\boldsymbol{u}(x)+\mathrm{i}\boldsymbol{A}(x)\boldsymbol{v}(x).$$

上述恒等式表明

$$\frac{\mathrm{d}\boldsymbol{u}(x)}{\mathrm{d}x}=\boldsymbol{A}(x)\boldsymbol{u}(x),\quad \frac{\mathrm{d}\boldsymbol{v}(x)}{\mathrm{d}x}=\boldsymbol{A}(x)\boldsymbol{v}(x),$$

即 $\boldsymbol{u}(x)$,$\boldsymbol{v}(x)$都是方程组(5.38)的解. 证毕.

例 5.9 求解方程组$\dfrac{\mathrm{d}\boldsymbol{y}}{\mathrm{d}x}=\boldsymbol{A}\boldsymbol{y}$，其中 $\boldsymbol{A}=\begin{bmatrix}3&5\\-5&3\end{bmatrix}$.

解 矩阵 $\boldsymbol{A}$ 特征方程为

$$\det(\boldsymbol{A}-\lambda\boldsymbol{E})=\begin{bmatrix}3-\lambda&5\\-5&3-\lambda\end{bmatrix}=\lambda^2-6\lambda+34=0,$$

所以，特征根为 $\lambda_{1,2}=3\pm5\mathrm{i}$. 对应于特征值 $\lambda_1=3+5\mathrm{i}$ 的特征向量 $\boldsymbol{u}=\begin{bmatrix}u_1\\u_2\end{bmatrix}$ 必须满足线性代数方程组

$$(\boldsymbol{A}-\lambda_1\boldsymbol{E})\boldsymbol{u}=\begin{bmatrix}-5\mathrm{i} & 5\\ 5 & -5\mathrm{i}\end{bmatrix}\begin{bmatrix}u_1\\ u_2\end{bmatrix}=\boldsymbol{0},$$

即 u_1,u_2 满足方程组

$$\begin{cases}-\mathrm{i}u_1+u_2=0,\\ -u_1-\mathrm{i}u_2=0.\end{cases}$$

所以，对应于 $\lambda_1=3+5\mathrm{i}$ 的特征向量可取为 $\boldsymbol{u}=\begin{bmatrix}1\\ \mathrm{i}\end{bmatrix}$. 于是可得方程组的一个复值解

$$y(x)=\mathrm{e}^{(3+5\mathrm{i})x}\begin{bmatrix}1\\ \mathrm{i}\end{bmatrix}=\mathrm{e}^{3x}\begin{bmatrix}\cos 5x+\mathrm{i}\sin 5x\\ -\sin 5x+\mathrm{i}\cos 5x\end{bmatrix}=\mathrm{e}^{3x}\begin{bmatrix}\cos 5x\\ -\sin 5x\end{bmatrix}+\mathrm{i}\mathrm{e}^{3x}\begin{bmatrix}\sin 5x\\ \cos 5x\end{bmatrix}.$$

因此，由定理 5.15 知 $\boldsymbol{y}_1(x)=\mathrm{e}^{3x}\begin{bmatrix}\cos 5x\\ -\sin 5x\end{bmatrix}$，$\boldsymbol{y}_2(x)=\mathrm{e}^{3x}\begin{bmatrix}\sin 5x\\ \cos 5x\end{bmatrix}$都是所求方程组的解，并且由于它们的朗斯基行列式 $W(x)=\mathrm{e}^{3x}\neq 0$,故它们线性无关. 于是得到方程组的一个基解矩阵为

$$\boldsymbol{\Phi}(x)=\begin{bmatrix}\mathrm{e}^{3x}\cos 5x & \mathrm{e}^{3x}\sin 5x\\ -\mathrm{e}^{3x}\sin 5x & \mathrm{e}^{3x}\cos 5x\end{bmatrix},$$

故方程组的通解为

$$\boldsymbol{y}(x)=c_1\mathrm{e}^{3x}\begin{bmatrix}\cos 5x\\ -\sin 5x\end{bmatrix}+c_2\mathrm{e}^{3x}\begin{bmatrix}\sin 5x\\ \cos 5x\end{bmatrix},$$

其中 c_1,c_2 为任意常数.

例 5.10 求解方程组$\dfrac{\mathrm{d}\boldsymbol{y}}{\mathrm{d}x}=\boldsymbol{A}\boldsymbol{y}$，其中

$$\boldsymbol{A}=\begin{bmatrix}1 & -1 & -1\\ 1 & 1 & 0\\ 3 & 0 & 1\end{bmatrix}.$$

解 矩阵 $\boldsymbol{A}$ 特征方程为

$$\det(\boldsymbol{A}-\lambda\boldsymbol{E})=\begin{vmatrix}1-\lambda & -1 & -1\\ 1 & 1-\lambda & 0\\ 3 & 0 & 1-\lambda\end{vmatrix}=0,$$

即

$$(\lambda-1)(\lambda^2-2\lambda+5)=0,$$

特征根为

$$\lambda_1=1,\quad \lambda_2=1+2\mathrm{i}.\quad \lambda_3=1-2\mathrm{i}$$

计算可得 $\lambda_1=1$ 对应的特征向量为 $\boldsymbol{u}=\begin{bmatrix}0\\ 1\\ -1\end{bmatrix}$，对应的解为 $\mathrm{e}^{x}\begin{bmatrix}0\\ 1\\ -1\end{bmatrix}$.

再求 $\lambda_2=1+2\mathrm{i}$ 所对应的特征向量 $\boldsymbol{v}=\begin{bmatrix}v_1\\ v_2\\ v_3\end{bmatrix}$，它应满足方程组

$$(\boldsymbol{A}-(1+2\mathrm{i})\boldsymbol{E})\boldsymbol{v}=\begin{bmatrix}-2\mathrm{i} & -1 & -1\\ 1 & -2\mathrm{i} & 0\\ 3 & 0 & -2\mathrm{i}\end{bmatrix}\begin{bmatrix}v_1\\ v_2\\ v_3\end{bmatrix}=\boldsymbol{0},$$

即

$$\begin{cases}-2\mathrm{i}v_1-v_2-v_3=0,\\ v_1-2v_2\mathrm{i}=0,\\ 3v_1-2v_3\mathrm{i}=0.\end{cases}$$

用 2i 乘上述第一个方程两端，得

$$\begin{cases}4v_1-2v_2\mathrm{i}-2v_3\mathrm{i}=0,\\ v_1-2v_2\mathrm{i}=0,\\ 3v_1-2v_3\mathrm{i}=0.\end{cases}$$

显见，第一个方程等于第二与第三个方程之和.故上述方程组中仅有两个方程是独立的，即

$$\begin{cases}v_1-2v_2\mathrm{i}=0,\\ 3v_1-2v_3\mathrm{i}=0.\end{cases}$$

求它的一个非零解，不妨令 $v_1=2\mathrm{i}$，则 $v_2=1, v_3=3$，得到对应于特征根 $\lambda_2=1+2\mathrm{i}$ 的特征向量 $v=\begin{bmatrix}2\mathrm{i}\\ 1\\ 3\end{bmatrix}$，对应的解为

$$\begin{aligned}\mathrm{e}^{(1+2\mathrm{i})x}\begin{bmatrix}2\mathrm{i}\\ 1\\ 3\end{bmatrix}&=\mathrm{e}^x(\cos 2x+\mathrm{i}\sin 2x)\begin{bmatrix}2\mathrm{i}\\ 1\\ 3\end{bmatrix}\\ &=\mathrm{e}^x\begin{bmatrix}-2\sin 2x\\ \cos 2x\\ 3\cos 2x\end{bmatrix}+\mathrm{i}\mathrm{e}^x\begin{bmatrix}2\cos 2x\\ \sin 2x\\ 3\sin 2x\end{bmatrix},\end{aligned}$$

故方程组的通解为

$$\boldsymbol{y}(x)=c_1\mathrm{e}^x\begin{bmatrix}0\\ 1\\ -1\end{bmatrix}+c_2\mathrm{e}^x\begin{bmatrix}-2\sin 2x\\ \cos 2x\\ 3\cos 2x\end{bmatrix}+c_3\mathrm{e}^x\begin{bmatrix}2\cos 2x\\ \sin 2x\\ 3\sin 2x\end{bmatrix},$$

其中 c_1，c_2，c_3 为任意常数.

2. 特征根有重根的情形

如果当矩阵 $\boldsymbol{A}$ 只有一个 n 重特征根时，由引理 5.2 可知，对任何向量 $\boldsymbol{u}$ 都有

$$(\boldsymbol{A}-\lambda\boldsymbol{E})^n\boldsymbol{u}=\boldsymbol{0},$$

因此，$(\boldsymbol{A}-\lambda\boldsymbol{E})^n$ 是零矩阵.由于

$$\mathrm{e}^{\lambda x}\mathrm{e}^{(-\lambda Ex)}=\mathrm{e}^{\lambda x}\begin{bmatrix}\mathrm{e}^{-\lambda x} & 0 & \cdots & 0\\ 0 & \mathrm{e}^{-\lambda x} & \cdots & 0\\ \vdots & \vdots & & \vdots\\ 0 & 0 & \cdots & \mathrm{e}^{-\lambda x}\end{bmatrix}=\boldsymbol{E},$$

得

$$e^{\boldsymbol{A}x}=e^{\lambda x}e^{(\boldsymbol{A}-\lambda\boldsymbol{E})x}=e^{\lambda x}\sum_{i=0}^{n-1}\frac{x^i}{i!}(\boldsymbol{A}-\lambda\boldsymbol{E})^i. \tag{5.39}$$

例 5.11 求解方程组$\frac{d\boldsymbol{y}}{dx}=\boldsymbol{A}\boldsymbol{y}$，其中$\boldsymbol{A}=\begin{bmatrix}2 & 1\\ -1 & 4\end{bmatrix}$.

解 矩阵 $\boldsymbol{A}$ 的特征方程为

$$\det(\boldsymbol{A}-\lambda\boldsymbol{E})=\begin{bmatrix}2-\lambda & 1\\ -1 & 4-\lambda\end{bmatrix}=\lambda^2-6\lambda+9=0,$$

于是，$\lambda=3$ 是 $\boldsymbol{A}$ 的 2 重特征根. 利用式(5.39)，得

$$\begin{aligned}e^{\boldsymbol{A}x}&=e^{3x}[\boldsymbol{E}+x(\boldsymbol{A}-3\boldsymbol{E})]\\&=e^{3x}\left(\begin{bmatrix}1 & 0\\ 0 & 1\end{bmatrix}+x\begin{bmatrix}-1 & 1\\ -1 & 1\end{bmatrix}\right)\\&=e^{3x}\begin{bmatrix}1-x & x\\ -x & 1+x\end{bmatrix},\end{aligned}$$

因此，方程组的通解为

$$\boldsymbol{y}(x)=e^{3x}\left(c_1\begin{bmatrix}1-x\\ -x\end{bmatrix}+c_2\begin{bmatrix}x\\ 1+x\end{bmatrix}\right),$$

其中 c_1,c_2 为任意常数.

例 5.12 求解方程组$\frac{d\boldsymbol{y}}{dx}=\boldsymbol{A}\boldsymbol{y}$，其中

$$\boldsymbol{A}=\begin{bmatrix}3 & 1 & -1\\ -1 & 2 & 1\\ 1 & 1 & 1\end{bmatrix}.$$

解 矩阵 $\boldsymbol{A}$ 特征方程为

$$\det(\boldsymbol{A}-\lambda\boldsymbol{E})=\begin{vmatrix}3-\lambda & 1 & -1\\ -1 & 2-\lambda & 1\\ 1 & 1 & 1-\lambda\end{vmatrix}=-(\lambda-2)^3=0,$$

所以，$\lambda=2$ 是 $\boldsymbol{A}$ 的 3 重特征根. 因此，由式(5.39)可得

$$\begin{aligned}e^{\boldsymbol{A}x}&=e^{2x}\left[\boldsymbol{E}+x(\boldsymbol{A}-2\boldsymbol{E})+\frac{x^2}{2!}(\boldsymbol{A}-2\boldsymbol{E})^2\right]\\&=e^{2x}\left(\begin{bmatrix}1 & 0 & 0\\ 0 & 1 & 0\\ 0 & 0 & 1\end{bmatrix}+x\begin{bmatrix}1 & 1 & -1\\ -1 & 0 & 1\\ 1 & 1 & -1\end{bmatrix}+\frac{x^2}{2!}\begin{bmatrix}-1 & 0 & 1\\ 0 & 0 & 0\\ -1 & 0 & 1\end{bmatrix}\right)\\&=e^{2x}\begin{bmatrix}1+x-\frac{1}{2}x^2 & x & -x+\frac{1}{2}x^2\\ -x & 1 & x\\ x-\frac{1}{2}x^2 & x & 1-x+\frac{1}{2}x^2\end{bmatrix},\end{aligned}$$

故方程的通解为

$$\mathbf{y}(x)=\mathrm{e}^{2x}\left(c_1\begin{bmatrix}1+x-\dfrac{1}{2}x^2\\-x\\x-\dfrac{1}{2}x^2\end{bmatrix}+c_2\begin{bmatrix}x\\1\\x\end{bmatrix}+c_3\begin{bmatrix}-x+\dfrac{1}{2}x^2\\x\\1-x+\dfrac{1}{2}x^2\end{bmatrix}\right),$$

其中 c_1,c_2,c_3 为任意常数.

对于矩阵 $\boldsymbol{A}$ 的不同的特征根有重根的情形,给出如下求基本解组的两个定理，从而可以得到基解矩阵．定理证明详见参考文献[1].

定理 5.16 设 $\lambda_1,\lambda_2,\cdots,\lambda_k$ 是 $\boldsymbol{A}$ 的 k 个不同的特征根,它们的重数分别为 $n_1,n_2,\cdots,n_k(n_1+n_2+\cdots+n_k=n)$，则对于每一个 λ_i，方程组(5.29)有 n_i 个形如

$$\boldsymbol{y}_1(x)=\boldsymbol{p}_1(x)\mathrm{e}^{\lambda_i x},\quad \boldsymbol{y}_2(x)=\boldsymbol{p}_2(x)\mathrm{e}^{\lambda_i x},\quad \cdots,\quad \boldsymbol{y}_{n_i}(x)=\boldsymbol{p}_{n_i}(x)\mathrm{e}^{\lambda_i x}$$

的线性无关解，其中 $\boldsymbol{p}_j(x)(j=1,2,\cdots,n_i)$的每一个分量为 x 的次数不高于 n_i-1 的多项式，取遍所有的 $\lambda_i(i=1,2,\cdots,k)$，就得到方程组的基本解组.

尽管上面定理给出了方程组(5.29)的求解方法，但这种求解方法很烦琐. 在实际求解时，常用下面的待定系数法.

定理 5.17 如果 λ_i 是方程组(5.29)的 n_i 重特征根，则方程组(5.29)有 n_i 个形如

$$\boldsymbol{y}(x)=(\boldsymbol{r}_0+\boldsymbol{r}_1x+\cdots+\boldsymbol{r}_{n_i-1}x^{n_i-1})\mathrm{e}^{\lambda_i x}\tag{5.40}$$

的线性无关解，其中 $\boldsymbol{r}_0,\boldsymbol{r}_1,\cdots,\boldsymbol{r}_{n_i-1}$ 由矩阵方程组

$$\begin{cases}(\boldsymbol{A}-\lambda_i\boldsymbol{E})\boldsymbol{r}_0=\boldsymbol{r}_1,\\(\boldsymbol{A}-\lambda_i\boldsymbol{E})\boldsymbol{r}_1=2\boldsymbol{r}_2,\\\cdots\cdots\cdots\cdots\\(\boldsymbol{A}-\lambda_i\boldsymbol{E})\boldsymbol{r}_{n_i-2}=(n_i-1)\boldsymbol{r}_{n_i-1},\\(\boldsymbol{A}-\lambda_i\boldsymbol{E})^{n_i}\boldsymbol{r}_0=\boldsymbol{0}\end{cases}\tag{5.41}$$

所确定.取遍所有的 $\lambda_i(i=1,2,\cdots,k)$，就得到方程组的基本解组.

这样,在方程组(5.41)中,首先由最下面的方程解出 $\boldsymbol{r}_0$. 再依次利用矩阵乘法求出 $\boldsymbol{r}_1,\cdots,\boldsymbol{r}_{n_i-1}$. 由引理 5.2 可知,线性空间 $\boldsymbol{U}$ 可分解成相应的 k 个子空间的直和,取遍所有的 $\lambda_i(i=1,2,\cdots,k)$，就可以由方程组(5.41)的最后一式求出 n 个线性无关常数列向量，再由(5.41)逐次求出其余常数列向量，从而就得到方程组(5.29)的 n 个解. 记这 n 个解构成的解矩阵为 $\boldsymbol{\Phi}(x)$，显然,$\boldsymbol{\Phi}(0)$是由方程组(5.41)的最后一式求出的 n 个线性无关常向量构成的，由引理 5.2 的结论(2),矩阵 $\boldsymbol{\Phi}(0)$中的各列构成了 n 维线性空间 $\boldsymbol{U}$ 的一组基,因此 $\det\boldsymbol{\Phi}(0)\neq0$. 于是 $\boldsymbol{\Phi}(x)$是方程组(5.41)的一个基解矩阵.

例 5.13 求解方程组 $\dfrac{\mathrm{d}\boldsymbol{y}}{\mathrm{d}x}=\boldsymbol{A}\boldsymbol{y}$，其中 $\boldsymbol{A}=\begin{bmatrix}0&1&1\\1&0&1\\1&1&0\end{bmatrix}$.

解 矩阵 $\boldsymbol{A}$ 特征方程为

$$\det(\boldsymbol{A}-\lambda\boldsymbol{E})=\begin{vmatrix}-\lambda&1&1\\1&-\lambda&1\\1&1&-\lambda\end{vmatrix}=-(\lambda+1)^2(\lambda-2)=0,$$

所以，特征根为 $\lambda_1=2$，$\lambda_2=-1$，重数分别为 $n_1=1$，$n_2=2$.

当 $\lambda_1=2$ 时，特征向量可取为 $u=\begin{bmatrix}1\\1\\1\end{bmatrix}$，所以对应的解为 $y_1(x)=e^{2x}\begin{bmatrix}1\\1\\1\end{bmatrix}$.

下求 $\lambda_2=-1$ 对应的两个线性无关解. 由定理 5.17，其解形如

$$\boldsymbol{y}(x)=(\boldsymbol{r}_0+\boldsymbol{r}_1x)e^{-x},$$

并且 $\boldsymbol{r}_0,\boldsymbol{r}_1$ 满足

$$\begin{cases}(\boldsymbol{A}+\boldsymbol{E})\boldsymbol{r}_0=\boldsymbol{r}_1,\\(\boldsymbol{A}+\boldsymbol{E})^2\boldsymbol{r}_0=\boldsymbol{0}.\end{cases}$$

由于

$$\boldsymbol{A}+\boldsymbol{E}=\begin{bmatrix}1&1&1\\1&1&1\\1&1&1\end{bmatrix},\quad(\boldsymbol{A}+\boldsymbol{E})^2=\begin{bmatrix}3&3&3\\3&3&3\\3&3&3\end{bmatrix},$$

所以，由 $(\boldsymbol{A}+\boldsymbol{E})^2\boldsymbol{r}_0=\boldsymbol{0}$ 可解出两个线性无关的常数列向量：

$$\begin{bmatrix}-1\\1\\0\end{bmatrix},\quad\begin{bmatrix}-1\\0\\1\end{bmatrix}.$$

将上述两个向量取为 $\boldsymbol{r}_0$，分别代入 $(\boldsymbol{A}+\boldsymbol{E})\boldsymbol{r}_0=r_1$ 中，可得 $\boldsymbol{r}_1$ 均为零向量. 于是 $\lambda_2=-1$ 对应的两个线性无关解为

$$\boldsymbol{y}_1(x)=e^{-x}\begin{bmatrix}-1\\1\\0\end{bmatrix},\quad\boldsymbol{y}_2(x)=e^{-x}\begin{bmatrix}-1\\0\\1\end{bmatrix},$$

则方程组的基解矩阵为

$$\boldsymbol{\Phi}(x)=\begin{bmatrix}e^{2x}&-e^{-x}&-e^{-x}\\e^{2x}&e^{-x}&0\\e^{2x}&0&e^{-x}\end{bmatrix},$$

因此，方程组的通解为

$$y(x)=c_1e^{2x}\begin{bmatrix}1\\1\\1\end{bmatrix}+c_2e^{-x}\begin{bmatrix}-1\\1\\0\end{bmatrix}+c_3e^{-x}\begin{bmatrix}-1\\0\\1\end{bmatrix},$$

其中 c_1,c_2,c_3 为任意常数.

5.3.4 常系数非齐次线性微分方程组的求解

本节最后再来讨论一下常系数非齐次线性方程组

$$\frac{d\boldsymbol{y}}{dx}=\boldsymbol{A}\boldsymbol{y}+\boldsymbol{f}(x)\tag{5.42}$$

的通解的求法.

实际上，具体计算方法原则上已经解决了. 因为方程组(5.42)对应的齐次线性方程组

的通解，可以用前面讨论过的代数方法求得. 在此基础上，它的一个特解可以通过常数变易法得到. 而方程组(5.42)的通解就等于它所对应的齐次方程组的通解与它的一个特解之和.

例 5.14 求方程组

$$\frac{\mathrm{d}\boldsymbol{y}}{\mathrm{d}x}=\boldsymbol{A}\boldsymbol{y}+\boldsymbol{f}(x)$$

满足初值条件 $\boldsymbol{y}(0)=\begin{bmatrix}0\\0\end{bmatrix}$ 的解，其中 $\boldsymbol{A}=\begin{bmatrix}2&3\\3&2\end{bmatrix}$, $\boldsymbol{f}(x)=\begin{bmatrix}x\\8\mathrm{e}^{x}\end{bmatrix}$.

解 先解对应的齐次线性方程组 $\frac{\mathrm{d}\boldsymbol{y}}{\mathrm{d}x}=\boldsymbol{A}\boldsymbol{y}$.

矩阵 $\boldsymbol{A}$ 的特征方程为

$$\det(\boldsymbol{A}-\lambda\boldsymbol{E})=\begin{bmatrix}2-\lambda&3\\3&2-\lambda\end{bmatrix}=\lambda^2-4\lambda-5=0,$$

所以，特征根为 $\lambda_1=5$, $\lambda_2=-1$.

当 $\lambda_1=5$ 时，对应的特征向量 $\boldsymbol{u}=\begin{bmatrix}u_1\\u_2\end{bmatrix}$ 满足线性代数方程组

$$(\boldsymbol{A}-\lambda_1\boldsymbol{E})\boldsymbol{u}=\begin{bmatrix}-3&3\\3&-3\end{bmatrix}\begin{bmatrix}u_1\\u_2\end{bmatrix}=\boldsymbol{0},$$

因此，对应于特征根 $\lambda_1=5$ 的特征向量可取为 $\boldsymbol{u}=\begin{bmatrix}1\\1\end{bmatrix}$，对应的解为 $\mathrm{e}^{5x}\begin{bmatrix}1\\1\end{bmatrix}$.

当 $\lambda_2=-1$ 时，对应的特征向量 $\boldsymbol{v}=\begin{bmatrix}v_1\\v_2\end{bmatrix}$ 满足线性代数方程组

$$(\boldsymbol{A}-\lambda_2\boldsymbol{E})\boldsymbol{v}=\begin{bmatrix}3&3\\3&3\end{bmatrix}\begin{bmatrix}v_1\\v_2\end{bmatrix}=\boldsymbol{0},$$

因此，对应于特征根 $\lambda_2=-1$ 的特征向量可取为 $\boldsymbol{v}=\begin{bmatrix}1\\-1\end{bmatrix}$，对应的解为 $\mathrm{e}^{-x}\begin{bmatrix}1\\-1\end{bmatrix}$.

故所求齐次线性方程组的基解矩阵为

$$\boldsymbol{\Phi}(x)=[\mathrm{e}^{5x}\boldsymbol{u},\mathrm{e}^{-x}\boldsymbol{v}]=\begin{bmatrix}\mathrm{e}^{5x}&\mathrm{e}^{-x}\\\mathrm{e}^{5x}&-\mathrm{e}^{-x}\end{bmatrix}.$$

于是，齐次线性方程组的通解为

$$y(x)=c_1\begin{bmatrix}\mathrm{e}^{5x}\\\mathrm{e}^{5x}\end{bmatrix}+c_2\begin{bmatrix}\mathrm{e}^{-x}\\-\mathrm{e}^{-x}\end{bmatrix},$$

其中 c_1,c_2 为任意常数.

令所求非齐次线性方程组有形如

$$\boldsymbol{y}(x)=c_1(x)\begin{bmatrix}\mathrm{e}^{5x}\\\mathrm{e}^{5x}\end{bmatrix}+c_2(x)\begin{bmatrix}\mathrm{e}^{-x}\\-\mathrm{e}^{-x}\end{bmatrix}$$

形式的解，将它代入方程组可得

$$c_1'(x)\begin{bmatrix}\mathrm{e}^{5x}\\\mathrm{e}^{5x}\end{bmatrix}+c_2'(x)\begin{bmatrix}\mathrm{e}^{-x}\\-\mathrm{e}^{-x}\end{bmatrix}=\begin{bmatrix}x\\8\mathrm{e}^{x}\end{bmatrix},$$

于是可解得

$$\begin{cases} c_1'(x)=\dfrac{1}{2}x\mathrm{e}^{-5x}+4\mathrm{e}^{-4x}, \\ c_2'(x)=\dfrac{1}{2}x\mathrm{e}^{x}-4\mathrm{e}^{2x}, \end{cases}$$

积分得到

$$\begin{cases} c_1(x)=\left(-\dfrac{1}{10}x-\dfrac{1}{50}\right)\mathrm{e}^{-5x}-\mathrm{e}^{-4x}+c_1, \\ c_2(x)=\left(\dfrac{1}{2}x-\dfrac{1}{2}\right)\mathrm{e}^{x}-2\mathrm{e}^{2x}+c_2, \end{cases}$$

可得非齐次线性方程组的通解为

$$\boldsymbol{y}(x)=c_1\begin{bmatrix}\mathrm{e}^{5x}\\ \mathrm{e}^{5x}\end{bmatrix}+c_2\begin{bmatrix}\mathrm{e}^{-x}\\ -\mathrm{e}^{-x}\end{bmatrix}+\begin{bmatrix}\dfrac{2}{5}x-\dfrac{13}{25}-3\mathrm{e}^{x}\\ -\dfrac{3}{5}x+\dfrac{12}{25}+\mathrm{e}^{x}\end{bmatrix}.$$

又满足初值条件 $\boldsymbol{y}(0)=\begin{bmatrix}0\\0\end{bmatrix}$，代入得

$$c_1\begin{bmatrix}1\\1\end{bmatrix}+c_2\begin{bmatrix}1\\-1\end{bmatrix}+\begin{bmatrix}-\dfrac{88}{25}\\ \dfrac{37}{25}\end{bmatrix}=\begin{bmatrix}c_1+c_2-\dfrac{88}{25}\\ c_1-c_2+\dfrac{37}{25}\end{bmatrix}=\begin{bmatrix}0\\0\end{bmatrix}.$$

求得 $c_1=\dfrac{51}{50},c_2=\dfrac{5}{2}$. 因此，满足初值条件的解为

$$\begin{aligned}\boldsymbol{y}(x)&=\frac{51}{50}\begin{bmatrix}\mathrm{e}^{5x}\\ \mathrm{e}^{5x}\end{bmatrix}+\frac{5}{2}\begin{bmatrix}\mathrm{e}^{-x}\\ -\mathrm{e}^{-x}\end{bmatrix}+\begin{bmatrix}\dfrac{2}{5}x-\dfrac{13}{25}-3\mathrm{e}^{x}\\ -\dfrac{3}{5}x+\dfrac{12}{25}+\mathrm{e}^{x}\end{bmatrix}\\ &=\begin{bmatrix}-\dfrac{13}{25}+\dfrac{2}{5}x+\dfrac{5}{2}\mathrm{e}^{-x}-3\mathrm{e}^{x}+\dfrac{51}{50}\mathrm{e}^{5x}\\ \dfrac{12}{25}-\dfrac{3}{5}x-\dfrac{5}{2}\mathrm{e}^{-x}+\mathrm{e}^{x}+\dfrac{51}{50}\mathrm{e}^{5x}\end{bmatrix}.\end{aligned}$$

习　题　5.3

1. 试证：如果 $\boldsymbol{y}(x)$ 是 $\dfrac{\mathrm{d}\boldsymbol{y}}{\mathrm{d}x}=\boldsymbol{A}\boldsymbol{y}$ 满足初值条件 $\boldsymbol{y}(x_0)=\boldsymbol{\eta}$ 的解，那么

$$\boldsymbol{y}(x)=\mathrm{e}^{\boldsymbol{A}(x-x_0)}\boldsymbol{\eta}.$$

2. 求解方程组 $\dfrac{\mathrm{d}\boldsymbol{y}}{\mathrm{d}x}=\boldsymbol{A}\boldsymbol{y}$，其中 $\boldsymbol{A}$ 为：

(1) $\begin{bmatrix}-2&1\\-1&2\end{bmatrix}$；　　(2) $\begin{bmatrix}1&2\\4&3\end{bmatrix}$；

(3) $\begin{bmatrix}2 & -3 & 3\\ 4 & -5 & 3\\ 4 & -4 & 2\end{bmatrix}$； (4) $\begin{bmatrix}1 & 2 & 1\\ 1 & -1 & 1\\ 2 & 0 & 1\end{bmatrix}$.

3. 求方程组$\dfrac{d\boldsymbol{y}}{dx}=\boldsymbol{A}\boldsymbol{y}$ 满足初值条件 $\boldsymbol{y}(0)=\boldsymbol{\eta}$ 的解 $\boldsymbol{y}(x)$：

(1) $\boldsymbol{A}=\begin{bmatrix}1 & 2\\ 4 & 3\end{bmatrix}$，$\boldsymbol{\eta}=\begin{bmatrix}3\\ 3\end{bmatrix}$；

(2) $\boldsymbol{A}=\begin{bmatrix}2 & -3 & 3\\ 4 & -5 & 3\\ 4 & -4 & 2\end{bmatrix}$，$\boldsymbol{\eta}=\begin{bmatrix}0\\ 1\\ 0\end{bmatrix}$；

(3) $\boldsymbol{A}=\begin{bmatrix}1 & 2 & 1\\ 1 & -1 & 1\\ 2 & 0 & 1\end{bmatrix}$，$\boldsymbol{\eta}=\begin{bmatrix}1\\ 0\\ 0\end{bmatrix}$.

4. 求方程组$\dfrac{d\boldsymbol{y}}{dx}=\boldsymbol{A}\boldsymbol{y}+\boldsymbol{f}(x)$满足初值条件 $\boldsymbol{y}(0)=\boldsymbol{\eta}$ 的解.

(1) $\boldsymbol{\eta}=\begin{bmatrix}-1\\ 1\end{bmatrix}$，$\boldsymbol{A}=\begin{bmatrix}1 & 2\\ 4 & 3\end{bmatrix}$，$\boldsymbol{f}(x)=\begin{bmatrix}e^{x}\\ 1\end{bmatrix}$；

(2) $\boldsymbol{\eta}=\begin{bmatrix}0\\ 0\\ 0\end{bmatrix}$，$\boldsymbol{A}=\begin{bmatrix}0 & 1 & 0\\ 0 & 0 & 1\\ -6 & -11 & -6\end{bmatrix}$，$\boldsymbol{f}(x)=\begin{bmatrix}0\\ 0\\ e^{-x}\end{bmatrix}$；

(3) $\boldsymbol{\eta}=\begin{bmatrix}\eta_1\\ \eta_2\end{bmatrix}$，$\boldsymbol{A}=\begin{bmatrix}4 & -3\\ 2 & -1\end{bmatrix}$，$\boldsymbol{f}(x)=\begin{bmatrix}\sin x\\ -2\cos x\end{bmatrix}$.

§5.4 拉普拉斯变换法

拉普拉斯变换可以用于解常系数高阶线性微分方程，也可以用来解常系数线性微分方程组. 为此，首先将拉普拉斯变换推广到向量函数的情形. 我们定义

$$\mathcal{L}[\boldsymbol{f}(x)]=\int_0^{+\infty} e^{-sx}\boldsymbol{f}(x)dx,$$

其中 $\boldsymbol{f}(x)$是 n 维向量函数，要求它的每一个分量都存在拉普拉斯变换. 下面通过几个例子简单介绍如何应用拉普拉斯变换求解常系数线性微分方程组.

例 5.15 利用拉普拉斯变换求解例 5.14 满足 $\boldsymbol{y}(0)=\begin{bmatrix}0\\ 0\end{bmatrix}$ 的解.

解 将方程组写成分量形式，即

$$\begin{cases}\dfrac{dy_1}{dx}=2y_1+3y_2+x,\\ \dfrac{dy_2}{dx}=3y_1+2y_2+8e^{x},\\ y_1(0)=0, y_2(0)=0.\end{cases}$$

令 $Y_1(s)=\mathcal{L}[y_1(x)]$, $Y_2(s)=\mathcal{L}[y_2(x)]$，对方程组施行拉普拉斯变换，得

$$\begin{cases} sY_1(s)=2Y_1(s)+3Y_2(s)+\dfrac{1}{s^2}, \\ sY_2(s)=3Y_1(s)+2Y_2(s)+\dfrac{8}{s-1}, \end{cases}$$

即

$$\begin{cases} (s-2)Y_1(s)-3Y_2(s)=\dfrac{1}{s^2}, \\ -3Y_1(s)+(s-2)Y_2(s)=\dfrac{8}{s-1}, \end{cases}$$

由此解得

$$\begin{cases} Y_1(s)=\dfrac{\dfrac{s-2}{s^2}+\dfrac{24}{s-1}}{(s-2)^2-9}=\dfrac{24}{(s+1)(s-1)(s-5)}+\dfrac{s-2}{s^2(s+1)(s-5)} \\ \quad =2\dfrac{1}{s+1}-3\dfrac{1}{s-1}+\dfrac{1}{s-5}-\dfrac{13}{25}\dfrac{1}{s}+\dfrac{2}{5}\dfrac{1}{s^2}+\dfrac{1}{2}\dfrac{1}{s+1}+\dfrac{1}{50}\dfrac{1}{s-5} \\ \quad =-\dfrac{13}{25}\dfrac{1}{s}+\dfrac{2}{5}\dfrac{1}{s^2}+\dfrac{5}{2}\dfrac{1}{s+1}-3\dfrac{1}{s-1}+\dfrac{51}{50}\dfrac{1}{s-5}, \\ Y_2(s)=\dfrac{\dfrac{8(s-2)}{s-1}+\dfrac{3}{s^2}}{(s-2)^2-9}=\dfrac{8(s-2)}{(s+1)(s-1)(s-5)}+\dfrac{3}{s^2(s+1)(s-5)} \\ \quad =-2\dfrac{1}{s+1}+\dfrac{1}{s-1}+\dfrac{1}{s-5}+\dfrac{12}{25}\dfrac{1}{s}-\dfrac{3}{5}\dfrac{1}{s^2}-\dfrac{1}{2}\dfrac{1}{s+1}+\dfrac{1}{50}\dfrac{1}{s-5} \\ \quad =\dfrac{12}{25}\dfrac{1}{s}-\dfrac{3}{5}\dfrac{1}{s^2}-\dfrac{5}{2}\dfrac{1}{s+1}+\dfrac{1}{s-1}+\dfrac{51}{50}\dfrac{1}{s-5}. \end{cases}$$

查拉普拉斯变换表即得

$$\begin{cases} y_1(x)=-\dfrac{13}{25}+\dfrac{2}{5}x+\dfrac{5}{2}\mathrm{e}^{-x}-3\mathrm{e}^{x}+\dfrac{51}{50}\mathrm{e}^{5x}, \\ y_2(x)=\dfrac{12}{25}-\dfrac{3}{5}x-\dfrac{5}{2}\mathrm{e}^{-x}+\mathrm{e}^{x}+\dfrac{51}{50}\mathrm{e}^{5x}. \end{cases}$$

所得结果跟例 5.14 一致.

应用拉普拉斯变换可以求常系数齐次线性微分方程组的基解矩阵.

例 5.16 求方程组 $\dfrac{\mathrm{d}\boldsymbol{y}}{\mathrm{d}x}=\boldsymbol{A}\boldsymbol{y}$ 满足初值条件 $\boldsymbol{y}(0)=\begin{bmatrix}1\\0\end{bmatrix}$ 的解，并求其基解矩阵，其中 $\boldsymbol{A}=\begin{bmatrix}6 & -3\\2 & 1\end{bmatrix}$.

解 将方程组写成分量形式，即

$$\begin{cases} \dfrac{\mathrm{d}y_1}{\mathrm{d}x}=2y_1+y_2, \\ \dfrac{\mathrm{d}y_2}{\mathrm{d}x}=-y_1+4y_2. \end{cases}$$

令 $Y_1(s)=\mathcal{L}[y_1(x)]$，$Y_2(s)=\mathcal{L}[y_2(x)]$. 对方程组施行拉普拉斯变换，得到

$$\begin{cases} sY_1(s)-1=2Y_1(s)+Y_2(s), \\ sY_2(s)=-Y_1(s)+4Y_2(s), \end{cases}$$

即

$$\begin{cases} (s-2)Y_1(s)-Y_2(s)=1, \\ Y_1(s)+(s-4)Y_2(s)=0. \end{cases}$$

解出 $Y_1(s),Y_2(s)$，得

$$\begin{cases} Y_1(s)=\dfrac{s-4}{(s-3)^2}=\dfrac{1}{s-3}-\dfrac{1}{(s-3)^2}, \\ Y_2(s)=-\dfrac{1}{(s-3)^2}. \end{cases}$$

查拉普拉斯变换表即得

$$\begin{cases} y_1(x)=(1-x)e^{3x}, \\ y_2(x)=-xe^{3x}. \end{cases}$$

为了寻求基解矩阵，再求满足初值条件 $y_1(0)=0,y_2(0)=1$ 的解，如前一样，得到方程组

$$\begin{cases} (s-2)Y_1(s)-Y_2(s)=0, \\ Y_1(s)+(s-4)Y_2(s)=1, \end{cases}$$

解出 $Y_1(s),Y_2(s)$，得

$$\begin{cases} Y_1(s)=\dfrac{1}{(s-3)^2}, \\ Y_2(s)=\dfrac{s-2}{(s-3)^2}=\dfrac{1}{s-3}+\dfrac{1}{(s-3)^2}, \end{cases}$$

查拉普拉斯变换表,得

$$\begin{cases} y_1(x)=xe^{3x}, \\ y_2(x)=e^{3x}+xe^{3x}=(1+x)e^{3x}, \end{cases}$$

故方程组的基解矩阵为

$$\boldsymbol{\Phi}(x)=\begin{bmatrix} (1-x)e^{3x} & xe^{3x} \\ -xe^{3x} & (1+x)e^{3x} \end{bmatrix}.$$

应用拉普拉斯变换还可以直接去解高阶的常系数线性微分方程组，而不必先化为一阶的常系数线性微分方程组.

例 5.17 求方程组

$$\begin{cases} \dfrac{d^2y_1}{dx^2}-2\dfrac{dy_1}{dx}-\dfrac{dy_2}{dx}+2y_2=0, \\ \dfrac{dy_1}{dx}-2y_1+\dfrac{dy_2}{dx}=-2e^{-x} \end{cases}$$

满足初值条件 $\boldsymbol{y}(0)=\begin{bmatrix}y_1(0)\\y_2(0)\end{bmatrix}=\begin{bmatrix}3\\0\end{bmatrix}$，$y_1'(0)=2$ 的解 $\boldsymbol{y}(x)$.

解 令 $Y_1(s)=\mathcal{L}[y_1(x)]$，$Y_2(s)=\mathcal{L}[y_2(x)]$，对方程组取拉普拉斯变换，我们得到

$$\begin{cases}[s^2Y_1(s)-3s-2]-2[sY_1(s)-3]-sY_2(s)+2Y_2(s)=0,\\[sY_1(s)-3]-2Y_1(s)+sY_2(s)=-\dfrac{2}{s+1},\end{cases}$$

整理后得到

$$\begin{cases}(s^2-2s)Y_1(s)-(s-2)Y_2(s)=3s-4,\\(s-2)Y_1(s)+sY_2(s)=\dfrac{3s+1}{s+1}.\end{cases}$$

解上面方程组，即有

$$\begin{cases}Y_1(s)=\dfrac{3s^2-4s-1}{(s+1)(s-1)(s-2)}=\dfrac{1}{s-1}+\dfrac{1}{s+1}+\dfrac{1}{s-2},\\Y_2(s)=\dfrac{2}{(s+1)(s-1)}=\dfrac{1}{s-1}-\dfrac{1}{s+1},\end{cases}$$

查拉普拉斯变换表得到解

$$\boldsymbol{y}(x)=\begin{bmatrix}y_1(x)\\y_2(x)\end{bmatrix}=\begin{bmatrix}e^x+e^{-x}+e^{2x}\\e^x-e^{-x}\end{bmatrix}.$$

从上述各例可以看到，应用拉普拉斯变换求解常系数线性方程组的初值问题是比较快捷的.但遗憾的是，它对方程中非齐次项的性质要求比较高.因此，并非任何常系数线性微分方程组都能用拉普拉斯变换法进行求解.

习 题 5.4

1. 求方程组 $\dfrac{d\boldsymbol{y}}{dx}=\boldsymbol{A}\boldsymbol{y}+\boldsymbol{f}(x)$ 满足初值条件 $\boldsymbol{y}(0)=\begin{bmatrix}1\\0\end{bmatrix}$ 的解，其中

$$\boldsymbol{A}=\begin{bmatrix}1&1\\1&-1\end{bmatrix},\quad \boldsymbol{f}(x)=\begin{bmatrix}0\\1\end{bmatrix}.$$

2. 试用拉普拉斯变换法解习题 5.3 的第 3 题和第 4 题.

3. 求方程组

$$\begin{cases}\dfrac{d^2y_1}{dx^2}+3\dfrac{dy_1}{dx}+2y_1+\dfrac{dy_2}{dx}+y_2=0,\\\dfrac{dy_1}{dx}+2y_1+\dfrac{dy_2}{dx}-y_2=0,\end{cases}$$

满足初值条件 $\boldsymbol{y}(0)=\begin{bmatrix}y_1(0)\\y_2(0)\end{bmatrix}=\begin{bmatrix}1\\0\end{bmatrix}$，$y_1'(0)=-1$ 的解 $\boldsymbol{y}(x)$.

§5.5 微分方程组的消元法和首次积分法

这一节将简单介绍微分方程组的另外两种求解方法：消元法和首次积分法，这两种方法对求解一些简单的微分方程组(包括非线性微分方程组)是很有效的方法，但这两种方法都有它们的局限性.

5.5.1 微分方程组的消元法

将一阶微分方程组

$$\begin{cases}\dfrac{dy_1}{dx}=f_1(x,y_1,\cdots,y_n),\\ \dfrac{dy_2}{dx}=f_2(x,y_1,\cdots,y_n),\\ \cdots\cdots\cdots\cdots\\ \dfrac{dy_{n-1}}{dx}=f_{n-1}(x,y_1,\cdots,y_n),\\ \dfrac{dy_n}{dx}=f_n(x,y_1,\cdots,y_n)\end{cases}$$

中的未知函数 $y_1,y_2,\cdots,y_n$ 只保留一个，消去其他未知函数，得到一个未知函数的高阶方程，先求出这个未知函数，然后再由其他方程再求出其他未知函数.这种方法常用于对由二个或三个方程构成的常系数微分方程组的求解.

例 5.18 求解方程组

$$\begin{cases}\dfrac{dy_1}{dx}=3y_1-2y_2,\\ \dfrac{dy_2}{dx}=2y_1-y_2.\end{cases}$$

解 保留 y_2，消去 y_1. 由方程组的第二个方程解出 y_1，得

$$y_1=\frac{1}{2}\left(\frac{dy_2}{dx}+y_2\right). \tag{5.43}$$

将上式两边关于 x 求导，得

$$\frac{dy_1}{dx}=\frac{1}{2}\left(\frac{d^2y_2}{dx^2}+\frac{dy_2}{dx}\right), \tag{5.44}$$

将上面得到的 y_1 和 $\dfrac{dy_1}{dx}$ 代入原方程组的第一个方程，得

$$\frac{d^2y_2}{dx^2}-2\frac{dy_2}{dx}+y_2=0,$$

这是一个二阶常系数线性齐次方程，通解为

$$y_2=(c_1+c_2x)e^x, \tag{5.45}$$

将上式代入式(5.43)，得

$$y_1=\frac{1}{2}(2c_1+c_2+2c_2x)e^x,$$

故原方程组的通解为

$$\begin{cases}y_1=\dfrac{1}{2}(2c_1+c_2+2c_2x)e^x,\\ y_2=(c_1+c_2x)e^x,\end{cases}$$

其中 c_1,c_2 是任意常数.

注 5.4 上面把式(5.45)代入式(5.43)经过求导，而没有求积分就求出了 y_1. 若把式(5.45)代入原方程组中的第一式，可得

$$\frac{dy_1}{dx}=3y_1-2(c_1+c_2x)e^x.$$

这是一个一阶非齐次线性方程，它的通解为

$$y_1=\frac{1}{2}(2c_1+c_2+2c_2x)e^x+c_3e^{3x}. \tag{5.46}$$

在通解(5.46)中出现了三个任意常数 c_1,c_2,c_3，这与前面求的不一致，事实上，当把式(5.46)及 $y_2=(c_1+c_2x)e^x$ 代入原方程组就发现，当且仅当 $c_3=0$ 时，式(5.46)才可成为方程组的解，故式(5.46)不是原方程组的通解，其中 c_3 是一个多余的任意常数. 因此为避免出现增解，在求出一个未知函数后，不要再用求积分的方法来求其他的未知函数.

例 5.19 求解方程组

$$\begin{cases}\dfrac{dy_1}{dx}=y_2,\\ \dfrac{dy_2}{dx}=\dfrac{y_2^2}{y_1}.\end{cases}$$

解 将第一个方程求导得

$$\frac{d^2y_1}{dx^2}=\frac{dy_2}{dx},$$

代入第二个方程得

$$\frac{d^2y_1}{dx^2}-\frac{1}{y_1}\left(\frac{dy_1}{dx}\right)^2=0, \tag{5.47}$$

此方程是不显含自变量 x 的可降阶的方程. 设 $\dfrac{dy_1}{dx}=p$，则

$$\frac{d^2y_1}{dx^2}=\frac{dp}{dx}=\frac{dp}{dy_1}\frac{dy_1}{dx}=p\frac{dp}{dy_1},$$

代入方程(5.47)得

$$p\frac{dp}{dy_1}-\frac{1}{y_1}p^2=0,$$

即有

$$p\left(\frac{dp}{dy_1}-\frac{p}{y_1}\right)=0. \tag{5.48}$$

由$\frac{dp}{dy_1}-\frac{p}{y_1}=0$分离变量并积分得$p=c_1y_1$，从而有

$$\frac{dy_1}{dx}=c_1y_1,$$

对上式积分得

$$\ln|y_1|=c_1x+c,$$

即

$$y_1=c_2e^{c_1x},$$

其中$c_2=\pm e^c$. 再由第一个方程得

$$y_2=c_1c_2e^{c_1x}.$$

由式(5.48)还可得$p=0$,从而有$y_1=c$,由第一方程得$y_2=0$,该组解包含在上面所得的通解中.故原方程组的通解为

$$\begin{cases}y_1=c_2e^{c_1x},\\ y_2=c_1c_2e^{c_1x}.\end{cases}$$

从上面两个例子可看出，利用消元法可求出微分方程组的通解.但是消元法具有局限性，不是所有的微分方程组都可以用消元法来求解.

5.5.2 微分方程组的首次积分法

首次积分法是将方程组

$$\frac{dy_i}{dx}=f_i(x,y_1,\cdots,y_n),\quad i=1,2,\cdots,n$$

经适当组合化为一个可积分的微分方程，这个方程的未知函数可能是方程组中几个未知函数组合形式，积分此方程可以得到未知函数的组合形式的方程，该方程为一个原方程组的首次积分，然后再求出未知函数.下面举例说明.

例 5.20 求解方程组

$$\begin{cases}\frac{dy_1}{dx}=y_2,\\ \frac{dy_2}{dx}=y_1.\end{cases}$$

解 将两个方程相加得

$$\frac{d(y_1+y_2)}{dx}=y_1+y_2,$$

以y_1+y_2作为一个未知函数,并对上式积分得

$$y_1+y_2=c_1e^x, \tag{5.49}$$

方程(5.49)就是原方程组的一个首次积分.再将两个方程相减得

$$\frac{d(y_1-y_2)}{dx}=-(y_1-y_2),$$

以y_1-y_2作为一个未知函数,并对上式积分得

$$y_1-y_2=c_2e^{-x}, \tag{5.50}$$

上式是原微分方程组的另一个首次积分. 由式(5.49)和(5.50)可解出未知函数

$$\begin{cases} y_1=\dfrac{1}{2}(c_1e^x+c_2e^{-x}), \\ y_2=\dfrac{1}{2}(c_1e^x-c_2e^{-x}), \end{cases}$$

其中 c_1, c_2 是任意常数, 故原方程组的通解为

$$\begin{cases} y_1=c_1e^x+c_2e^{-x}, \\ y_2=c_1e^x-c_2e^{-x}. \end{cases}$$

例 5.21 求解方程组

$$\begin{cases} \dfrac{dy_1}{dx}=y_2-y_1(y_1^2+y_2^2-1), \\ \dfrac{dy_2}{dx}=-y_1-y_2(y_1^2+y_2^2-1). \end{cases}$$

解 把方程组中的第一个方程乘以 y_1,第二个方程乘以 y_2, 然后两式相加得

$$y_1\frac{dy_1}{dx}+y_2\frac{dy_2}{dx}=-(y_1^2+y_2^2)(y_1^2+y_2^2-1),$$

即有

$$d(y_1^2+y_2^2)=-2(y_1^2+y_2^2)(y_1^2+y_2^2-1)dx,$$

把 $y_1^2+y_2^2$ 看作未知函数,积分得

$$\frac{y_1^2+y_2^2-1}{y_1^2+y_2^2}e^{2x}=c_1,$$

由上式可得

$$y_1^2+y_2^2=\frac{e^{2x}}{e^{2x}-c_1}. \tag{5.51}$$

再利用原方程组可得

$$y_1\frac{dy_2}{dx}-y_2\frac{dy_1}{dx}=-(y_1^2+y_2^2),$$

即有

$$\frac{d}{dx}\left(\arctan\frac{y_2}{y_1}\right)=-1.$$

由此得另一个首次积分

$$\arctan\frac{y_3}{y_1}+x=c_2. \tag{5.52}$$

采用极坐标 $y_1=r\cos\theta, y_2=r\sin\theta$,代入首次积分(5.51)和(5.52)得

$$r=\frac{1}{\sqrt{1-c_1e^{-2x}}}, \quad \theta=c_2-x,$$

因此,原微分方程组的通解为

$$\begin{cases} y_1=\dfrac{\cos(c_2-x)}{\sqrt{1-c_1\mathrm{e}^{-2x}}}, \\ y_2=\dfrac{\sin(c_2-x)}{\sqrt{1-c_2\mathrm{e}^{-2x}}}. \end{cases}$$

从上面两个例子可看出，利用首次积分法可求出微分方程组的通解.但是首次积分法具有局限性，只能适应于首次积分能求出的方程组.

习 题 5.5

1. 运用消元法求解下列方程组：

(1) $\begin{cases} \dfrac{\mathrm{d}y_1}{\mathrm{d}x}=y_1+y_2, \\ \dfrac{\mathrm{d}y_2}{\mathrm{d}x}=2y_1-y_2; \end{cases}$　　(2) $\begin{cases} \dfrac{\mathrm{d}y_1}{\mathrm{d}x}=y_1+y_2^2+x^2, \\ \dfrac{\mathrm{d}y_2}{\mathrm{d}x}=2y_1; \end{cases}$

(3) $\begin{cases} \dfrac{\mathrm{d}y_1}{\mathrm{d}x}=2y_1+y_2, \\ \dfrac{\mathrm{d}y_2}{\mathrm{d}x}=y_1-2y_2; \end{cases}$　　(4) $\begin{cases} \dfrac{\mathrm{d}y_1}{\mathrm{d}x}=\dfrac{y_1^2}{y_2}, \\ \dfrac{\mathrm{d}y_2}{\mathrm{d}x}=\dfrac{1}{2}y_1. \end{cases}$

2. 运用首次积分法求解下列方程组：

(1) $\begin{cases} \dfrac{\mathrm{d}y_1}{\mathrm{d}x}=y_2, \\ \dfrac{\mathrm{d}y_2}{\mathrm{d}x}=y_1; \end{cases}$　　(2) $\begin{cases} \dfrac{\mathrm{d}y_1}{\mathrm{d}x}=\dfrac{y_2}{y_1-y_2}, \\ \dfrac{\mathrm{d}y_2}{\mathrm{d}x}=\dfrac{y_1}{y_1-y_2}. \end{cases}$

本章学习要点

线性微分方程组理论是微分方程理论重要的组成部分.无论从应用的角度还是从理论的角度来说，本章所提供的方法和结果都是重要的，它是进一步学习常微分方程理论和其他有关课程的必不可少的基础知识.学习本章时应注意如下几点：

1. 理解线性微分方程组解的存在唯一性定理.要熟悉向量与矩阵的表述方法.

2. 掌握线性微分方程组的一般理论，主要是一阶齐次和非齐次线性微分方程组解的性质与结构.这里的中心问题是齐次线性微分方程组的基解矩阵的概念.有了基解矩阵，齐次线性微分方程组的任一解可由基解矩阵表示，而非齐次线性微分方程组的任一解可通过常数变易法求出.

3. 齐次线性方程组的基解矩阵一定是存在的,如何具体求出是比较困难的.但是,当系数矩阵是常数矩阵时,可以通过代数方法求出基解矩阵.依据常数矩阵的特征根的重数的不同情形,掌握其具体的求解方法.

4. 拉普拉斯变换法是求解常系数线性微分方程组的初值问题的一个简便方法，要了解并学会运用.

5. 本章给出了应用消元法及首次积分法求解常微分方程组，初步掌握即可，并要注意消元法及首次积分法求解常微分方程组时具有局限性.

6. 高阶微分方程通过某些适当的变换，可化为一阶微分方程组. 所以，要掌握高阶线性微分方程与线性微分方程组的关系，能将线性微分方程组的有关结论推广到高阶线性微分方程中去，从而在一个统一的观点下理解这两部分内容.

本章自测题

1. 将下面初值问题化为与之等价的微分方程组的初值问题：

(1) $y''-xy'+y=\cos x$， $y(1)=1, y'(1)=2$；

(2) $y^{(4)}+6y''-3y'+5y=2\mathrm{e}^x$， $y(0)=1, y'(0)=-1, y''(0)=2, y'''(0)=0$.

2. 求解方程组$\dfrac{\mathrm{d}\boldsymbol{y}}{\mathrm{d}x}=\boldsymbol{A}\boldsymbol{y}$，并计算 $\mathrm{e}^{\boldsymbol{A}x}$.

(1) $\boldsymbol{A}=\begin{bmatrix}-2 & -4\\ -1 & 1\end{bmatrix}$；　　(2) $\boldsymbol{A}=\begin{bmatrix}0 & 1 & 0\\ 0 & 0 & -1\\ -1 & 1 & 1\end{bmatrix}$.

3. 给定方程组$\dfrac{\mathrm{d}\boldsymbol{y}}{\mathrm{d}x}=\boldsymbol{A}\boldsymbol{y}+\boldsymbol{f}(x)$，其中 $\boldsymbol{A}=\begin{bmatrix}1 & 1\\ 0 & 1\end{bmatrix}$, $\boldsymbol{f}(x)=\begin{bmatrix}\mathrm{e}^x\\ 1\end{bmatrix}$, $\boldsymbol{y}=\begin{bmatrix}y_1\\ y_2\end{bmatrix}$，求非齐次方程组满足 $\boldsymbol{y}(0)=\begin{bmatrix}0\\ 1\end{bmatrix}$的解.

第六章 定性和稳定性理论简介

19 世纪中叶，通过刘维尔的工作，人们已经知道绝大多数的微分方程不能用初等积分法求解，这个结论对微分方程理论的发展产生了极大影响，使微分方程的研究发生了一个转折.既然初等积分法有着不可克服的局限性，那么是否可以不求微分方程的解，而是从微分方程本身来推断其解的性质呢？定性理论与稳定性理论正是在这种背景下发展起来的，前者由法国数学家庞加莱(Poincaré)在 19 世纪 80 年代所创立，后者由俄国数学家李雅普诺夫(Lyapunov)在同年代创立.它们共同的特点是在不求出方程解的情况下，直接根据微分方程自身的结构与特点，来研究其解的性质.由于这种方法的有效性，近 100 多年来它们已经成为常微分方程发展的主流.本章将对定性理论和稳定性理论的一些基本概念和基本方法做简单介绍.

§6.1 稳定性概念和例子

第三章中讨论的解对初值和参数的连续依赖性必须在有限时间内，当 $t\to\infty$ 时，初值的扰动解的性态如何变化？

初值的微小变化对不同的系统影响不同，我们先来看一个简单的例子.

例 6.1 当 $t\to+\infty$ 时，求一阶线性微分方程

$$\frac{\mathrm{d}x}{\mathrm{d}t}=ax \tag{6.1}$$

解的性态，其中 a 为常数，$x(0)=x_0$，$x_0\geqslant 0$.

解 方程(6.1)满足初值条件的解为

$$x(t)=x_0\mathrm{e}^{at}, \tag{6.2}$$

同时，$x=0$ 是方程(6.1)的一个解，称它为零解.当 $a>0$ 时，无论 $|x_0|$ 多小，只要 $|x_0|\neq 0$，则当 $t\to+\infty$ 时，总有 $x(t)\to\infty$；当 $a<0$ 时，$x(t)=x_0\mathrm{e}^{at}\to 0$，它与零解的差不会超过初值 x_0，且随着 t 的增加很快会消失，所以当 $|x_0|$ 很小时，$x(t)$ 与零解的差也很小.此例表明，$a>0$ 时零解是“不稳定的”，而当 $a<0$ 时零解是稳定的.

考虑非线性微分方程组

$$\frac{\mathrm{d}\boldsymbol{y}}{\mathrm{d}t}=\boldsymbol{g}(t,\boldsymbol{y}) \tag{6.3}$$

解的性态，其中函数 $\boldsymbol{g}(t,\boldsymbol{y})$ 对 $\boldsymbol{y}\in D\subseteq\boldsymbol{R}^n$ 和 $t\in(-\infty,+\infty)$ 连续，对 $\boldsymbol{y}$ 满足局部利普希茨条件.

当研究微分方程组(6.3)解的性态时，往往与具有某些特殊性质的特解联系在一起. 为研究方程组(6.3)的特解 $\boldsymbol{y}=\boldsymbol{\varphi}(t)$ 邻近解的性态，通常先利用变换

$$\boldsymbol{x}=\boldsymbol{y}-\boldsymbol{\varphi}(t) \tag{6.4}$$

把微分方程组(6.3)化为

$$\frac{\mathrm{d}\boldsymbol{x}}{\mathrm{d}t}=\boldsymbol{f}(t,\boldsymbol{x}), \tag{6.5}$$

其中

$$\boldsymbol{f}(t,\boldsymbol{x})=\boldsymbol{g}(t,\boldsymbol{y})-\frac{\mathrm{d}\boldsymbol{\varphi}(t)}{\mathrm{d}t}=\boldsymbol{g}(t,\boldsymbol{x}+\boldsymbol{\varphi}(t))-\boldsymbol{g}(t,\boldsymbol{\varphi}(t)).$$

显然有 $\boldsymbol{f}(t,\boldsymbol{0})=\boldsymbol{0}$，微分方程组(6.3)的特解 $\boldsymbol{y}=\boldsymbol{\varphi}(t)$ 变为微分方程组(6.5)的零解 $\boldsymbol{x}=\boldsymbol{0}$. 因此，讨论方程组(6.3)的特解 $\boldsymbol{y}=\boldsymbol{\varphi}(t)$ 的稳定性变为讨论方程组(6.5)的零解 $\boldsymbol{x}=\boldsymbol{0}$ 的稳定性.

下面给出微分方程组(6.5)的零解 $\boldsymbol{x}=\boldsymbol{0}$ 的稳定性(通常称为李雅普诺夫意义下的稳定性)的定义.

假设方程组(6.5)的右端函数 $\boldsymbol{f}(t,\boldsymbol{x})$ 在包含原点的域 G 内有连续的偏导数，从而满足方程组解的存在唯一性、延拓、连续性和可微性条件.

定义 6.1 若对任意的 $\varepsilon>0$，存在 $\delta=\delta(\varepsilon,t_0)>0$，使得当任一 $\boldsymbol{x}_0$ 满足 $\|\boldsymbol{x}_0\|<\delta$ 时，方程组(6.5)的由初值条件 $\boldsymbol{x}(t_0)=\boldsymbol{x}_0$ 确定的解 $\boldsymbol{x}(t,t_0,\boldsymbol{x}_0)$，对一切 $t\geqslant t_0$ 均有

$$\|\boldsymbol{x}(t,t_0,\boldsymbol{x}_0)\|<\varepsilon \tag{6.6}$$

成立，则称方程组(6.5)的零解是**稳定的**，否则称为**不稳定的**.

注 6.1 本章向量 $\boldsymbol{x}=(x_1,x_2,\cdots,x_n)^{\mathrm{T}}$ 的范数取 $\|\boldsymbol{x}\|=\left(\sum\limits_{i=1}^{n}x_i^2\right)^{\frac{1}{2}}$.

注 6.2 零解不稳定的定义即为存在某个 $\varepsilon_0>0$，对任意 $\delta>0$，至少存在一点 $\boldsymbol{x}_0$ 和一个时刻 $t_1>t_0$，使得

$$\|\boldsymbol{x}(t_1,t_0,\boldsymbol{x}_0)\|\geqslant\varepsilon$$

成立.

定义 6.2 U 是 $\boldsymbol{R}^n$ 中包含原点的一个开区域，如果对所有的 $\boldsymbol{x}_0\subset U$ 和任意的 $\varepsilon>0$，总存在 $T=T(\varepsilon,t_0,\boldsymbol{x}_0)$，使得当 $t>t_0+T$ 时，有 $\|\boldsymbol{x}(t,t_0,\boldsymbol{x}_0)\|<\varepsilon$ 成立，则称 U 是方程组(6.5)零解的一个**吸引域**，这时称零解是**吸引的**.

U 是方程组(6.5)的零解的吸引域，更简单的描述是对所有 $\boldsymbol{x}_0\in U$，均有 $\lim\limits_{t\to\infty}\boldsymbol{x}(t,t_0,\boldsymbol{x}_0)=\boldsymbol{0}$，即从 U 中出发的解都趋于 $\boldsymbol{0}$.

定义 6.3 若方程组(6.5)的零解既是稳定的，又是吸引的，则称方程组(6.5)的零解是**渐近稳定的**；如果零解的吸引域是整个 $\boldsymbol{R}^n$，则称方程组(6.5)的零解是**全局渐近稳定的**.

定义 6.4 若定义 6.1 中 δ 与 t_0 无关，则称方程组(6.5)的零解是一致稳定的；若定义 6.2 中 T 与 t_0 和 $\boldsymbol{x}_0$ 无关，则方程组(6.5)的零解是一致吸引的；若方程组(6.5)的零解是一致稳定和一致吸引的，则方程组(6.5)的零解是一致渐近稳定的.

例 6.2 讨论系统

$$\begin{cases}\dfrac{dx_1}{dt}=x_2,\\ \dfrac{dx_2}{dt}=-x_1\end{cases}$$

零解的稳定性.

解 不妨取初始时刻 $t_0=0$. 对于一切 $t\geqslant 0$，方程组满足初值条件 $x_1(0)=x_{10}, x_2(0)=x_{20}(x_{10}^2+x_{20}^2\neq 0)$的解为

$$\begin{cases}x_1(t)=x_{10}\cos t+x_{20}\sin t,\\ x_2(t)=-x_{10}\sin t+x_{20}\cos t.\end{cases}$$

对任意 $\varepsilon>0$，取 $\delta=\varepsilon$，则当 $\|\boldsymbol{x}_0\|=(x_{10}^2+x_{20}^2)^{\frac{1}{2}}<\delta$ 时，就有

$$\begin{aligned}\|\boldsymbol{x}\|&=[x_1(t)+x_2(t)]^{\frac{1}{2}}=[(x_{10}\cos t+x_{20}\sin t)^2+(-x_{10}\sin t+x_{20}\cos t)^2]^{\frac{1}{2}}\\&=(x_{10}^2+x_{20}^2)^{\frac{1}{2}}<\delta=\varepsilon,\end{aligned}$$

故该系统的零解是稳定的.

然而，由于

$$\lim_{t\to\infty}\|\boldsymbol{x}\|=\lim_{t\to\infty}[x_1(t)+x_2(t)]^{\frac{1}{2}}=(x_{10}^2+x_{20}^2)^{\frac{1}{2}}\neq 0,$$

所以，该系统的零解不是渐近稳定的.

例 6.3 讨论系统

$$\begin{cases}\dfrac{dx_1}{dt}=-x_1,\\ \dfrac{dx_2}{dt}=-x_2\end{cases}$$

零解的稳定性.

解 在 $t\geqslant 0$ 上，方程组满足初值条件 $x_1(0)=x_{10}$，$x_2(0)=x_{20}(x_{10}^2+x_{20}^2\neq 0)$的解为

$$\begin{cases}x_1(t)=x_{10}e^{-t},\\ x_2(t)=x_{20}e^{-t}.\end{cases}$$

对任意 $\varepsilon>0$，取 $\delta=\varepsilon$，则当 $\|\boldsymbol{x}_0\|=(x_{10}^2+x_{20}^2)^{\frac{1}{2}}<\delta$ 时，就有

$$\|\boldsymbol{x}\|=[x_1^2(t)+x_2^2(t)]^{\frac{1}{2}}=(x_{10}^2e^{-2t}+x_{20}^2e^{-2t})^{\frac{1}{2}}\leqslant(x_{10}^2+x_{20}^2)^{\frac{1}{2}}<\delta=\varepsilon,$$

故该系统的零解是稳定的.

又由于

$$\lim_{t\to\infty}\|\boldsymbol{x}\|=\lim_{t\to\infty}[x_1^2(t)+x_2^2(t)]^{\frac{1}{2}}=\lim_{t\to\infty}(x_{10}^2e^{-2t}+x_{20}^2e^{-2t})^{\frac{1}{2}}=0,$$

所以，该系统的零解是渐近稳定的.

例 6.4 考察系统

$$\begin{cases}\dfrac{dx_1}{dt}=x_1,\\ \dfrac{dx_2}{dt}=x_2\end{cases}$$

的零解的稳定性.

解 在 $t\geqslant 0$ 上，方程组满足初值条件 $x_1(0)=x_{10}$，$x_2(0)=x_{20}$ $(x_{10}^2+x_{20}^2\neq 0)$ 的解为

$$\begin{cases}x_1(t)=x_{10}\mathrm{e}^t,\\ x_2(t)=x_{20}\mathrm{e}^t.\end{cases}$$

于是有

$$\|\boldsymbol{x}\|=[x_1^2(t)+x_2^2(t)]^{\frac{1}{2}}=(x_{10}^2\mathrm{e}^{2t}+x_{20}^2\mathrm{e}^{2t})^{\frac{1}{2}}=(x_{10}^2+x_{20}^2)^{\frac{1}{2}}\mathrm{e}^t.$$

由于函数 e^t 随着 t 的递增而无限地增大，因此，对于任意 $\varepsilon>0$，不管 $(x_{10}^2+x_{20}^2)^{\frac{1}{2}}$ 取多么小，只要 t 取得够大，就不能保证 $(x_{10}^2+x_{20}^2)^{\frac{1}{2}}\mathrm{e}^t$ 小于预先给定的正数 ε，所以，该系统的零解不是稳定的.

考虑常系数线性方程组

$$\frac{\mathrm{d}\boldsymbol{x}}{\mathrm{d}t}=\boldsymbol{A}x, \tag{6.7}$$

其中 $\boldsymbol{x}\in\boldsymbol{R}^n$，$\boldsymbol{A}$ 是 $n\times n$ 常系数矩阵. 对于方程组(6.7)有如下定理：

定理 6.1 若矩阵 $\boldsymbol{A}$ 的所有特征根均具有严格负实部，则方程组(6.7)的零解是渐近稳定的.

注 6.3 对于方程组(6.7)的零解还有如下结论：若 $\boldsymbol{A}$ 的所有特征根均具有非正实部，且其具有零实部的特征根仅对应单重初等因子，则方程组(6.7)的零解是稳定的；若矩阵 $\boldsymbol{A}$ 有正实部的特征根，或者有对应于多重初等因子的零实部特征根，则方程组(6.7)的零解是不稳定的.

引理 6.1(赫尔维茨判据) 考虑多项式方程

$$\lambda^n+a_1\lambda^{n-1}+a_2\lambda^{n-2}+\cdots+a_{n-1}\lambda+a_n=0, \tag{6.8}$$

所有根具有负实部的充要条件是

$$H_k=\begin{vmatrix}a_1 & a_3 & a_5 & \cdots & a_{2k-1}\\ 1 & a_2 & a_4 & \cdots & a_{2k-2}\\ 0 & a_1 & a_3 & \cdots & a_{2k-3}\\ 0 & 1 & a_2 & \cdots & a_{2k-4}\\ \vdots & \vdots & \vdots & & \vdots\\ 0 & 0 & 0 & \cdots & a_k\end{vmatrix}>0,$$

其中 $k=1,2,\cdots,n$，当 $j>n$ 时，补充定义 $a_j=0$.

引理 6.2 方程(6.8)的所有根均有负实部的必要条件是 $a_j>0$，$j=1,2,\cdots,n$.

例 6.5 讨论方程组

$$\begin{cases}\dfrac{\mathrm{d}x_1}{\mathrm{d}t}=-2x_1+x_2-x_3,\\ \dfrac{\mathrm{d}x_2}{\mathrm{d}t}=x_1-x_2,\\ \dfrac{\mathrm{d}x_3}{\mathrm{d}t}=x_1+x_2-x_3\end{cases}$$

零解的稳定性.

解 方程组的系数矩阵为

$$\boldsymbol{A}=\begin{bmatrix}-2 & 1 & -1\\ 1 & -1 & 0\\ 1 & 1 & -1\end{bmatrix},$$

从而有 $\boldsymbol{A}$ 的特征方程为

$$\lambda^3+4\lambda^2+5\lambda+3=0,$$

利用赫尔维茨判据得

$$H_1=4>0,\quad H_2=\begin{vmatrix}4 & 3\\ 1 & 5\end{vmatrix}=17>0,\quad H_3=\begin{vmatrix}4 & 3 & 0\\ 1 & 5 & 0\\ 0 & 4 & 3\end{vmatrix}=51>0,$$

所以 $\boldsymbol{A}$ 的所有特征根均具有负实部，该方程组的零解是渐近稳定的.

现考虑非线性微分方程组

$$\frac{\mathrm{d}\boldsymbol{x}}{\mathrm{d}t}=\boldsymbol{A}x+\boldsymbol{R}(\boldsymbol{x}),\tag{6.9}$$

其中 $\boldsymbol{R}(\boldsymbol{0})=\boldsymbol{0}$，右端函数满足条件

$$\lim_{\|x\|\to 0}\frac{\|\boldsymbol{R}(\boldsymbol{x})\|}{\|\boldsymbol{x}\|}=0.\tag{6.10}$$

显然，方程组(6.9)有零解 $\boldsymbol{x}=\boldsymbol{0}$.

在什么条件下，非线性微分方程组(6.9)的零解的稳定性态能由对应的线性微分方程组(6.7)的零解的稳定性态来决定？这就是按线性近似决定稳定性的问题，接下来给出下面的结论：

定理 6.2 对非线性微分方程组(6.9)，若对应的线性方程组的特征方程没有零根或零实部的根，则方程组(6.9)的零解的稳定性态与其线性近似方程组(6.7)的零解的稳定性态一致；当特征方程的根均具有负实部(包括负根)时，方程组(6.9)的零解是渐近稳定的；当特征方程具有正实部的根(包括正根)时，方程组(6.9)的零解是不稳定的.

若特征方程有零根或零实部的根，方程组(6.9)属临界情形，其零解的稳定性不能由其线性近似方程组(6.7)的零解的稳定性决定，因为可以找到这样的例子，适当变动 $\boldsymbol{R}(\boldsymbol{x})$ 当条件(6.10)仍满足时，便可使非线性微分方程组(6.9)的零解是稳定的或是不稳定的.

例 6.6 讨论系统

$$\begin{cases}\dfrac{\mathrm{d}x_1}{\mathrm{d}t}=-2x_1+x_2-x_3+x_1^2\mathrm{e}^{x_2},\\ \dfrac{\mathrm{d}x_2}{\mathrm{d}t}=\sin x_1-x_2+x_1^2x_2+x_3^4,\\ \dfrac{\mathrm{d}x_3}{\mathrm{d}t}=x_1+x_2-x_3-\mathrm{e}^{x_1}(\cos x_3-1)\end{cases}$$

零解的稳定性.

解 在原点线性化系统的系数矩阵为

$$A=\begin{bmatrix}-2 & 1 & -1\\ 1 & -1 & 0\\ 1 & 1 & -1\end{bmatrix},$$

则 A 的特征方程为

$$\lambda^3+4\lambda^2+5\lambda+3=0,$$

利用赫尔维茨判据，由

$$H_1=4,\quad H_2=\begin{vmatrix}4 & 3\\ 1 & 5\end{vmatrix}=17>0,\quad H_3=\begin{vmatrix}4 & 3 & 0\\ 1 & 5 & 0\\ 0 & 4 & 3\end{vmatrix}=51>0$$

知 A 的特征方程的根均具有负实部，所以系统的零解是渐近稳定的.

习　题　6.1

试讨论下列方程(组)零解的稳定性.

(1) $\begin{cases}\dfrac{dx}{dt}=x(1-x-y),\\ \dfrac{dy}{dt}=\dfrac{1}{4}y(2-3x-y);\end{cases}$

(2) $\begin{cases}\dfrac{dx}{dt}=-x-y+z,\\ \dfrac{dy}{dt}=x-2y+2z,\\ \dfrac{dz}{dt}=x+2y+x;\end{cases}$

(3) $\begin{cases}\dfrac{dx_1}{dt}=-8x_1+6x_2-5x_3+5x_4,\\ \dfrac{dx_2}{dt}=x_1-6x_2,\\ \dfrac{dx_3}{dt}=-2x_1+x_2-4x_3,\\ \dfrac{dx_4}{dt}=2x_1-10x_4;\end{cases}$

(4) $\dfrac{d^3x}{dt^3}+5\dfrac{d^2x}{dt^2}+6\dfrac{dx}{dt}+x=0.$

§6.2　李雅普诺夫第二方法

为判断非线性微分方程组解的稳定性，李雅普诺夫创造了两种方法：第一种方法是利用微分方程组的级数解进行研究，这种方法在他之后没有大的发展；第二种方法则是在不求解的情况下，构造一个特殊的函数——李雅普诺夫函数 $V(\boldsymbol{x})$，通过微分方程所计算出来的导数$\frac{\mathrm{d}V(\boldsymbol{x})}{\mathrm{d}t}$的符号性质,就能直接推断解的稳定性,因此又称直接法.

方程组(6.5)的右端如果不含自变量,则称其为自治系统.下面研究如下自治系统:

$$\frac{\mathrm{d}\boldsymbol{x}}{\mathrm{d}t}=\boldsymbol{f}(\boldsymbol{x}),\quad \boldsymbol{x}\in\mathbf{R}^n. \tag{6.11}$$

假设 $\boldsymbol{f}(\boldsymbol{x})=(f_1(x),f_2(x),\cdots,f_n(x))^{\mathrm{T}}$ 在某域 $G=\{\boldsymbol{x}\in\mathbf{R}^n\mid \|x\|\leqslant K\}$($K$ 为正常数)内有连续偏导数,且 $\boldsymbol{f}(\mathbf{0})=\mathbf{0}$. 从而方程组在域 G 内满足初值条件 $\boldsymbol{x}(t_0)=\boldsymbol{x}_0$ 的解在原点的某邻域内存在且唯一. 显然,$\boldsymbol{x}=\mathbf{0}$ 是其特解.

为介绍李雅普诺夫基本定理,先引入李雅普诺夫函数概念.

定义 6.5 若函数

$$V(\boldsymbol{x}):G\to\mathbf{R}$$

满足 $V(\mathbf{0})=\mathbf{0}$,$V(\boldsymbol{x})$和$\frac{\partial V}{\partial x_i}(i=1,2,\cdots,n)$都连续,且若存在 $0<H\leqslant K$,使在 $D=\{\boldsymbol{x}\mid\|\boldsymbol{x}\|\leqslant H\}$上均有 $V(\boldsymbol{x})\geqslant0(V(\boldsymbol{x})\leqslant0)$,则称 $V(\boldsymbol{x})$为常正函数(常负函数);若在 D 上除 $\boldsymbol{x}=\mathbf{0}$ 外总有 $V(\boldsymbol{x})>0(V(\boldsymbol{x})<0)$,则称 $V(\boldsymbol{x})$为正定函数(负定函数);既不是常正又不是常负的函数称为变号函数. 通常 $V(\boldsymbol{x})$称为 V **函数**或**李雅普诺夫函数**. 易知:

函数 $V(\boldsymbol{x})=x_1^2+x_2^2$,$V(\boldsymbol{x})=(x_1-2x_2)^2+x_2^2$ 都是 $\mathbf{R}^2$ 中的正定函数.

函数 $V(\boldsymbol{x})=x_1^2+x_2^2+x_3^2$ 是 $\mathbf{R}^3$ 中的正定函数.

函数 $V(\boldsymbol{x})=-(x_1^2+x_2^2)$是 $\mathbf{R}^2$ 中的负定函数.

函数 $V(\boldsymbol{x})=x_1^2-x_2^2$ 是 $\mathbf{R}^2$ 中的变号函数.

函数 $V(\boldsymbol{x})=x_1^2$ 是 $\mathbf{R}^2$ 中的常正函数.

函数 $V(\boldsymbol{x})=ax_1^2+bx_1x_2+cx_2^2$,如果 $b^2-4ac<0$,则当 $a>0$ 时 $V(\boldsymbol{x})$是 $\mathbf{R}^2$ 中的正定函数;当 $a<0$ 时 $V(\boldsymbol{x})$是 $\mathbf{R}^2$ 中的负定函数.

在由未知函数 $\boldsymbol{x}$ 组成的 n 维空间中,系统(6.11)的解 $\boldsymbol{x}(t)$在相空间中的轨迹称为轨线. 我们将系统(6.11)的解代入 $V(\boldsymbol{x})$中,再对 t 求导数,得

$$\frac{\mathrm{d}V}{\mathrm{d}t}=\sum_{i=1}^{n}\frac{\partial V}{\partial x_i}\cdot\frac{\mathrm{d}x_i}{\mathrm{d}t}=\sum_{i=1}^{n}\frac{\partial V}{\partial x_i}\cdot f_i.$$

此导数$\frac{\mathrm{d}V}{\mathrm{d}t}$称为 $V(\boldsymbol{x})$沿着系统(6.11)轨线的全导数.

我们给出如下的李雅普诺夫定理:

定理 6.3(李雅普诺夫定理) 如果对自治系统(6.11)存在原点的邻域 D 上的正定函数 $V(\boldsymbol{x})$,其沿着系统(6.11)轨线的全导数$\frac{\mathrm{d}V}{\mathrm{d}t}$为常负函数或者恒为零,则系统(6.11)的零解是稳定的.

证明 对任意小的 $\varepsilon>0$,记

$$\Gamma=\{\boldsymbol{x}\mid\|\boldsymbol{x}\|=\varepsilon\},$$

则由 $V(\boldsymbol{x})$正定、连续和 Γ 是有界闭集知

$$b=\min_{\boldsymbol{x}\in\Gamma}V(\boldsymbol{x})>0.$$

由 $V(\mathbf{0})=0$ 和 $V(\boldsymbol{x})$连续知,存在 $\delta>0(\delta<\varepsilon)$ 使得当 $\|\boldsymbol{x}\|\leqslant\delta$ 时,$V(\boldsymbol{x})<b$. 于是,当

$\|x\|\leqslant\delta$ 时，

$$\boldsymbol{x}(t,t_0,\boldsymbol{x}_0)<\varepsilon,\quad t\geqslant t_0. \tag{6.12}$$

若上述不等式不成立，由 $\|\boldsymbol{x}\|\leqslant\delta<\varepsilon$ 和 $\boldsymbol{x}(t,t_0,\boldsymbol{x}_0)$ 的连续性知，存在 $t_1>t_0$，当 $t\in[t_0,t_1)$ 时，$\boldsymbol{x}(t,t_0,\boldsymbol{x}_0)<\varepsilon$，而 $\boldsymbol{x}(t_1,t_0,\boldsymbol{x}_0)=\varepsilon$. 那么由 b 的定义，有

$$V(\boldsymbol{x}(t_1,t_0,\boldsymbol{x}_0))\geqslant b. \tag{6.13}$$

另一方面，由条件知，在 $[t_0,t_1]$ 上，$\dfrac{\mathrm{d}V(\boldsymbol{x}(t,t_0,\boldsymbol{x}_0))}{\mathrm{d}t}\leqslant 0$，即有

$$V(\boldsymbol{x}(t,t_0,\boldsymbol{x}_0))\leqslant V(\boldsymbol{x}_0)<b,\quad t\in[t_0,t_1],$$

所以 $V(\boldsymbol{x}(t_1,t_0,\boldsymbol{x}_0))<b$. 这与式(6.13)矛盾，即式(6.12)成立. 因此，系统(6.11)的零解是稳定的.

几何解释 对于 $V(\boldsymbol{x})=c$，当 c 足够小时，在相空间中是围绕原点的 $n-1$ 维闭曲面. 当系统(6.11)的零解稳定时，其原点附近的由 $\|\boldsymbol{x}_0\|\leqslant\delta$ 为初值出发的轨线 $\boldsymbol{x}(t)$ 均停留在某闭曲面 $V(\boldsymbol{x})=c$ 内；当零解渐近稳定时，轨线 $\boldsymbol{x}(t)$ 将沿闭曲面 $V(\boldsymbol{x})=c_k\,(c_k\to 0)$ 缩向坐标原点.

引理 6.3 若函数 $V(\boldsymbol{x})$ 是正定(或负定)的李雅普诺夫函数，且对连续有界函数 $\boldsymbol{x}(t)$ 有 $\lim\limits_{t\to+\infty}V(\boldsymbol{x})=0$，则 $\lim\limits_{t\to+\infty}\boldsymbol{x}(t)=0$.

定理 6.4 如果存在原点的邻域 D 上的正定函数 $V(\boldsymbol{x})$，其沿着系统(6.11)轨线的全导数 $\dfrac{\mathrm{d}V}{\mathrm{d}t}$ 为负定函数，则系统(6.11)的零解是渐近稳定的.

证明 由定理 6.3 知系统(6.11)的零解是稳定的. 取 $\bar{\delta}$ 为定理 6.3 证明过程中的 δ，于是当 $\|\boldsymbol{x}\|\leqslant\bar{\delta}$ 时，$V(\boldsymbol{x}(t,t_0,\boldsymbol{x}_0))$ 单调下降. 若 $\boldsymbol{x}_0=\boldsymbol{0}$，则由解的存在唯一性知 $\boldsymbol{x}(t,t_0,\boldsymbol{x}_0)=\boldsymbol{0}$，自然有

$$\lim_{t\to+\infty}\boldsymbol{x}(t,t_0,\boldsymbol{x}_0)=\boldsymbol{0}.$$

不妨设 $\boldsymbol{x}_0\neq\boldsymbol{0}$. 由初值问题解的唯一性，对任意 t，$\boldsymbol{x}(t,t_0,\boldsymbol{x}_0)\neq\boldsymbol{0}$. 从而由 $V(\boldsymbol{x})$ 的正定性知 $V(\boldsymbol{x}(t,t_0,\boldsymbol{x}_0))>\boldsymbol{0}$ 总成立，那么存在 $a\geqslant 0$，使得

$$\lim_{t\to+\infty}V(\boldsymbol{x}(t,t_0,\boldsymbol{x}_0))=a.$$

假设 $a>0$，由 $V(\boldsymbol{x}(t,t_0,\boldsymbol{x}_0))$ 的单调性，有

$$a<V(\boldsymbol{x}(t,t_0,\boldsymbol{x}_0))<V(\boldsymbol{x}_0) \tag{6.14}$$

对 $t>t_0$ 成立. 从而由 $V(\boldsymbol{0})=0$ 知，存在 $h>0$，使得当 $t\geqslant t_0$ 时，

$$h<\|\boldsymbol{x}(t,t_0,\boldsymbol{x}_0)\|<\varepsilon$$

成立.

由 $V(\boldsymbol{x})$ 沿着系统(6.11)轨线的全导数 $\dfrac{\mathrm{d}V}{\mathrm{d}t}$ 为负定函数知下式成立：

$$M=\max_{h\leqslant\|x\|\leqslant\varepsilon}\frac{\mathrm{d}V}{\mathrm{d}t}<0,$$

故由式(6.14)知

$$\frac{\mathrm{d}V(\boldsymbol{x}(t,t_0,\boldsymbol{x}_0))}{\mathrm{d}t}\leqslant M.$$

对上述不等式两端从 t_0 到 $t(\geqslant t_0)$ 积分得

$$V(\boldsymbol{x}(t,t_0,\boldsymbol{x}_0))-V(\boldsymbol{x}_0)\leqslant M(t-t_0),$$

这表明

$$\lim_{t\to+\infty}V(\boldsymbol{x}(t,t_0,\boldsymbol{x}_0))=-\infty,$$

矛盾. 故 $a=0$，即

$$\lim_{t\to+\infty}V(\boldsymbol{x}(t,t_0,\boldsymbol{x}_0))=0.$$

由于零解是稳定的，所以 $\boldsymbol{x}(t,t_0,\boldsymbol{x}_0)$ 在 $[t_0,+\infty)$ 上有界，再由引理 6.3 知 $\lim\limits_{t\to+\infty}\boldsymbol{x}(t,t_0,\boldsymbol{x}_0)=\mathbf{0}$. 证毕.

例 6.7 讨论系统 $\dfrac{\mathrm{d}^2x}{\mathrm{d}t^2}+\dfrac{\mathrm{d}x}{\mathrm{d}t}+x=0$ 零解的稳定性.

解 令 $x_1=x, x_2=\dfrac{\mathrm{d}x_1}{\mathrm{d}t}$，则此方程化为与之等价的系统：

$$\begin{cases}\dfrac{\mathrm{d}x_1}{\mathrm{d}t}=x_2,\\[2mm] \dfrac{\mathrm{d}x_2}{\mathrm{d}t}=-x_1-x_2.\end{cases}\tag{6.15}$$

选取 V 函数

$$V(\boldsymbol{x})=V(x_1,x_2)=3x_1^2+2x_1x_2+2x_2^2,$$

显然，$V(\boldsymbol{x})$ 正定，又由系统(6.15)可知

$$\frac{\mathrm{d}V}{\mathrm{d}t}=(6x_1+2x_2)\cdot x_2+(2x_1+4x_2)(-x_1-x_2)=-2(x_1^2+x_2^2)$$

是负定的. 因此，系统的零解是渐近稳定的.

定理 6.5 设在原点的邻域 D 内存在正定函数 $V(\boldsymbol{x})$，它沿着系统(6.11)轨线的全导数 $\dfrac{\mathrm{d}V}{\mathrm{d}t}$ 为常负函数，如果集合 $M=\left\{\boldsymbol{x}\,\middle|\,\dfrac{\mathrm{d}V(\boldsymbol{x})}{\mathrm{d}t}=0\right\}$ 内除原点 $\boldsymbol{x}=\mathbf{0}$ 外，不再含系统的其他整条正半轨线，则系统(6.11)的零解是渐近稳定的.

例 6.8 讨论非线性振动系统

$$\begin{cases}\dfrac{\mathrm{d}x_1}{\mathrm{d}t}=x_2,\\[2mm] \dfrac{\mathrm{d}x_2}{\mathrm{d}t}=-f(x_1)-g(x_2)\end{cases}\tag{6.16}$$

零解的稳定性，其中 $f(x_1)$ 和 $g(x_2)$ 都是连续函数，且满足下列条件：

(1) $f(0)=0, x_1f(x_1)>0(x_1\neq0)$；

(2) $g(0)=0, x_2g(x_2)>0(x_2\neq0)$.

解 选取函数

$$V(\boldsymbol{x})=V(x_1,x_2)=\frac{1}{2}x_2^2+\int_0^{x_1}f(x_1)\mathrm{d}x_1,$$

由条件(1)知 $V(\boldsymbol{x})$ 是正定函数. 由系统(6.16)可知 $\dfrac{\mathrm{d}V}{\mathrm{d}t}=-x_2g(x_2)$ 是常正函数，又

$$M=\left\{\boldsymbol{x}\left|\frac{\mathrm{d}V(\boldsymbol{x})}{\mathrm{d}t}=0\right.\right\}=\left\{(x_1,x_2)\left|\frac{\mathrm{d}V(x_1,x_2)}{\mathrm{d}t}=0\right.\right\}=\{(x_1,x_2)\mid x_2=0\}.$$

当 $x_2=0$ 时，$x_1=0$，从而集合 M 内除(0,0)外不再包含系统(6.16)的其他轨线，所以系统(6.16)的零解是渐近稳定的.

下面给出关于系统(6.11)不稳定的两个定理.

定理 6.6 设在原点的邻域 D 内的函数 $V(\boldsymbol{x})$，它沿着系统(6.11)轨线的全导数 $\frac{\mathrm{d}V}{\mathrm{d}t}$ 是正定函数(负定函数)，而 $V(\boldsymbol{x})$ 本身不是常负函数(常正函数)，则系统(6.11)的零解是不稳定的.

定理 6.7 设在原点的邻域 D 内函数 $V(\boldsymbol{x})$，它沿系统(6.11)轨线的全导数 $\frac{\mathrm{d}V}{\mathrm{d}t}$ 满足 $\frac{\mathrm{d}V}{\mathrm{d}t}=\lambda V(\boldsymbol{x})+W(\boldsymbol{x})$，其中 $\lambda\geqslant 0, W(\boldsymbol{x})\geqslant 0$，且 $V(\boldsymbol{x})$ 不是半负定的，则系统(6.11)的零解是不稳定的.

例 6.9 讨论系统

$$\begin{cases}\dfrac{\mathrm{d}x_1}{\mathrm{d}t}=x_2,\\[2mm] \dfrac{\mathrm{d}x_2}{\mathrm{d}t}=-x_1+x_2-x_2^3\end{cases}\tag{6.17}$$

零解的稳定性.

解 选取

$$V(\boldsymbol{x})=V(x_1,x_2)=3x_1^2-2x_1x_2+2x_2^2,$$

计算得

$$\frac{\mathrm{d}V}{\mathrm{d}t}=2(x_1^2+x_2^2)+2x_1x_2^3-4x_2^4$$

在原点足够小邻域内 $V(\boldsymbol{x})$ 和 $\frac{\mathrm{d}V}{\mathrm{d}t}$ 都是正定函数，所以系统(6.17)的零解是不稳定的.

例 6.10 讨论系统

$$\begin{cases}\dfrac{\mathrm{d}x_1}{\mathrm{d}t}=x_1+2x_2+x_1x_2^2,\\[2mm] \dfrac{\mathrm{d}x_2}{\mathrm{d}t}=2x_1+x_2-x_1^2x_2\end{cases}\tag{6.18}$$

零解的稳定性.

解 选取

$$V(\boldsymbol{x})=V(x_1,x_2)-x_1^2-x_2^2,$$

计算得

$$\frac{\mathrm{d}V}{\mathrm{d}t}=2x_1^2-2x_2^2+4x_1x_2^2=2V(x_1,x_2)+W(x_1,x_2),$$

其中 $W(x_1,x_2)=4x_1x_2^2\geqslant 0$，由定理 6.7 知，该系统的零解是不稳定的.

习 题 6.2

1. 试判别下列函数的类型(常正函数,常负函数,正定函数,负定函数,变号函数):

(1) $V(x,y)=x^2$;

(2) $V(x,y)=x^2-2xy^2$;

(3) $V(x,y)=x^2-2xy^2+y^4+x^4$;

(4) $V(x,y)=x\cos x+\sin y$.

2. 试用形如 $V(x,y)=ax^2+by^2$ 的 V 函数确定下列方程组零解的稳定性:

(1) $\begin{cases}\dfrac{\mathrm{d}x}{\mathrm{d}t}=-xy^2,\\ \dfrac{\mathrm{d}y}{\mathrm{d}t}=-yx^2;\end{cases}$

(2) $\begin{cases}\dfrac{\mathrm{d}x}{\mathrm{d}t}=-x+2y^3,\\ \dfrac{\mathrm{d}y}{\mathrm{d}t}=-2xy^2.\end{cases}$

3. 讨论下列方程组零解的稳定性:

(1) $\begin{cases}\dfrac{\mathrm{d}x}{\mathrm{d}t}=-4y-x^3,\\ \dfrac{\mathrm{d}y}{\mathrm{d}t}=3x-y^3;\end{cases}$

(2) $\begin{cases}\dfrac{\mathrm{d}x}{\mathrm{d}t}=-Ax-y^2,\\ \dfrac{\mathrm{d}y}{\mathrm{d}t}=Ay-x^2y.\end{cases}$

§6.3 平面定性理论简介

6.3.1 相平面、轨线与相图

考虑平面自治微分系统

$$\begin{cases}\dfrac{\mathrm{d}x}{\mathrm{d}t}=X(x,y),\\ \dfrac{\mathrm{d}y}{\mathrm{d}t}=Y(x,y),\end{cases}\tag{6.19}$$

其中 $X(x,y)$,$Y(x,y)$对 x,y 有连续偏导数.系统(6.19)的解 $x=x(t)$, $y=y(t)$在欧几里得空间 $Otxy$ 上表示一曲线,称为积分曲线.平面 Oxy 称为**相平面**,积分曲线在相平面上的投影称为**轨线**.轨线族在相平面上的图像称为系统(6.19)的**相图**.我们以后会看到,用轨线来研究系统(6.19)的解通常要比用积分曲线方便得多.

下面的例子给出平面自治系统积分曲线和轨线的关系.

例 6.11 已知系统

$$\begin{cases}\dfrac{dx}{dt}=-y,\\ \dfrac{dy}{dt}=x,\end{cases}\tag{6.20}$$

求其过初条值件 $x(0)=1, y(0)=0$ 的解.

解 系统(6.20)的特征方程为

$$\begin{vmatrix}\lambda & 1\\ -1 & \lambda\end{vmatrix}=\lambda^2+1=0,$$

得特征根 $\lambda=\pm i$，对应特征向量为 $\begin{bmatrix}i\\1\end{bmatrix}$，所以系统(6.20)的一个解为

$$\begin{bmatrix}i\\1\end{bmatrix}e^{it}=\begin{bmatrix}-\sin t\\ \cos t\end{bmatrix}+i\begin{bmatrix}\cos t\\ \sin t\end{bmatrix},$$

因此，系统(6.20)的通解为

$$\begin{bmatrix}x\\y\end{bmatrix}=c_1\begin{bmatrix}-\sin t\\ \cos t\end{bmatrix}+c_2\begin{bmatrix}\cos t\\ \sin t\end{bmatrix}.$$

满足初值条件 $x(0)=1, y(0)=0$，得 $c_1=0, c_2=1$,对应解为

$$\begin{cases}x(t)=\cos t,\\ y(t)=\sin t.\end{cases}$$

此解曲线在增广相空间(t,x,y)是过$(0,1,0)$的空间螺旋线,见图 6.1(a). 在相空间上相应的轨线是中心在原点，半径为 1 的圆,即 $x^2(t)+y^2(t)=1$，它是螺旋线在相平面上的投影. 当 t 增加时，轨线的方向如图 6.1(b)所示.

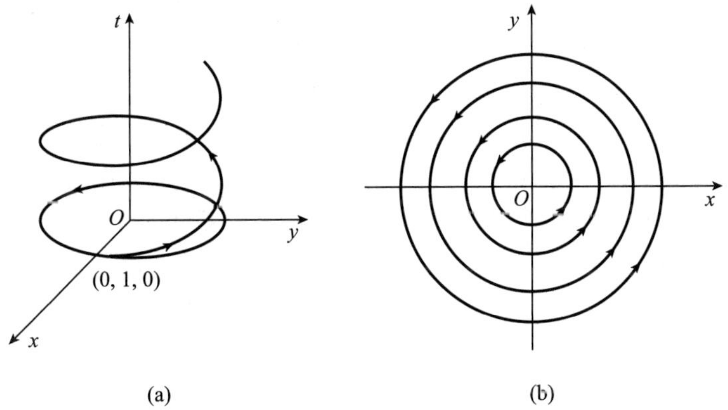

图 6.1

注 6.4 对于任意常数 α，函数 $\begin{cases}x(t)=\cos(t+\alpha),\\ y(t)=\sin(t+\alpha)\end{cases}$ 也是系统(6.20)的解. 它们的积分曲线是经过点$(-\alpha,1,0)$的螺旋线，但是它们与解 $\begin{cases}x(t)=\cos t,\\ y(t)=\sin t\end{cases}$ 具有同一条轨线 $x^2(t)+$

$y^2(t)=1$. 同时，可以看出$\begin{cases}x(t)=\cos(t+\alpha),\\y(t)=\sin(t+\alpha)\end{cases}$的积分曲线可以由$\begin{cases}x(t)=\cos t,\\y(t)=\sin t\end{cases}$的积分曲线沿 t 轴平移距离 α 而得到. 由于 α 的任意性，可知轨线 $x^2(t)+y^2(t)=1$ 对应无穷多条积分曲线.

6.3.2　平面自治系统的基本性质

对于平面自治系统(6.19)，主要有如下三个基本性质：

性质 6.1(积分曲线的平移不变性)　若$\begin{cases}x=x(t),\\y=y(t)\end{cases}$是自治系统(6.19)的解，则对于任意常数 τ，函数$\begin{cases}x=x(t+\tau),\\y=y(t+\tau)\end{cases}$也是系统(6.19)的解.

事实上，我们有如下恒等式

$$\frac{\mathrm{d}x(t+\tau)}{\mathrm{d}t}=\frac{\mathrm{d}x(t+\tau)}{d(t+\tau)}=X(x(t+\tau),y(t+\tau)),$$

$$\frac{\mathrm{d}y(t+\tau)}{\mathrm{d}t}=\frac{\mathrm{d}y(t+\tau)}{d(t+\tau)}=Y(x(t+\tau),y(t+\tau)).$$

这个事实可以推出，平面自治系统(6.19)的任一积分曲线沿 t 轴平移后得到的诸曲线仍为此自治系统的积分曲线，从而它们所对应的轨线也相同. 因此，平面自治系统(6.19)的一条轨线对应着无穷多解.

性质 6.2(轨线的唯一性)　如果 $X(x,y)$，$Y(x,y)$满足初值问题解的存在唯一性定理条件，则过相平面区域 D 上任一点(x_0,y_0)，系统(6.19)存在一条且唯一一条轨线.

性质 6.2 表明在相空间内平面自治系统(6.19)的任何两条不同的轨线不可能相交.

由性质 6.1 还可知道，系统(6.19)的解$(x(t,t_0,x_0,y_0),\ y(t,t_0,x_0,y_0))^{\mathrm{T}}$ 的一个平移仍是系统(6.19)的解，并且它们满足同样的初值条件，从而由解的唯一性知

$$x(t-t_0,0,x_0,y_0)=x(t,t_0,x_0,y_0),$$

$$y(t-t_0,0,x_0,y_0)=y(t,t_0,x_0,y_0).$$

因此，在系统(6.19)的解族中，只需考虑初始时刻 $t_0=0$ 的解，并简记为

$$x(t,x_0,y_0)=x(t,0,x_0,y_0),\quad y(t,x_0,y_0)=y(t,0,x_0,y_0).$$

性质 6.3(群性质)　平面自治系统(6.19)的解满足关系式

$$\begin{aligned}x(t_2,x(t_1,x_0,y_0),y(t_1,x_0,y_0))&=x(t_1+t_2,x_0,y_0),\\y(t_2,x(t_1,x_0,y_0),y(t_1,x_0,y_0))&=y(t_1+t_2,x_0,y_0).\end{aligned}\tag{6.21}$$

性质 6.3 的几何意义是：在相平面上，如果从 $P_0=(x_0,y_0)$出发的轨线经过 t_1 到达点 $P_1=(x_1,y_1)=(x(t_1,x_0,y_0),y(t_1,x_0,y_0))$，经过 t_2 到达点 $P_2=(x_2,y_2)=(x(t_2,x_1,y_1),y(t_2,x_1,y_1))$，那么从点 $P_0=(x_0,y_0)$出发的轨线经过时间 t_1+t_2 也到达点 P_2.

事实上，由性质 6.1 知，$(x(t+t_1,x_0,y_0),y(t+t_1,x_0,y_0))$是系统(6.19)的解，而且易知它与解$(x(t,x_1,y_1),y(t,x_1,y_1))$在 $t=0$ 时的初值都等于$(x_1,y_1)=(x(t_1,x_0,y_0),y(t_1,x_0,y_0))$. 由解的唯一性，这两个解应该相等，取 $t=t_2$ 就得到式(6.21).

对于固定的 $t\in\mathbf{R}$，定义平面到自身的变换 φ_t 如下：

$$\varphi_t(x_0,y_0)=(x(t,x_0,y_0),y(t,x_0,y_0)).$$

变换 φ_t 把点 (x_0, y_0) 映到由该点出发的轨线经过时间 t 到达的点. 在集合 $\boldsymbol{\Psi}=\{\varphi_t \mid t\in\boldsymbol{R}\}$ 中定义乘法运算"$\circ$", 令

$$(\varphi_{t_1}\circ\varphi_{t_2})(x_0, y_0)=\varphi_{t_1}(\varphi_{t_2}(x_0, y_0))=\varphi_{t_1+t_2}(x_0, y_0),$$

所以, 乘法运算是封闭的, 且适合结合律, 二元组 $(\boldsymbol{\Psi}, \circ)$ 构成一个群. 其单位元为 φ_0, 而 φ_{t_0} 逆元素为 φ_{-t_0}. 所以变换的全体 $\{\varphi_t \mid t\in\mathbf{R}\}$ 构成一个单参数的变换群, 将其称为由方程(6.19)所生成的动力系统, 有时我们也把方程(6.19)称为一个动力系统.

6.3.3 常点、奇点、闭轨

当 X^2+Y^2 不恒为零时, 系统(6.19)可改写为

$$\frac{\mathrm{d}y}{\mathrm{d}x}=\frac{Y(x, y)}{X(x, y)} \quad (X(x, y)\neq 0) \tag{6.22}$$

或

$$\frac{\mathrm{d}x}{\mathrm{d}y}=\frac{X(x, y)}{Y(x, y)} \quad (Y(x, y)\neq 0). \tag{6.23}$$

由于 $\dfrac{Y}{X}$ 与 $\dfrac{X}{Y}$ 与 X, Y 同样对 x, y 有连续偏导数, 因而满足解的存在唯一性定理条件. 方程(6.22)和(6.23)在 Oxy 平面的积分曲线可看成系统(6.19)在 Oxy 相平面上的轨线. 因此在相平面上, 系统(6.19)的轨线不能相交.

同时满足 $X(x, y)=0$, $Y(x, y)=0$ 的常数 $x=x^*$, $y=y^*$ 为系统(6.19)的解, 称为定常解或常数解, 相平面 Oxy 上的点 (x^*, y^*) 称为方程组的**奇点**. 奇点是一条特殊的轨线. 从动力学的观点来看, 在质点 (x^*, y^*) 处的运动速度为零, 从而质点不运动, 因此奇点也称为平衡点. 不是奇点的相平面中的点称为**常点**.

若存在 $T>0$, 使得对一切 t, 都有

$$x(t+T)=x(T), \quad y(t+T)=y(t),$$

则称 $x=x(t)$, $y=y(t)$ 为系统(6.19)的一个周期解, T 为周期. 它所对应的轨线显然是相平面的一条闭轨线, 称为**闭轨**.

由以上讨论和系统(6.19)轨线的唯一性, 有如下结论: 自治系统(6.19)的一条轨线只可能是下列三种类型之一:

奇点、闭轨、自不相交的非闭轨线.

注 6.5 平面自治系统(6.19)的任一闭轨线 Γ 内部至少包含此系统的一个奇点.

6.3.4 平面线性系统初等奇点附近的轨线分布

奇点是动力系统(6.19)的一类特殊轨线. 它对于研究系统的相图有重要的意义. 下面我们先研究一类最简单的自治系统——平面线性自治系统的奇点与它附近的轨线的关系. 平面线性自治系统的一般形式为

$$\begin{cases}\dfrac{\mathrm{d}x}{\mathrm{d}t}=ax+by,\\[2mm]\dfrac{\mathrm{d}y}{\mathrm{d}t}=cx+\mathrm{d}y.\end{cases} \tag{6.24}$$

若记矩阵 $\boldsymbol{A}=\begin{bmatrix}a & b\\ c & d\end{bmatrix}$，则系统(6.24)可以写成

$$\frac{\mathrm{d}}{\mathrm{d}t}\begin{bmatrix}x\\ y\end{bmatrix}=\boldsymbol{A}\begin{bmatrix}x\\ y\end{bmatrix}. \tag{6.25}$$

显然，坐标原点 $x=0,y=0$ 是系统(6.24)的奇点. 当系统(6.24)的系数满足

$$\begin{vmatrix}a & b\\ c & d\end{vmatrix}\neq 0 \tag{6.26}$$

时，称(0,0)为系统(6.24)的初等奇点，否则称其为高阶奇点. 这里只讨论系统(6.24)的初等奇点，即假设式(6.26)成立.

根据线性代数理论知，存在非奇异矩阵 $\boldsymbol{T}$，使得 $\boldsymbol{J}=\boldsymbol{T}^{-1}\boldsymbol{AT}$ 成为若尔当(Jordan)标准型. 从而可借助非奇异线性变换

$$\begin{bmatrix}x\\ y\end{bmatrix}=\boldsymbol{T}\begin{bmatrix}\xi\\ \eta\end{bmatrix} \tag{6.27}$$

将系统(6.25)变为

$$\frac{\mathrm{d}}{\mathrm{d}t}\begin{bmatrix}\xi\\ \eta\end{bmatrix}=\boldsymbol{T}^{-1}\boldsymbol{AT}\begin{bmatrix}\xi\\ \eta\end{bmatrix}=\boldsymbol{J}\begin{bmatrix}\xi\\ \eta\end{bmatrix}, \tag{6.28}$$

其中标准型 $\boldsymbol{J}$ 有如下四种形式：

$$\begin{bmatrix}\lambda & 0\\ 0 & \mu\end{bmatrix},\quad \begin{bmatrix}\lambda & 1\\ 0 & \lambda\end{bmatrix},\quad \begin{bmatrix}\lambda & 0\\ 0 & \lambda\end{bmatrix},\quad \begin{bmatrix}\alpha & \beta\\ -\beta & \alpha\end{bmatrix},$$

其中 λ,μ,α,β 为实数. 这些标准形式由系统(6.25)的特征方程

$$\begin{vmatrix}a-\lambda & b\\ c & d-\lambda\end{vmatrix}=0,$$

即

$$\lambda^2+p\lambda+q=0 \tag{6.29}$$

的根($\boldsymbol{A}$ 的特征根)的性质确定，其中 $p=-(a+d)$，$q=ad-bc$. 现分以下五种情形进行讨论：

情形 1　同号相异实根

这时 $q>0$，$p^2-4q>0$，系统的标准形式(6.28)变为

$$\begin{cases}\dfrac{\mathrm{d}\xi}{\mathrm{d}t}=\lambda\xi,\\[2mm] \dfrac{\mathrm{d}\eta}{\mathrm{d}t}=\mu\eta,\end{cases}$$

其通解为

$$\xi(t)=c_1\mathrm{e}^{\lambda t},\quad \eta(t)=c_2\mathrm{e}^{\mu t}, \tag{6.30}$$

其中 λ,μ 为 $\boldsymbol{A}$ 的实特征根，而 c_1,c_2 为任意实常数.

当特征根 λ,μ 同为负实数时，零解是渐近稳定的. 当 $c_2=0$ 时，ξ 轴的左右半轴为轨线；当 $c_1=0$ 时，η 轴的上下半轴亦为轨线. 若 $c_1c_2\neq 0$，当 $\lambda>\mu$ 时，轨线在 t 时刻的切线斜率为

$$k=\frac{\eta(t)}{k(t)}=\mathrm{e}^{(\mu-\lambda)t}\to 0\quad(t\to+\infty),$$

故轨线切 ξ 轴于原点，即轨线以 ξ 轴为其切线的极限位置，相平面上的轨线形状如图 6.2(a)所示．当 $\lambda<\mu$ 时，轨线在 t 时刻的切线斜率为

$$k=\frac{\eta(t)}{k(t)}=\mathrm{e}^{(\mu-\lambda)t}\to\infty\quad(t\to+\infty),$$

故轨线切 η 轴于原点，即轨线以 η 轴为其切线的极限位置，相平面上的轨线形状如图 6.2(b)所示.

变换回 Oxy 平面的轨线图貌如图 6.2(c)所示. 除两条轨线外其余轨线均沿同一方向切于原点，称此类奇点为**结点**.

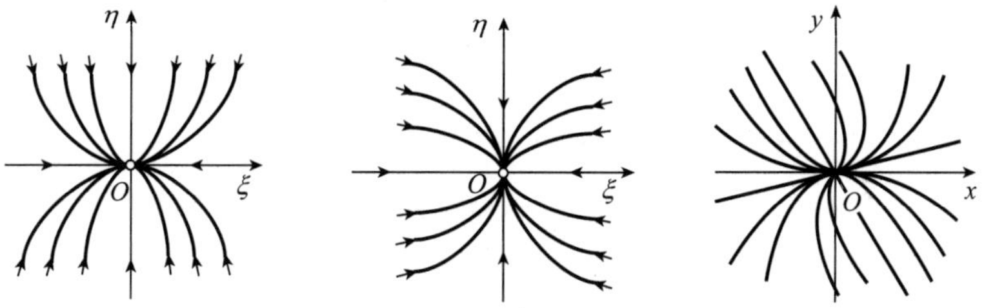

(a) $0>\lambda>\mu$　　(b) $\lambda<\mu<0$　　(c)

图 6.2　稳定结点

综上所述，当特征根 λ,μ 同为负实数时，如果在某奇点附近的轨线具有如图 6.2 所示的分布情形，系统(6.24)的零解是渐近稳定的，对应的奇点称为**稳定结点**.

当特征根 λ,μ 同为正实数时，系统(6.24)的零解是不稳定的，轨线当 $t\to-\infty$时趋于原点，对应的奇点称为**不稳定结点**.

情形 2　异号实根

这时 $q<0$，系统的标准形式(6.28)变为

$$\begin{cases}\dfrac{\mathrm{d}\xi}{\mathrm{d}t}=\lambda\xi,\\[2mm]\dfrac{\mathrm{d}\eta}{\mathrm{d}t}=\mu\eta,\end{cases}$$

其通解为

$$\xi(t)=c_1\mathrm{e}^{\lambda t},\quad \eta(t)=c_2\mathrm{e}^{\mu t},\tag{6.31}$$

其中 λ,μ 为 $\boldsymbol{A}$ 的实特征根，而 c_1,c_2 为任意实常数.

当 $c_2=0$ 时，ξ 轴的左右半轴为轨线；当 $c_1=0$ 时，η 轴的上下半轴亦为轨线. 因特征根 λ,μ 符号相异，其中一轴趋于原点，另一轴远离原点. 而其余的轨线均在一度接近奇点(0,0)后又远离奇点.

若 $c_1\cdot c_2\neq 0$，如果 $\lambda<0<\mu$，则当 $t\to+\infty$时，$\xi(t)\to 0$，$\eta(t)\to+\infty$，相平面上轨线形状如图 6.3(a)所示；如果 $\mu<0<\lambda$，则当 $t\to+\infty$时，$\xi(t)\to+\infty$，$\eta(t)\to 0$，相平面上轨线形状如图 6.3(b)所示.

变换回 Oxy 平面的轨线图貌如图 6.3(c)所示，仅有四条轨线趋于或离开原点，称此类

奇点为**鞍点**. 鞍点是不稳定的.

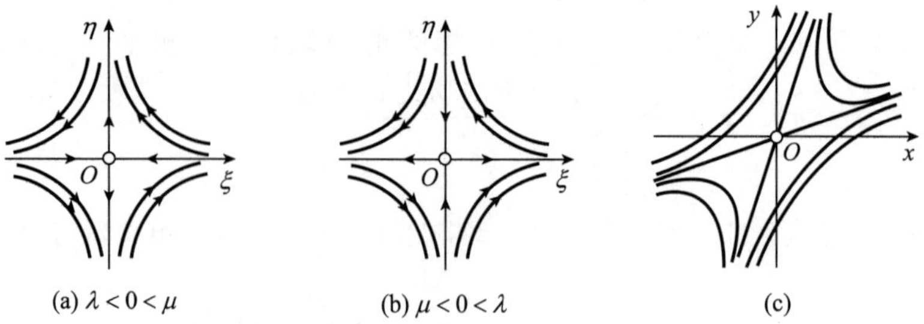

图 6.3　鞍点

情形 3　重根

这时 $q>0$，$p^2-4q=0$，有如下两种情形：

(1) $b\neq 0$ 或 $c\neq 0$，系统的标准形式(6.28)变为

$$\begin{cases}\dfrac{d\xi}{dt}=\lambda\xi+\eta,\\ \dfrac{d\eta}{dt}=\lambda\eta,\end{cases}\tag{6.32}$$

其通解为

$$\xi(t)=(c_1t+c_2)e^{\lambda t},\quad \eta(t)=c_1e^{\lambda t},\tag{6.33}$$

其中 λ 为 $\boldsymbol{A}$ 的实特征根，而 c_1,c_2 为任意实常数.

如果 $\lambda<0$，则当 $t\to+\infty$ 时，$\xi(t)\to 0$，$\eta(t)\to 0$，系统的零解是渐近稳定的. 当 $c_1=0$ 时，ξ 轴的左、右半轴为轨线；当 $c_1\neq 0$ 时，有

$$\frac{\eta(t)}{\xi(t)}=\frac{c_1}{c_1t+c_2}\to 0\quad (t\to+\infty),$$

且当 $t=-\dfrac{c_2}{c_1}$ 时有 $\xi(t)=0$，轨线越过 η 轴而切 ξ 轴于原点，如图 6.4(a)所示. 所有轨线沿同一个方向(ξ 轴)趋于奇点，其附近轨线具有这种性态的奇点称为**退化结点**. 因奇点稳定，因此又称为稳定退化结点.

如果 $\lambda>0$，此时只要将 $t\to+\infty$ 改为 $t\to-\infty$，前面的讨论同样成立，轨线图貌如图 6.4(b)所示，奇点为**不稳定退化结点**.

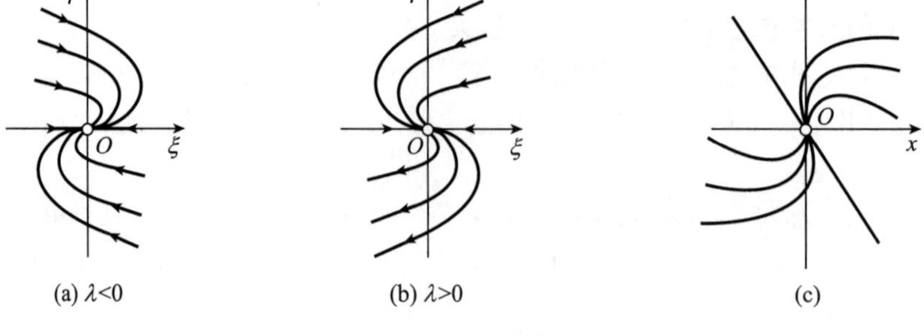

图 6.4　退化结点

(2) $b=c=0$，系统的标准形式(6.28)变为

$$\begin{cases}\dfrac{\mathrm{d}x}{\mathrm{d}t}=\lambda x,\\ \dfrac{\mathrm{d}y}{\mathrm{d}t}=\lambda y,\end{cases}\tag{6.34}$$

其中 $\lambda=a=d$，其通解为

$$x(t)=c_1\mathrm{e}^{\lambda t},\quad y(t)=c_2\mathrm{e}^{\lambda t},\tag{6.35}$$

c_1,c_2 为任意实常数. 消去参数 t，得轨线方程

$$y=\frac{c_2}{c_1}x.$$

轨线是趋向或远离奇点(原点)的半射线，其形状如图 6.5 所示，此时奇点称为**临界结点**，且当 $\lambda<0$ 时是稳定的，当 $\lambda>0$ 时是不稳定的.

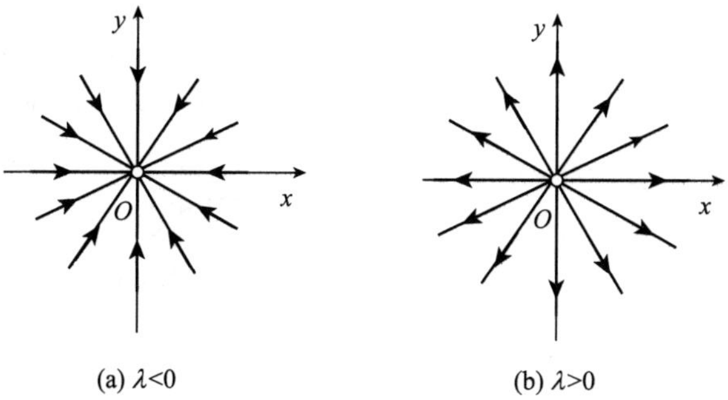

图 6.5 临界结点

情形 4 非零实部复根

这时 $q>0,p^2-4q<0$，系统的标准形式(6.28)变为

$$\begin{cases}\dfrac{\mathrm{d}\xi}{\mathrm{d}t}=\alpha\xi+\beta\eta,\\ \dfrac{\mathrm{d}\eta}{\mathrm{d}t}=-\beta\xi+\alpha\eta,\end{cases}\tag{6.36}$$

其中 $\alpha\neq0,\alpha,\beta$ 分别为特征根的实部和虚部. 引入极坐标，令

$$\xi=r\cos\theta,\quad \eta=r\sin\theta,$$

则由

$$\xi\frac{\mathrm{d}\xi}{\mathrm{d}t}+\eta\frac{\mathrm{d}\xi}{\mathrm{d}t}=r\frac{\mathrm{d}r}{\mathrm{d}t},\quad \xi\frac{\mathrm{d}\eta}{\mathrm{d}t}-\eta\frac{\mathrm{d}\xi}{\mathrm{d}t}=r^2\frac{\mathrm{d}\theta}{\mathrm{d}t},$$

可将系统(6.36)化为

$$\frac{\mathrm{d}r}{\mathrm{d}t}=\alpha r,\quad \frac{\mathrm{d}\theta}{\mathrm{d}t}=-\beta,$$

解得

$$r=c_1\mathrm{e}^{\alpha t},\quad \theta=-\beta t+c_2,$$

其中 $c_1>0,c_2$ 为任意实常数.

轨线是一族对数螺旋线，随着 t 的无限增大，轨线依顺时针($\beta>0$)或逆时针($\beta<0$)方向

盘旋地趋向或远离奇点(原点)，相平面上轨线的形状如图 6.6 所示，此时奇点称为**焦点**，当 $\alpha<0$ 时是稳定的，当 $\alpha>0$ 时是不稳定的.

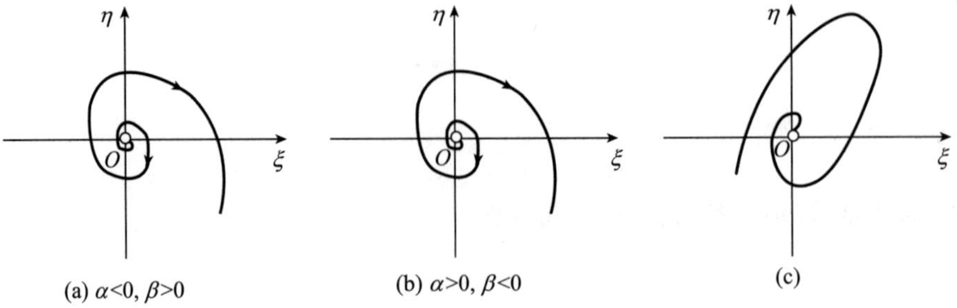

图 6.6 焦点

情形 5 纯虚根

这种情形相当于情形 4 中 $\alpha=0$ 的情形. 这时轨线是以原点为中心的一族圆，如图 6.7 所示，此时奇点称为**中心**. 显然，在这种情形下零解是稳定的但不是渐近稳定的.

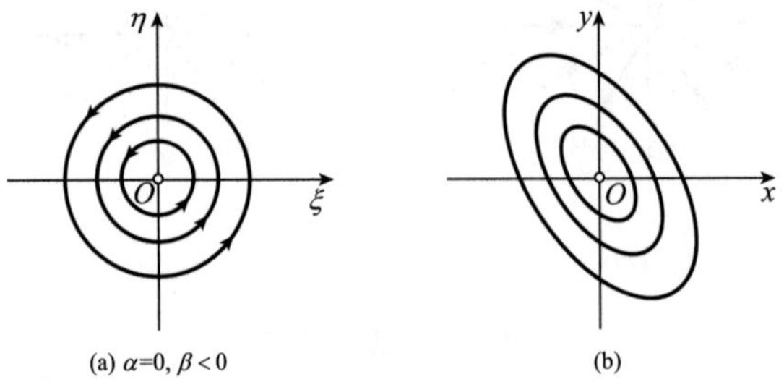

图 6.7 中心

上述奇点的类型和特征方程的根之间的关系如图 6.8 所示，图 6.8 是以 $p=-(a+d)$，$q=ad-bc$ 为直角坐标的平面图，在平面 Opq 上划分出各类奇点的分布区域，图中的抛物线方程为 $p^2-4q=0$.

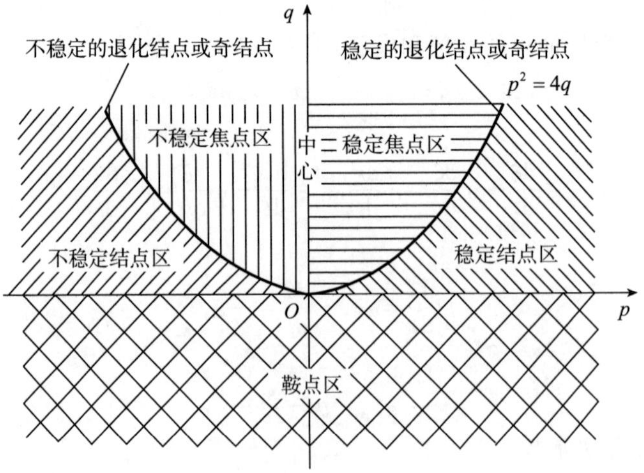

图 6.8

例 6.12 判定系统

$$\begin{cases}\dfrac{\mathrm{d}x}{\mathrm{d}t}=y,\\ \dfrac{\mathrm{d}y}{\mathrm{d}t}=-2x-3y\end{cases} \tag{6.37}$$

奇点的类型.

解 此线性系统仅有唯一奇点(0,0)，由于 $p=3>0$，$q=2>0$，$p^2-4q=1>0$，所以，系统(6.37)有两个负实特征根，属于情形 1，因此，系统的奇点(0,0)是稳定的结点. 在 $O\xi\eta$ 平面上奇点附近轨线如图 6.3(a)所示. 因 ξ 轴和 η 轴对应的在 Oxy 平面上的直线方程为 $x+y=0$ 和 $2x+y=0$，故在 Oxy 平面上奇点附近轨线如图 6.9 所示.

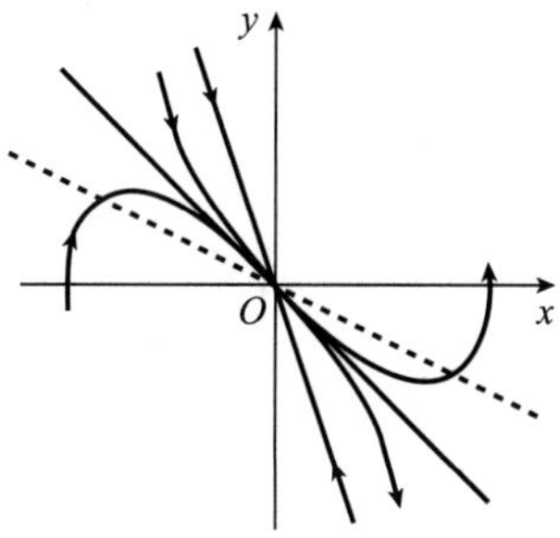

图 6.9

6.3.5 平面非线性系统初等奇点附近的轨线分布

本节介绍一般的平面自治微分系统(6.19)：

$$\begin{cases}\dfrac{\mathrm{d}x}{\mathrm{d}t}=X(x,y),\\ \dfrac{\mathrm{d}y}{\mathrm{d}t}=Y(x,y)\end{cases}$$

的轨线在奇点附近的分布.

不妨假设原点(0,0)是系统(6.19)的奇点，即 $P(0,0)=Q(0,0)=0$. 这并不失一般性. 因为，如果(x^*,y^*)为系统(6.19)的奇点，只要做变换

$$x=x^*+x',\quad y=y^*+y',$$

就可以把奇点(x^*,y^*)移到原点(0,0).

设系统(6.19)的右端函数 $X(x,y)$，$Y(x,y)$在奇点(0,0)附近对 x,y 有连续偏导数，分离出线性项后，系统(6.19)可改写成

$$\begin{cases}\dfrac{\mathrm{d}x}{\mathrm{d}t}=ax+by+\varphi(x,y),\\ \dfrac{\mathrm{d}y}{\mathrm{d}t}=cx+\mathrm{d}y+\psi(x,y),\end{cases}$$

其中 $a_{11}=X'_x(0,0)$，$a_{12}=X'_y(0,0)$，$a_{21}=Y'_x(0,0)$，$a_{22}=Y'_y(0,0)$.

我们把平面线性微分系统

$$\begin{cases}\dfrac{dx}{dt}=ax+by,\\ \dfrac{dy}{dt}=cx+dy\end{cases}\tag{6.38}$$

称为系统(6.19)的**一次近似**. 当

$$\begin{vmatrix}a & b\\ c & d\end{vmatrix}\neq 0$$

时，称 $O(0,0)$为系统(6.19)的初等奇点，否则称其为高阶奇点. 系统(6.38)的奇点的情况已讨论清楚. 一个常用的方法是将系统(6.19)与系统(6.38)比较，对"摄动"$\varphi(x,y)$及$\psi(x,y)$加上一定的条件，就可以保证对于某些类型的奇点，系统(6.19)在$O(0,0)$的邻域的轨线分布情形与系统(6.38)的轨线分布情形相同. 我们只介绍下面一个常见的结果但不加证明.

定理 6.8 如果在一次近似(6.38)中，有

$$\begin{vmatrix}a & b\\ c & d\end{vmatrix}\neq 0,$$

$O(0,0)$为其结点(不包括退化结点及临界结点)、鞍点或焦点，又$\varphi(x,y)$及$\psi(x,y)$在$O(0,0)$的邻域连续可微，且满足

$$\lim_{x^2+y^2\to 0}\frac{\varphi(x,y)}{\sqrt{x^2+y^2}}=0,\quad \lim_{x^2+y^2\to 0}\frac{\psi(x,y)}{\sqrt{x^2+y^2}}=0,\tag{6.39}$$

则系统(6.19)的轨线在$O(0,0)$附近的分布情形与系统(6.38)的完全相同.

当$O(0,0)$为系统(6.38)的退化结点、临界结点或中心时，条件(6.39)不足以保证系统(6.19)在$O(0,0)$附近的分布与系统(6.38)的轨线分布情形相同,还必须再加条件.

6.3.6 平面自治系统的极限环

为了说明极限环的概念，先看下面的例子.

例 6.13 考察平面系统

$$\begin{cases}\dfrac{dx}{dt}=-y-x(x^2+y^2-1),\\ \dfrac{dy}{dt}=x-y(x^2+y^2-1)\end{cases}\tag{6.40}$$

的轨线结构.

解 令 $x=r\cos\theta$, $y=r\sin\theta$, 由 $x^2+y^2=r^2$, 两边同时对 t 求导得

$$r\frac{dr}{dt}=x\frac{dx}{dt}+y\frac{dy}{dt}=-r^2(r^2-1),$$

化简得

$$\frac{dr}{dt}=-r(r^2-1).\tag{6.41}$$

又由 $\theta=\arctan\dfrac{y}{x}$, 两边同时对 t 求导可得$\dfrac{d\theta}{dt}=1$, 于是原系统(6.40)经变换后化为

$$\begin{cases}\dfrac{\mathrm{d}r}{\mathrm{d}t}=-r(r^2-1),\\ \dfrac{\mathrm{d}\theta}{\mathrm{d}t}=1.\end{cases}\tag{6.42}$$

它有两个特殊形式的解

$$\begin{cases}r=0,\\ \theta=\theta_0+(t-t_0)\end{cases}\quad 与\quad \begin{cases}r=1,\\ \theta=\theta_0+(t-t_0),\end{cases}$$

$r=0$ 对应于奇点 $O(0,0)$，而 $r=1$ 对应于系统(6.40)的一个周期解，它所对应的闭轨线是以原点为中心以 1 为半径的圆.

当 $0<r<1$ 时，$\dfrac{\mathrm{d}r}{\mathrm{d}t}>0$，$r(t)$随着 t 的增大而单调增加；当 $r>1$ 时，$\dfrac{\mathrm{d}r}{\mathrm{d}t}<0$，$r(t)$随着 t 的增大而单调减小.

因此，系统(6.40)的轨线分布是这样的：

(1) $O(0,0)$点是一不稳定焦点，它的外围存在一条孤立的闭轨线 $x^2+y^2=1$；

(2) 闭轨线 $x^2+y^2=1$ 的内部和外部的轨线，当 $t\to+\infty$时分别盘旋地趋近于该闭轨线 $x^2+y^2=1$.

我们把例子中的这种闭轨线称为极限环，具体定义如下：

定义 6.6 设有系统(6.19)的闭轨线 Γ，假如在 Γ 的充分小邻域中，除 Γ 之外，轨线全不是闭轨线，且这些非闭轨线当 $t\to+\infty$或 $t\to-\infty$时趋近于闭轨线 Γ，则称 Γ 为系统(6.19)的一个极限环.

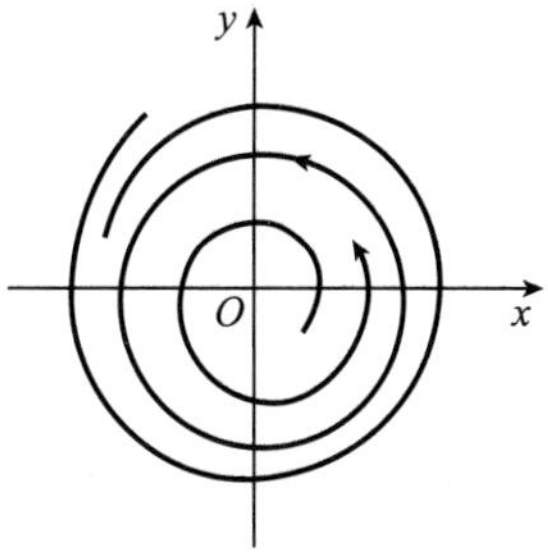

图 6.10

极限环 Γ 将相平面分成两个区域：内域和外域.

定义 6.7 当 $t\to+\infty(-\infty)$时，系统(6.19)如果在极限环 Γ 的内域的靠近 Γ 的轨线盘旋地趋于 Γ，则称 Γ 为内稳定的(内不稳定的)；如果在极限环 Γ 的外域的靠近 Γ 的轨线盘旋地趋于 Γ，则称 Γ 为外稳定的(外不稳定的)；如果 Γ 的内域及外域靠近 Γ 的轨线都盘旋地趋于 Γ，则称 Γ 是稳定的(不稳定的). 若 Γ 的一侧稳定另一侧不稳定，则称 Γ 为半稳定极限环.

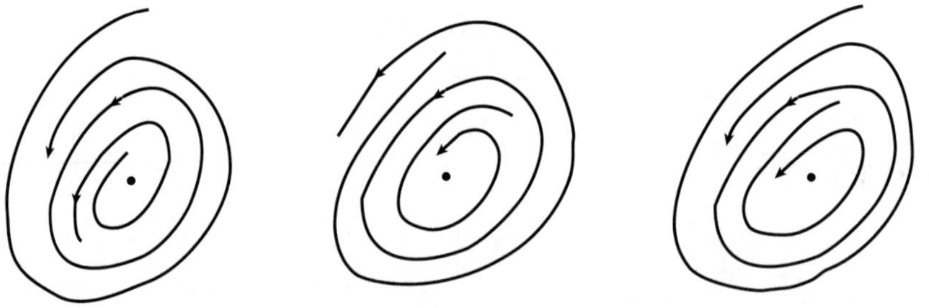

(a) 稳定极限环　　(b) 不稳定极限环　　(c) 半稳定极限环

图 6.11

关于判断极限环存在或不存在的方法，我们不加证明地给出如下定理：

定理 6.9［庞加莱(Poincare)-本迪克松(Bendixson)环域定理］ 如果 G 内区域 D 是由两条简单曲线 L_1 和 L_2 所围成的环域，并且在 $\bar{D}=L_1\cup D\cup L_2$ 上系统(6.19)无奇点；从 L_1 和 L_2 上出发的轨线都不能离开(或都不能进入)$\bar{D}$. 设 L_1 和 L_2 均不是闭轨线，则系统(6.19)在 D 内至少存在一条闭轨线 Γ，它与 L_1 和 L_2 的相对位置如图 6.12 所示.

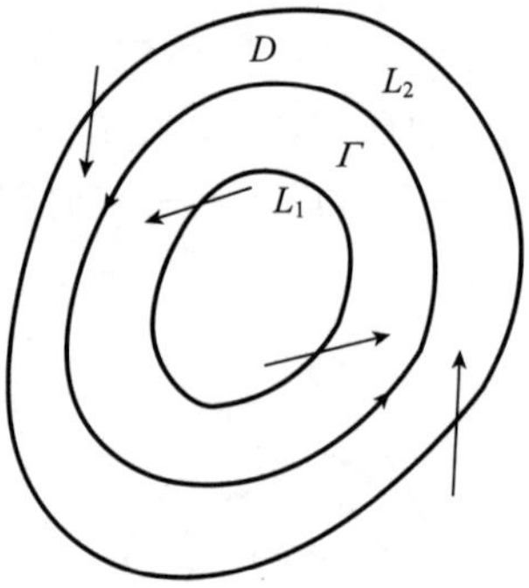

图 6.12

因此，只要能构造出一个有界的环形闭域 D，且在其边界上轨线均进入(或离开)该域，自然进入(或离开)域 D 的解均不会再离开(或进入)域 D，则由定理 6.9 可知在域 D 内必存在闭轨线.

判定平面系统(6.19)不存在极限环通常有如下几种方法.

定理 6.10(庞加莱切性曲线法) 若在区域 G 上，存在具有连续偏导数的函数 $F(x,y)$，$(x,y)\in G$，使得

$$\left.\frac{\mathrm{d}F}{\mathrm{d}t}\right|_{(6.19)}=\frac{\partial F}{\partial x}\frac{\mathrm{d}x}{\mathrm{d}t}+\frac{\partial F}{\partial y}\frac{\mathrm{d}y}{\mathrm{d}t}=X\frac{\partial F}{\partial x}+Y\frac{\partial F}{\partial y}\geqslant 0(\leqslant 0),\tag{6.43}$$

且集合 $\left\{(x,y)\,\middle|\,X\frac{\partial F}{\partial x}+Y\frac{\partial F}{\partial y}=0\right\}$ 内不含系统(6.19)的整条轨线，则系统(6.19)不存在全部位于 G 内的闭轨线与只含一个奇点的奇异闭轨线.

注 6.6 当 $\frac{\partial F}{\partial y}\neq 0$ 时，$X\frac{\partial F}{\partial x}+Y\frac{\partial F}{\partial y}=0$ 等价于 $-\frac{F_x}{F_y}=\frac{Y}{X}$，因此 $X\frac{\partial F}{\partial x}+Y\frac{\partial F}{\partial y}=0$ 表示

曲线族 $F(x,y)=C$ 与系统(6.19)的轨线相切点的轨迹，称为系统(6.19)的**切性曲线**，这便是定理 6.10 名称的由来.

例 6.14 证明:系统

$$\begin{cases}\dfrac{dx}{dt}=x+y+x(x^2+y^2),\\ \dfrac{dx}{dt}=-x+y+y(x^2+y^2)\end{cases}$$

在全平面上无闭轨线.

证明 取 $F(x,y)=x^2+y^2$. 由于

$$\begin{aligned}X\frac{\partial F}{\partial x}+Y\frac{\partial F}{\partial y}&=2x[x+y+x(x^2+y^2)]+2y[-x+y+y(x^2+y^2)]\\&=2(x^2+y^2)[1+(x^2+y^2)]\geqslant 0,\quad (x,y)\in\mathbf{R}^2,\end{aligned}$$

且当且仅当 $x=y=0$ 时才为零. 由定理 6.10 可知该系统在全平面上无闭轨线.

定理 6.11(本迪克松判断准则) 设在单连通区域 G 中，系统(6.19)的 $X(x,y)$，$Y(x,y)$有连续偏导数，若$\dfrac{\partial X}{\partial x}+\dfrac{\partial Y}{\partial y}$保持常号，且不在 G 的任何子区域内恒等于 0，则系统(6.19)在 G 内无闭轨.

定理 6.12[迪拉克(Dulac)判断准则] 设在单连通区域 G 内，系统(6.19)的 $X(x,y)$，$Y(x,y)$有连续偏导数，若存在连续可微函数 $B(x,y)$，使得

$$\frac{\partial(BP)}{\partial x}+\frac{\partial(BQ)}{\partial y}$$

保持常号，且不在 G 的任何子区域中恒等于 0，则系统(6.19)在 G 中无闭轨.

例 6.15 讨论系统

$$\begin{cases}\dfrac{dx}{dt}=y^2,\\ \dfrac{dy}{dt}=x-ay-y^3\end{cases}$$

的闭轨的存在性，其中常数 $a\in\mathbf{R}$.

解 由于 $\dfrac{\partial X}{\partial x}+\dfrac{\partial Y}{\partial y}=-a-3y^2$. 当 $a\geqslant 0$ 时，全平面保持常号，且在 $\mathbf{R}^2$ 的任何子区域中不恒为 0，从而该系统在全平面上无闭轨.

当 $a<0$ 时，在

$$y<-\sqrt{\frac{|a|}{3}},\quad -\sqrt{\frac{|a|}{3}}<y<\sqrt{\frac{|a|}{3}},\quad y>\sqrt{\frac{|a|}{3}}$$

三个区域中无闭轨，但不排除有闭轨与直线 $y=\pm\sqrt{\dfrac{|a|}{3}}$ 相交的可能性，利用迪拉克判断准则，取

$$B(x,y)=e^{cx+by},$$

其中 c,b 待定，则有

$$\frac{\partial BP}{\partial x}+\frac{\partial BQ}{\partial y}=\mathrm{e}^{cx+by}[-a-bx-aby+(c-3)y^2-by^3].$$

取 $c=3$，$b=0$，从而 $B(x,y)=\mathrm{e}^{3x}$，就有

$$\frac{\partial BP}{\partial x}+\frac{\partial BQ}{\partial y}=-a\mathrm{e}^{3x},$$

若 $a\neq 0$，则上式保持常号. 因此，该系统在全平面上无闭轨.

例 6.16 讨论系统

$$\begin{cases}\dfrac{\mathrm{d}x}{\mathrm{d}t}=y,\\ \dfrac{\mathrm{d}y}{\mathrm{d}t}=-x-y+x^2-y^2\end{cases}\tag{6.44}$$

的奇点类型和极限环的存在性.

解 如图 6.13 所示，系统(6.44)有两个奇点 $O(0,0)$ 和 $E(1,0)$.

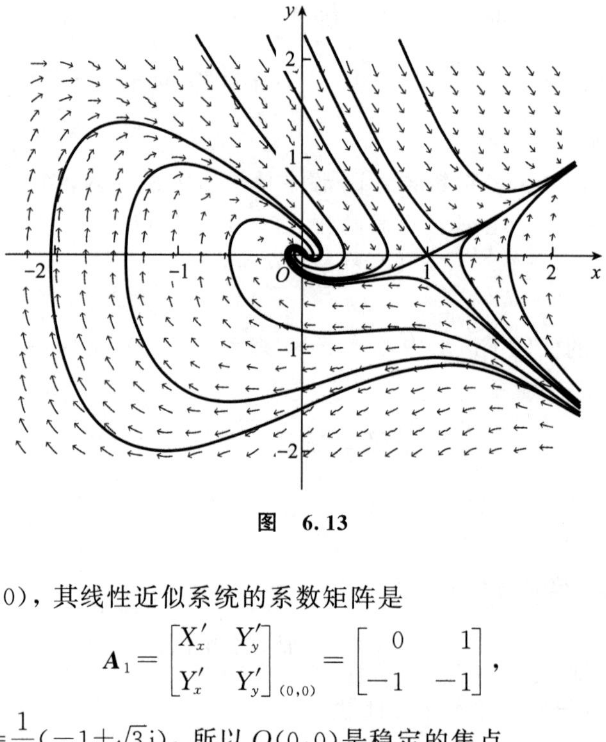

图 6.13

对于奇点 $O(0,0)$，其线性近似系统的系数矩阵是

$$\boldsymbol{A}_1=\begin{bmatrix}X'_x & Y'_y\\ Y'_x & Y'_y\end{bmatrix}_{(0,0)}=\begin{bmatrix}0 & 1\\ -1 & -1\end{bmatrix},$$

它的特征根是 $\lambda_{1,2}=\frac{1}{2}(-1\pm\sqrt{3}\mathrm{i})$，所以 $O(0,0)$ 是稳定的焦点.

对于奇点 $E(1,0)$，其线性近似系统的系数矩阵是

$$\boldsymbol{A}_2=\begin{bmatrix}X'_x & Y'_y\\ Y'_x & Y'_y\end{bmatrix}_{(1,0)}=\begin{bmatrix}0 & 1\\ 1 & -1\end{bmatrix},$$

它的特征根是 $\lambda_{1,2}=\frac{1}{2}(-1\pm\sqrt{5})$，所以 $E(1,0)$ 是鞍点.

取函数 $B(x,y)=\mathrm{e}^{2x}$，有

$$\frac{\partial(BP)}{\partial x}+\frac{\partial(BQ)}{\partial y}=-\mathrm{e}^{2x}<0.$$

由定理 6.12 知系统(6.44)在 xOy 面上无闭轨，因此没有极限环.

例 6.17 证明沃尔泰拉(Volterra)系统

$$\begin{cases}\dfrac{dx}{dt}=x(r_1-a_{11}x-a_{12}y)\triangleq X(x,y),\\ \dfrac{dy}{dt}=y(r_2-a_{21}x_1-a_{22}x_2)\triangleq Y(x,y)\end{cases}\tag{6.45}$$

在第一象限内不存在极限环，其中 $r_i, a_{ij}(i,j=1,2)$ 均为正的常数.

证明 现在用迪拉克判断准则来证明，在任何情况下系统(6.45)均不可能存在极限环.

首先，系统(6.45)必存在三个奇点：$O(0,0)$，$A\left(0,\dfrac{r_2}{a_{22}}\right)$，$B\left(\dfrac{r_1}{a_{11}},0\right)$.

当 $\delta=a_{11}a_{22}-a_{12}a_{21}=0$ 时，直线 $l_1: a_{11}x+a_{12}y-r_1=0$ 与直线 $l_2: a_{21}x+a_{22}x-r_2=0$ 平行. 故此系统不存在其他奇点，由于闭轨线内部必包含奇点，所以系统(6.45)不存在极限环.

当 $\delta\neq 0$ 时，此系统还有一奇点 $M(x^*,y^*)$，其中

$$x^*=\frac{a_{22}r_1-a_{12}r_2}{a_{11}a_{22}-a_{12}a_{21}},\quad y^*=\frac{a_{11}r_2-a_{21}r_1}{a_{11}a_{22}-a_{12}a_{21}}.$$

当

$$\frac{a_{22}r_1-a_{12}r_2}{a_{11}a_{22}-a_{12}a_{21}}>0,\quad \frac{a_{11}r_2-a_{21}r_1}{a_{11}a_{22}-a_{12}a_{21}}>0\tag{6.46}$$

时，平衡点 M 在 $\mathbf{R}_+^2$ 内部.

此时取

$$B(x,y)=x^{\alpha-1}y^{\beta-1},$$

其中 α,β 为待定常数. 容易算得

$$\begin{aligned}D&\triangleq\frac{\partial(BP)}{\partial x}+\frac{\partial(BQ)}{\partial y}.\\ &=x^{\alpha-1}y^{\beta-1}\{-[a_{11}\alpha+a_{21}\beta+a_{11}]x-[a_{12}\alpha+a_{22}\beta+a_{22}]y+\alpha r_1+\beta r_2\}.\end{aligned}$$

由于 xy 定号，欲使 D 不变号，只需令

$$\begin{cases}a_{11}\alpha+a_{13}\beta+a_{11}=0,\\ a_{12}\alpha+a_{22}\beta+a_{22}=0.\end{cases}$$

从而可确定

$$\alpha=\frac{a_{22}}{\delta}(a_{21}-a_{11}),\quad \beta=\frac{a_{11}}{\delta}(a_{12}-a_{22}).$$

于是

$$D=\delta^{-1}x^{\alpha-1}y^{\beta-1}H,$$

其中

$$H=a_{22}r_1(a_{21}-a_{11})+a_{11}r_2(a_{12}-a_{22}).$$

因为正平衡点 M 存在，从而

$$D=x^{\alpha-1}y^{\beta-1}(-a_{11}x^*-a_{22}y^*)<0,$$

则由定理 6.12 知在第一象限不存在极限环.

若式(6.46)不成立，在第一象限内不存在正平衡点，因此在第一象限不存在极限环.

习 题 6.3

1. 试求下列方程组的奇点，并判断奇点的类型和稳定性：

(1) $\begin{cases}\dfrac{\mathrm{d}x}{\mathrm{d}t}=x-3y,\\ \dfrac{\mathrm{d}y}{\mathrm{d}t}=3x-4y;\end{cases}$　(2) $\begin{cases}\dfrac{\mathrm{d}x}{\mathrm{d}t}=2x-y,\\ \dfrac{\mathrm{d}y}{\mathrm{d}t}=4x-y;\end{cases}$

(3) $\begin{cases}\dfrac{\mathrm{d}x}{\mathrm{d}t}=2x+y,\\ \dfrac{\mathrm{d}y}{\mathrm{d}t}=3x-2y;\end{cases}$　(4) $\begin{cases}\dfrac{\mathrm{d}x}{\mathrm{d}t}=x+2y,\\ \dfrac{\mathrm{d}y}{\mathrm{d}t}=-y;\end{cases}$

(5) $\begin{cases}\dfrac{\mathrm{d}x}{\mathrm{d}t}=y,\\ \dfrac{\mathrm{d}y}{\mathrm{d}t}=-ay+b\sin x,\end{cases}$　$b>0$.

2. 试确定下列方程组的极限环的存在性及其稳定性.

(1) $\begin{cases}\dfrac{\mathrm{d}x}{\mathrm{d}t}=-y-x(x^2+y^2-1)^2,\\ \dfrac{\mathrm{d}y}{\mathrm{d}t}=x-y(x^2+y^2-1)^2;\end{cases}$

(2) $\begin{cases}\dfrac{\mathrm{d}x}{\mathrm{d}t}=x+y+\dfrac{1}{3}x^3-y^2x,\\ \dfrac{\mathrm{d}y}{\mathrm{d}t}=-x+y+yx^2+\dfrac{2}{3}y^3;\end{cases}$

(3) $\begin{cases}\dfrac{\mathrm{d}x}{\mathrm{d}t}=y-x+x^3,\\ \dfrac{\mathrm{d}y}{\mathrm{d}t}=-x-y+y^3.\end{cases}$

3. 证明：方程组

$$\begin{cases}\dfrac{\mathrm{d}x}{\mathrm{d}t}=y,\\ \dfrac{\mathrm{d}y}{\mathrm{d}t}=-x+y-x^5-3x^2y\end{cases}$$

存在唯一稳定的极限环.

习题和自测题参考答案

请扫码获取参考答案

参考文献

[1] 东北师范大学微分方程教研室. 常微分方程. 3 版. 北京:高等教育出版社,2022.

[2] 王高雄,周之铭,朱思铭,等. 常微分方程. 4 版. 北京:高等教育出版社,2020.

[3] 周义仓,靳祯,秦军林. 常微分方程及其应用. 2 版. 北京:科学出版社,2010.

[4] EDWARDS H, PENNEY D. 微分方程及边值问题:计算与建模. 张友,王立冬,袁学刚,译. 北京:清华大学出版社,2007.

[5] 袁荣. 常微分方程. 2 版. 北京:高等教育出版社,2020.

[6] 都长清,焦宝聪,焦炳照. 常微分方程. 北京:北京师范学院出版社,1993.

[7] 丁同仁,李承治. 常微分方程教程. 2 版. 北京:高等教育出版社,2004.

[8] 叶彦谦. 常微分方程讲义. 2 版. 北京:人民教育出版社,1982.

[9] 丁崇文. 常微分方程典型题解法和技巧. 福州:福建教育出版社,2001.

[10] 庄万. 常微分方程习题解. 济南:山东科学技术出版社,2003.

[11] 柳彬. 常微分方程. 北京:北京大学出版社,2021.

[12] WALTER W. Ordinary Differential Equations. 北京:世界图书出版有限公司,2003.

[13] 陈兰荪. 数学生态学模型与研究方法. 北京:科学出版社,1988.

[14] 唐三一,肖燕妮,梁菊花,等. 生物数学. 北京:科学出版社,2019.

[15] 姜启源,谢金星,叶俊. 数学模型. 5 版. 北京:高等教育出版社,2018.

[16] 张锦炎,冯贝叶. 常微分方程几何理论与分支问题. 3 版. 北京:北京大学出版社,2000.

[17] 罗定军,张祥,董梅芳. 动力系统的定性与分支理论. 北京:科学出版社,2001.

[18] 韩茂安,顾圣士. 非线性系统的理论和方法. 北京:科学出版社,2001.